住房和城乡建设部"十四五"规划教材

高等职业教育建设工程管理类专业"十四五"数字化新形态教材

建筑工程安全管理与文明施工

蒋孙春　主　编

谢江美　吕学军　副主编

谢鸿卫　主　审

中国建筑工业出版社

图书在版编目(CIP)数据

建筑工程安全管理与文明施工 / 蒋孙春主编；谢江美，吕学军副主编. —北京：中国建筑工业出版社，2023.8(2025.1重印)

住房和城乡建设部"十四五"规划教材 高等职业教育建设工程管理类专业"十四五"数字化新形态教材

ISBN 978-7-112-28826-7

Ⅰ. ①建… Ⅱ. ①蒋… ②谢… ③吕… Ⅲ. ①建筑工程－安全管理－高等职业教育－教材②建筑施工－文明施工－高等职业教育－教材 Ⅳ. ①TU714

中国国家版本馆CIP数据核字(2023)第112571号

本教材是高等职业教育土建类专业开展建筑施工现场安全管理和文明施工教学用书。教材主要内容有建筑工程安全管理与文明施工基础知识、建筑施工安全管理基本法律制度、建筑施工安全管理实务、文明施工实务四部分内容。本教材知识内容选择主要针对施工现场专职安全员岗位技能要求、岗位证书考核等方面，注重建筑施工现场专职安全员岗位必备的应知应会知识点和技能点。

为了全面落实立德树人根本任务，本教材在每一主要的章节后加入了思政提升和思政建设案例内容。

本教材可作为高等职业教育建设工程管理类专业的课程教材，还可作为建筑施工现场施工员、安全员的培训用书及学习、参考用书。

为更好地支持相应课程的教学，我们向采用本书作为教材的教师提供教学课件，有需要者可与出版社联系，邮箱：jckj@cabp.com.cn，电话(010)58337285，建工书院 https：//edu.cabplink.com(PC端)。

* * *

责任编辑：吴越恺 张 晶
责任校对：赵 颖
校对整理：孙 莹

住房和城乡建设部"十四五"规划教材
高等职业教育建设工程管理类专业"十四五"数字化新形态教材
建筑工程安全管理与文明施工
蒋孙春 主 编
谢江美 吕学军 副主编
谢鸿卫 主 审

*

中国建筑工业出版社出版、发行(北京海淀三里河路9号)
各地新华书店、建筑书店经销
北京红光制版公司制版
建工社(河北)印刷有限公司印刷

*

开本：787毫米×1092毫米 1/16 印张：15½ 字数：382千字
2023年8月第一版 2025年1月第二次印刷
定价：46.00元(赠教师课件)
ISBN 978-7-112-28826-7
(41260)

出 版 说 明

党和国家高度重视教材建设。2016年，中办国办印发了《关于加强和改进新形势下大中小学教材建设的意见》，提出要健全国家教材制度。2019年12月，教育部牵头制定了《普通高等学校教材管理办法》和《职业院校教材管理办法》，旨在全面加强党的领导，切实提高教材建设的科学化水平，打造精品教材。住房和城乡建设部历来重视土建类学科专业教材建设，从"九五"开始组织部级规划教材立项工作，经过近30年的不断建设，规划教材提升了住房和城乡建设行业教材质量和认可度，出版了一系列精品教材，有效促进了行业部门引导专业教育，推动了行业高质量发展。

为进一步加强高等教育、职业教育住房和城乡建设领域学科专业教材建设工作，提高住房和城乡建设行业人才培养质量，2020年12月，住房和城乡建设部办公厅印发《关于申报高等教育职业教育住房和城乡建设领域学科专业"十四五"规划教材的通知》（建办人函〔2020〕656号），开展了住房和城乡建设部"十四五"规划教材选题的申报工作。经过专家评审和部人事司审核，512项选题列入住房和城乡建设领域学科专业"十四五"规划教材（简称规划教材）。2021年9月，住房和城乡建设部印发了《高等教育职业教育住房和城乡建设领域学科专业"十四五"规划教材选题的通知》（建人函〔2021〕36号）。为做好"十四五"规划教材的编写、审核、出版等工作，《通知》要求：（1）规划教材的编著者应依据《住房和城乡建设领域学科专业"十四五"规划教材申请书》（简称《申请书》）中的立项目标、申报依据、工作安排及进度，按时编写出高质量的教材；（2）规划教材编著者所在单位应履行《申请书》中的学校保证计划实施的主要条件，支持编著者按计划完成书稿编写工作；（3）高等学校土建类专业课程教材与教学资源专家委员会、全国住房和城乡建设职业教育教学指导委员会、住房和城乡建设部中等职业教育专业指导委员会应做好规划教材的指导、协调和审稿等工作，保证编写质量；（4）规划教材出版单位应积极配合，做好编辑、出版、发行等工作；（5）规划教材封面和书脊应标注"住房和城乡建设部'十四五'规划教材"字样和统一标识；（6）规划教材应在"十四五"期间完成出版，逾期不能完成的，不再作为《住房和城乡建设领域学科专业"十四五"规划教材》。

住房和城乡建设领域学科专业"十四五"规划教材的特点，一是重点以修订教育部、住房和城乡建设部"十二五""十三五"规划教材为主；二是严格按照专业标准规范要求编写，体现新发展理念；三是系列教材具有明显特点，满足不同层次和类型的学校专业教学要求；四是配备了数字资源，适应现代化教学的要求。规划教材的出版凝聚了作者、主审及编辑的心血，得到了有关院校、出版单位的大力支持，教材建设管理过程有严格保障。希望广大院校及各专业师生在选用、使用过程中，对规划教材的编写、出版质量进行反馈，以促进规划教材建设质量不断提高。

住房和城乡建设部"十四五"规划教材办公室

2021 年 11 月

前　言

建筑工程项目是一种碎片化的生产方式，大部分生产时间在露天开展；尽管近年来，建筑施工现场的机械化程度越来越高，但是其生产模式仍是劳动密集型；作业工人普遍没有经过系统的安全知识和技能学习及培训等；这些生产特点决定了建筑施工现场安全生态特点。我国土建类高等职业院校肩负着向建筑市场提供大量高素质技术技能人才，也非常需要一本适合土建类职业院校安全管理人才培养的专业教材。本书正是基于保证建筑施工安全及改善建筑施工环境而编写的一本面向高等职业教育土建类教学用教材。

根据我国《高等职业学校建设工程管理专业教学标准》，建筑施工安全管理是我国高等职业学校建设工程管理专业的一门核心专业课程，主要由该专业的就业岗位属性所决定，项目经理是建筑施工现场安全的第一责任人；也同样基于我国"管技术必须管安全"的现场安全管理原则。安全知识和技能是每一位从事建筑施工现场管理的技术人员必须掌握的一门专业知识和必须具备的一项专业技能。基于此，教材内容框架紧扣建筑施工现场安全管理必备的知识和技能，如：施工安全管理基本知识、安全方面的法律法规、危险源管理、安全防护管理、现场临时用电安全管理、现场机械设备安全管理、建筑施工过程的施工安全技术、文明施工基本要求等方面。

教材内容同时聚焦"书证融合"，从国家对建筑施工现场专职安全员岗前考核的要求摘取教材内容，选取基于在建筑施工现场从事专职安全员岗位"应知应会"的安全知识和技能，也是安全员岗位证书考核大纲中必须要求掌握的专业知识和技能。确保学生学习完本教材的知识后，一是在建筑施工现场能马上运用；二是能适应专职安全员的岗位需求，达到毕业与就业之间的无缝对接。

为了达到"书证融合"的目的，在组建教材编制组成员时，既有来自学校的"双师型"专业教师，也有来自管理水平比较高的建筑业企业第一线专家技术人员；既有北部地区国家"双高"建设高等职业院校，也有南部地区国家"双高"建设高等职业院校。所有参加教材编写的专家均有建筑施工现场第一线从事安全管理的实践经验或专职安全员岗前培训和考核的教学经验。

本教材的内容除聚焦安全管理外，也配置了与建筑施工现场安全管理息息相关的文明施工内容，没有选择质量管理与安全管理的组合。首先质量管理主要是建筑施工现场质量员的岗位要求，而安全管理是建筑施工现场安全员的岗位要求，两者在涉及的知识和技能方面跨度比较大，在一本教材且一个学期内同时解决两个不同岗位的知识和技能，容易出现顾此失彼的现象；对于担任教学任务的教师也是一个比较大的挑战。选择安全管理与文明施工组合，也是因为两者均是安全员的岗位知识与技能要求。安全是从事建筑生产人员最基本的人权，文明则是体现"以人为本"的基本思想，是在保证安全的基本前提下进一步改善现场作业人员的工作和生活环境，是社会文明高度发达的具体体现。

为树立可持续发展理念，教材引入了绿色施工的内容。为了全面落实立德树人根本任务，本教材在每一主要的章节后加入了思政提升和思政建设案例内容，旨在引导学生树立牢固的遵纪守法的法治意识，树立正确的世界观、人生观和价值观，体现社会主义核心价值观和四个自信。

本教材编写具体分工(含练习题)如下：第1章由广西建设职业技术学院蒋孙春编写；第2章由广西建设职业技术学院李明杰编写；第3章的3.1、3.2节由广西建工第一建筑工程集团有限公司郑秋霞编写；第3章的3.3节由广西建设职业技术学院李嘉鸿编写；第3章的3.4节由广西建工第一建筑工程集团有限公司陈晓斌、谢江美编写；第3章的3.5节由广西建设职业技术学院吕学军编写；第3章的3.6、3.7节由广西建工第一建筑工程集团有限公司谢江美、庞绍安编写；第4章的4.1、4.2节由广西建工第一建筑工程集团有限公司麻荣敏编写；第4章的4.3节由广西建工第一建筑工程集团有限公司谢江美、庞绍安编写；第4章的4.4、4.5、4.6节由黑龙江建筑职业技术学院关升编写。全书内容框架设计和统稿由蒋孙春负责，广西建工第一建筑工程集团有限公司总工程师谢鸿卫担任本教材主审。主审审阅了教材全稿，并提出了宝贵的修改意见。

本教材编写过程中，参考了大量的文献资料，在此向这些文献作者表示衷心感谢！由于编者水平有限，教材中难免存在瑕疵，恳请各位专家和读者不吝批评指正！

蒋孙春

2023 年 4 月 1 日

目　　录

1 建筑工程安全管理与文明施工基础知识

1.1 安全管理相关知识概述

1.1.1 建筑施工安全管理的必要性与方针

1. 建筑施工安全管理的必要性

所谓安全，就是指人的身体、心理、财产或环境不受到实际或潜在的伤害或威胁的一种状态。

安全生产是人类为其生存和发展向大自然索取和创造物质财富的生产经营活动中一个最重要的基本前提。在生产经营活动中安全生产问题无时无处不存在。纵观近几十年来我国和世界其他各国的安全生产状况，有很多教训也值得我们去反思。

建筑施工安全管理就是指对建筑施工现场的安全进行计划、组织、指挥、协调和控制的一系列活动。目的是保证在建筑生产经营活动中的人身安全、财产安全，促进建筑生产的发展，保持社会的稳定。

通过对建筑生产要素过程进行控制，使生产要素的不安全行为和状态减少或消除，达到减少一般事故，杜绝伤亡事故，从而保证安全管理目标的实现。

2. 建筑施工安全管理的方针

《中华人民共和国安全生产法》（以下简称《安全生产法》）规定：安全生产工作应当以人为本，坚持安全发展，坚持"安全第一、预防为主、综合治理"的方针，强化和落实建筑生产单位的主体责任，建立建筑生产单位负责、职工参与、政府监管、行业自律和社会监督的机制。

要做好安全生产工作必须做到：坚持"安全第一，预防为主、综合治理"方针，树立"以人为本"思想，不断提高安全生产素质；加强安全生产法制建设，有法可依，有法必依，执法必严，违法必究，严格落实安全生产责任制；加大安全生产投入，依靠科技进步，标本兼治，全面改善安全生产基础设施和提高管理水平，提高本质安全度；建立完善安全生产管理体制，强化执法监察力度；突出重点，专项整治，遏制重特大事故的发生。

（1）安全第一的提出

"安全第一"这一口号是美国的钢铁生产厂商 US Steel 于 20 世纪初在商业领域提出来的。它体现了安全比生产效率、成本、质量等其他因素都更加重要的企业管理方针，当生产与安全发生矛盾时，生产必须服从安全，这是安全第一的含义。当然，这个管理方针是在当时职业伤害事故频发的背景下提出的。这个管理方针的实施不仅降低了职业伤害事故发生率，而且提高了产品质量及生产效率，它所带来的综合管理效果得到了整个世界的瞩目。目前"安全第一"作为建筑生产现场管理的基本方针，已被广泛执行。

（2）预防为主是安全生产的前提

现代建筑科学技术日新月异，施工作业大多是露天进行，不同项目施工行为也是碎片式的，施工现场情况复杂多变，安全隐患问题又十分复杂且不易觉察，稍有疏忽即可能酿成事故。预防为主，"防患于未然"，就是要在事前做好安全预防工作，依靠技术手段，强化现场安全管理，依靠大数据做好科学分析工作，把工伤事故和职业危害消灭在萌芽状态中。做好施工现场的安全预防工作，要从思想上给予重视，从物质上给予有力保障，在组织机构、安全责任、安全教育、提高防范、监督管理以及劳动保护、施工现场、环境卫生等各方面都对事故预防措施予以充分重视，这是贯彻安全生产方针的重要内容。

（3）安全与生产的关系

平常给大家的印象是：注重安全就会拖慢生产，安全和生产是对立的。其实不然，安全与生产的关系是辩证统一的关系，并不是对立的、矛盾的关系。安全与生产的统一性表现在：一方面指生产必须安全；安全是生产的前提条件，不安全就无法生产。另一方面，安全可以促进生产；抓好安全，为员工创造一个安全、卫生、舒适的工作环境，可以更好地调动员工的积极性，提高劳动生产率和减少因事故带来的不必要损失。

1.1.2　安全生产管理制度

1. 安全生产责任制

安全生产责任制是根据"管生产必须管安全""安全生产，人人有责"的原则，明确规定各级领导、各职能部门、各专业岗位、各工种人员在生产活动中既有明确的安全职责分工、又要求全员参与的管理制度。安全生产责任制度主要包括施工企业主要负责人的安全责任，生产、技术、材料等各职能管理部门负责人及其工作人员的安全责任，项目负责人（项目经理）的安全责任，项目技术负责人的安全责任，专职安全生产管理人员的安全责任，施工员的安全责任，班组长的安全责任和岗位操作人员的安全责任等。

安全生产责任制是各项安全管理制度的核心，是企业岗位责任制的一个重要组成部分，是企业安全管理中最基本的制度，是保障安全生产的重要组织措施。

按照《建设工程安全生产管理条例》的规定，建设工程实行施工总承包的，由总承包单位对施工现场的安全生产负总责。总承包单位应当自行完成建设工程主体结构的施工。总承包单位依法将建设工程分包给其他单位的，分包合同中应当明确总包单位和分包单位双方各自的安全生产方面的权利、义务。总承包单位和分包单位对分包工程的安全生产承担连带责任。分包单位应当服从总承包单位的安全生产管理，分包单位不服从管理导致生产安全事故的，由分包单位承担主要责任。

2. 安全生产教育和培训制度

建筑生产单位应当对从业人员进行安全生产教育和培训，保证从业人员具备必要的安全生产知识，熟悉有关的安全生产规章制度和安全操作规程，掌握本岗位的安全操作技能，了解事故应急处理措施，熟知自身在安全生产方面的权利和义务。未经安全生产教育和培训合格的从业人员，不得上岗作业。

建筑生产单位使用被派遣劳动者的，应当将被派遣劳动者纳入本单位从业人员统一管理，对被派遣劳动者进行岗位安全操作规程和安全操作技能的教育和培训。劳务派遣单位应当对被派遣劳动者进行必要的安全生产教育和培训。

施工单位应当对管理人员和作业人员每年至少进行一次安全生产教育培训，其教育培训情况记入个人工作档案。安全生产教育培训考核不合格的人员，不得上岗。

（1）新工人三级安全教育

所谓新工人是指进入新的岗位或者新的施工现场前的作业人员。我国《建设工程安全生产管理条例》规定，作业人员进入新的岗位或者新的施工现场前，应当接受安全生产教育培训。未经教育培训或者教育培训考核不合格的人员，不得上岗作业。

三级安全教育是每个刚进企业的新工人必须接受首次安全生产方面的基本教育。"三级"一般是指公司（即企业）、项目（或工程处、施工队、工区）、班组这三级。三级安全教育一般是由企业的安全、教育、劳动、技术等部门配合进行的。

施工单位在采用新技术、新工艺、新设备、新材料时，应当对作业人员进行相应的安全生产教育培训。

1）公司级安全教育内容

① 国家安全生产方针和在安全方面制定的有关法律法规、政策；

② 涉及安全生产的标准、规范、规程；

③ 劳动保护的意义和任务；

④ 企业安全规章制度；

⑤ 安全方面的基本知识等。

2）项目部级安全教育内容

① 建筑工人安全生产技术操作一般规定；

② 施工现场安全管理规章制度；

③ 安全生产纪律和文明生产要求；

④ 本工程项目基本情况，包括现场环境、施工特点，可能存在不安全因素的危险作业部位及必须遵守的事项。

3）班组级的安全教育内容

① 本人从事施工生产工作的性质，必要的安全知识，机具设备及安全防护设施的性能、作用和操作；

② 本工种安全操作规程；

③ 班组安全生产、文明施工基本要求和劳动纪律；

④ 本工种事故案例剖析、易发事故部位及劳保防护用品的使用要求。

新进场工人三级安全教育培训（公司、项目、班组）分别不少于15学时、15学时、20学时。

（2）特种作业人员安全教育

建筑施工特种作业人员主要包括建筑电工、建筑架子工（普通脚手架、附着式升降脚手架等）、建筑起重司索信号工、建筑起重机械司机（塔式起重机、施工升降机、物料提升机等）、建筑起重机械安装拆卸工（塔式起重机、施工升降机、物料提升机等）、高处作业吊篮安装拆卸工等岗位工种。建筑施工特种作业人员必须经住房城乡建设主管部门考核合格，取得建筑施工特种作业人员操作资格证后方可上岗从事相应作业，且持证人员应当受聘于建筑施工企业或安装企业。建筑施工特种作业人员应当参加年度安全教育培训或者继续教育，每年不得少于24小时。

（3）"三类人员"安全教育

我国《建设工程安全生产管理条例》规定，施工单位的主要负责人（企业法定代表人和生产经营负责人等，俗称 A 类人员）、项目负责人（项目经理，俗称 B 类人员）、专职安全生产管理人员（俗称 C 类人员），即平常所称"三类人员"，"三类人员"应当经建设行政主管部门或者其他有关部门考核合格后方可任职。

1）施工单位主要负责人的安全教育培训内容

① 国家有关安全生产的方针、政策、法律和法规及有关行业的规章、规范和标准；

② 企业安全生产责任制和安全生产规章制度的内容、制定和方法；

③ 建筑施工企业安全生产管理的基本知识、方法与安全生产技术，有关行业安全生产管理专业知识；

④ 重大、特大事故防范、应急救援措施及调查处理方法，重大危险源管理与应急救援预案编制原则；

⑤ 国内外先进的安全生产管理经验；

⑥ 典型事故案例分析。

2）项目负责人的安全教育培训内容

① 国家有关安全生产的方针政策、法律法规、部门规章、标准及有关规范，本地区有关安全生产的法规、规章、标准及规范性文件；

② 工程项目安全生产管理的基本知识和相关专业知识；

③ 重大事故防范、应急救援措施、报告制度及调查处理方法；

④ 企业和项目安全生产责任制和安全生产规章制度的内容、制定方法；

⑤ 施工现场安全生产监督检查的内容和方法；

⑥ 国内外安全生产管理经验；

⑦ 典型事故案例分析。

3）专职安全管理人员安全教育培训的内容

① 国家有关安全生产的法律、法规、政策及有关行业安全生产的规章、规程、规范和标准；

② 安全生产管理知识、安全生产技术、劳动卫生知识和安全文化知识，有关行业安全生产管理专业知识；

③ 工伤保险的法律、法规、政策；

④ 伤亡事故和职业病统计、报告及调查处理方法；

⑤ 事故现场勘验技术，以及应急处理措施；

⑥ 重大危险源管理与应急救援预案编制方法；

⑦ 国内外先进的安全生产管理经验；

⑧ 典型事故案例。

根据住房和城乡建设部相关文件规定，建筑施工企业从业人员每年应接受一次专门的安全培训，其中企业法定代表人、生产经营负责人、项目经理不少于 30 学时，专职安全生产管理人员不少于 40 学时，其他管理人员和技术人员不少于 20 学时。

（4）其他人员安全教育

其他从业人员不少于 15 学时，待岗复工、转岗、换岗人员重新上岗前不少于 20 学时。

3. 安全生产监督管理制度

安全生产工作实行管行业必须管安全、管业务必须管安全、管生产经营必须管安全，强化和落实生产经营单位主体责任与政府监管责任，建立生产经营单位负责、职工参与、政府监管、行业自律和社会监督的机制。因此，建筑安全生产监督管理包括两个层面的管理，一是政府安全生产监督部门对建筑安全生产的监督管理；二是建筑生产单位对建筑生产的管理。

（1）政府部门的安全生产监督管理制度

根据《安全生产法》，国务院安全生产监督管理部门依照本法，对全国安全生产工作实施综合监督管理；县级以上地方各级人民政府安全生产监督管理部门依照本法，对本行政区域内安全生产工作实施综合监督管理。

根据《安全生产法》和《中华人民共和国建筑法》（以下简称《建筑法》），国务院建设行政主管部门负责全国建筑安全生产的管理，国务院水利、交通等部门负责全国各自行业、领域内建设工程安全生产监督管理。

县级以上地方各级人民政府建设行政主管部门负责本行政区域内建筑安全生产的管理，县级以上地方各级人民政府水利、交通等部门负责本行政区域内各自行业、领域内建设工程安全生产监督管理。

上述政府部门在对建筑安全生产行使监督管理时，应依法接受劳动行政主管部门对建筑安全生产的指导和监督。

（2）建筑施工单位的安全管理制度

建筑施工单位是建设项目的生产单位，由于建设项目分布范围广，建筑施工单位对项目生产不能完全交由项目部管理，更不能"以包代管"，建筑施工单位要切实履行建筑项目安全生产的第一责任人角色。建筑施工单位必须依法加强对建筑安全生产的管理，采取有效措施，防止伤亡和其他安全生产事故的发生。建筑施工单位的法定代表人对本企业的安全生产负责。

施工现场安全由建筑施工单位负责。实行施工总承包的，由总承包单位负责。分包单位向总承包单位负责，服从总承包单位对施工现场的安全生产管理。

4. 自升式架设设施使用登记备案管理制度

自升式架设设施主要包括施工起重机械、整体提升脚手架、整体提升模板等。根据《建设工程安全生产管理条例》，施工单位应当自施工起重机械、整体提升脚手架和整体提升模板等自升式架设设施验收合格之日起三十日内，向建设行政主管部门或者其他有关部门登记。登记标志应当置于或者附着于该设备的显著位置。

（1）建筑施工起重机械的安装和拆卸

从事建筑起重机械安装、拆卸活动的单位（以下简称安装单位）应当依法取得建设行政主管部门颁发的相应资质和建筑施工企业安全生产许可证，并在其资质许可范围内承揽建筑起重机械安装、拆卸工程。建筑起重机械使用单位和安装单位应当在签订的建筑起重机械安装、拆卸合同中明确双方的安全生产责任。实行施工总承包的，施工总承包单位应当与安装单位签订建筑起重机械安装、拆卸工程安全协议书。

安装单位应当履行下列安全职责：

1）按照安全技术标准及建筑起重机械性能要求，编制建筑起重机械安装、拆卸工程专项施工方案，并由本单位技术负责人签字；

2）按照安全技术标准及安装使用说明书等检查建筑起重机械及现场施工条件；

3）组织安全施工技术交底并签字确认；

4）制定建筑起重机械安装、拆卸工程生产安全事故应急救援预案；

5）将建筑起重机械安装、拆卸工程专项施工方案，安装、拆卸人员名单，安装、拆卸时间等材料报施工总承包单位和监理单位审核后，告知工程所在地县级以上地方人民政府建设行政主管部门。

（2）建筑起重机械的验收和使用登记

建筑起重机械安装完毕后，使用单位应当组织出租、安装、监理等有关单位进行验收，或者委托具有相应资质的检验检测机构进行验收。建筑起重机械经验收合格后方可投入使用，未经验收或者验收不合格的不得使用。实行施工总承包的，由施工总承包单位组织验收。

建筑起重机械在验收前应当经有相应资质的检验检测机构检验合格。检验检测机构和检验检测人员对检验检测结果、鉴定结论依法承担法律责任。

使用单位应当自建筑起重机械安装验收合格之日起 30 日内，将建筑起重机械安装验收资料、建筑起重机械安全管理制度、特种作业人员名单等，向工程所在地县级以上地方人民政府建设行政主管部门办理建筑起重机械使用登记。使用登记标志置于或者附着于该设备的显著位置。

（3）建筑起重机械的监督管理

根据《建筑起重机械安全监督管理规定》（建设部令第 166 号），国务院建设行政主管部门对全国建筑起重机械的租赁、安装、拆卸、使用实施监督管理。县级以上地方人民政府建设行政主管部门对本行政区域内的建筑起重机械的租赁、安装、拆卸、使用实施监督管理。

5. 安全隐患报告制度

建筑施工单位的安全生产管理人员应当根据本单位的生产经营特点，对安全生产状况进行经常性检查；对检查中发现的安全问题，应当立即处理；不能处理的，应当及时报告本单位有关负责人，有关负责人应当及时处理。检查及处理情况应当如实记录在案。

建筑施工单位的安全生产管理人员在检查中发现重大事故隐患，应当立即处理；不能处理的，应当及时向本单位有关负责人报告，有关负责人不及时处理的，安全生产管理人员可以向主管的负有安全生产监督管理职责的部门报告，接到报告的部门应当依法及时处理。

6. 安全生产事故报告制度

按照我国《安全生产法》《建筑法》《建设工程安全生产管理条例》和《生产安全事故报告和调查处理条例》规定，建筑施工现场发生安全生产事故，应该及时报告。事故报告应当及时、准确、完整，任何单位和个人对事故不得迟报、漏报、谎报或者瞒报。

7. 工伤保险和意外伤害保险制度

（1）工伤保险和意外伤害险的投保

《建筑法》规定，建筑施工企业应当依法为职工参加工伤保险，缴纳工伤保险费。鼓励企业为从事危险作业的职工办理意外伤害保险，支付保险费。工伤保险是面向施工企业全体员工的强制性保险。

《建设工程安全生产管理条例》规定，施工单位应当为施工现场从事危险作业的人员办理意外伤害保险。意外伤害保险费由施工单位支付。实行施工总承包的，由总承包单位支付意外伤害保险费。

我国上述法律法规文件规定，工伤保险和意外伤害险在建筑施工现场都是属于国家强制保险险种。

（2）意外伤害险的保险期限

意外伤害保险期限自建设工程开工之日起至竣工验收合格止。各地建设行政主管部门结合本地区实际情况，确定合理的最低保险金额。

（3）意外伤害险的最低保险金额

最低保险金额要能够保障施工伤亡人员得到有效的经济补偿。施工企业办理建筑意外伤害保险时，投保的保险金额不得低于此标准。

（4）意外伤害险的索赔

建筑意外伤害保险应规范和简化索赔程序，搞好索赔服务。各地建设行政主管部门要积极创造条件，引导投保企业在发生意外事故后，即向保险公司提出索赔，使施工伤亡人员能够得到及时、足额的赔付。各级建设行政主管部门要对被保险人发生意外伤害事故后，施工企业和工程项目负责人隐瞒不报、不索赔的，要严肃查处。

8. 生产安全事故责任追究制度

我国《安全生产法》规定，国家实行生产安全事故责任追究制度，追究生产安全事故责任人员的法律责任。

1.2 文明施工简介

1. 文明施工的定义

文明是指符合人们和社会的公序良俗。文明施工是指在施工安全的基础上，保持施工现场整洁、卫生，施工组织科学，施工流程合理的一种施工活动。文明施工主要包括以下几个方面的工作：规范施工现场的场容，保持作业环境的整洁卫生；科学组织施工，使生产有序进行；减少施工对周围居民和环境的影响；保证职工的安全和身体健康。文明施工体现了建筑施工企业作为社会的一员所应承担的社会责任，是建筑生产进入更高一个层次的体现。

2. 文明施工的意义

根据《建筑施工安全检查标准》JGJ 59—2011规定，施工现场文明施工包括现场围挡、封闭管理、施工场地、材料堆放、现场办公与住宿、现场防火、综合治理、公示标牌、生活设施、社区服务10项内容。其重要意义主要有：

（1）它是改善施工人员的作业条件，提高施工效益，消除施工给城市环境带来的不利影响，进而达到提升施工人员、项目生产乃至整个城市的文明程度，也是确保安全生产、提升工程质量的有效途径。

（2）它是城市文明建设的一个必不可少的重要组成部分，是社会和谐的需求。

（3）文明施工以各项工作标准来规范现场施工行为，是建筑业生产方式的重大转变。

文明施工以文明工地建设为切入点，通过管理出效益，改变了建筑业过去靠野蛮生产、施工现场普遍"脏、乱、差"的现象。

（4）文明施工是企业无形资产原始积累的需要，是在市场经济条件下提升企业自身社会形象、增强自身市场竞争力的需要，可以有效地提升建筑施工企业商誉，已被广大建设者认可，对建筑业的发展发挥了应有的作用。

（5）文明施工也参照《施工安全与卫生公约》（国际劳工组织第167号），以保障劳动者的安全与健康为前提，文明施工创建了一个安全、有序的作业场所，以及卫生、舒适的休息环境，从而有效地提升施工现场的工作质量，是"以人为本"思想的具体体现。因此也是建筑施工企业走出去，更好地被国际社会接受的必备条件。

1.3　建筑施工安全管理的主要内容

1.3.1　安全施工管理目标

安全施工管理目标是指项目部根据企业的整体目标，通过分析外部环境和内部条件，并结合项目实际特点的基础上，确定安全施工所要达到的目标，并采取一系列措施去努力实现这些目标的活动过程。

1."六杜绝"

（1）杜绝重伤及死亡事故；

（2）杜绝坍塌伤害事故；

（3）杜绝物体打击事故；

（4）杜绝高处坠落事故；

（5）杜绝机械伤害事故；

（6）杜绝触电事故。

2."三消灭"

（1）消灭违章指挥；

（2）消灭违章作业；

（3）消灭"惯性事故"。

3."二控制"

（1）控制年负伤率；

（2）控制年安全事故率。

4."一创建"

创建安全文明示范工地。

1.3.2　安全施工管理的主要任务

建筑施工企业安全施工管理的主要任务有：

（1）贯彻落实国家安全生产法律法规，落实"安全第一、预防为主、综合治理"的安全生产方针；

（2）制定企业安全生产的各种规程、规定和制度，并认真贯彻实施；

（3）制定并落实各级安全生产责任制；

（4）积极采取有效可行的安全施工技术措施，营造安全可靠的作业条件，保障作业人员安全，减少和杜绝各类事故；

（5）采取各种劳动卫生措施，不断改善劳动条件和环境，防止和消除职业病及职业危害，做好女工和未成年工的特殊保护，保障劳动者的身心健康；

（6）定期对企业各级领导、特种作业人员和所有职工进行安全教育，强化安全意识；

（7）定期或不定期检查项目部的安全生产情况，及时完成各类事故的调查、处理和上报；

（8）推动安全生产目标管理，推广和应用现代化安全管理技术与方法，深化企业安全管理。

1.3.3 建筑施工安全组织机构和人员配备

《安全生产法》规定，建筑施工企业应当设置安全生产管理机构或者配备专职安全生产管理人员。安全生产管理机构是指在建筑施工企业及其在建工程项目部中设置专业负责安全生产管理工作的独立职能部门。

1. 安全生产管理机构设置

建筑施工企业应当在企业和项目部设置安全生产管理机构。《建筑施工企业安全生产管理机构设置及专职安全生产管理人员配备办法》（建质〔2008〕91号）规定，建筑施工企业所属的分公司、区域公司等较大的分支机构应当各自独立设置安全生产管理机构，负责本企业（分支机构）的安全生产管理工作。建筑施工企业及其所属分公司、区域公司等较大的分支机构必须在建设工程项目中设立安全生产管理机构。

2. 安全生产管理机构的职责

安全生产管理机构的职责主要包括：落实国家有关安全生产法律法规和标准，编制并适时更新安全生产管理制度，组织开展全员安全教育培训及安全检查等活动。

3. 安全生产管理人员的职责

建筑施工企业应当在安全生产管理机构配置专职的安全生产管理人员。专职安全生产管理人员是指经建设行政主管部门或者其他有关部门安全生产考核合格，并取得安全生产考核合格证书在企业从事安全生产管理工作的专职人员，包括企业安全生产管理机构的负责人及其工作人员和施工现场专职安全生产管理人员。

企业安全生产管理机构负责人依据企业安全生产实际情况，适时修订企业安全生产规章制度，调配各级安全生产管理人员，监督、指导并评价企业各部门或分支机构的安全生产管理工作，配合有关部门进行事故的调查处理等。

企业安全生产管理机构工作人员负责安全生产相关数据统计、安全防护和劳动保护用品配备及检查、施工现场安全督查等。在施工现场检查过程中，可以：

（1）查阅在建项目安全生产有关资料、核实相关情况；

（2）检查危险性较大工程安全专项施工方案落实情况；

（3）监督施工现场专职安全生产管理人员履职情况；

（4）监督检查作业人员安全防护用品的配备及使用情况；

（5）对检查出的不安全行为、不安全设施等现场安全问题有权予以纠正或作出整改要求或予以查封处理等。

施工现场专职安全生产管理人员的主要职责有：

（1）负责危险性较大工程安全专项施工方案的具体组织实施；

（2）对施工现场安全生产巡视督查，并做好记录；

（3）发现现场存在安全隐患时，有权责令整改，应及时向工程项目经理和企业安全生产管理机构报告；

（4）对违章指挥、违章操作的，应立即制止。

4. 安全生产管理人员的配置

（1）公司安全生产管理机构人员配置

建筑施工总承包企业安全生产管理机构内的专职安全生产管理人员应当按企业资质类别和等级并根据企业生产能力或施工规模等足额配备，专职安全生产管理人员人数至少为：

1）集团公司按 1 人/百万 m² · 年（生产能力）或每十亿施工总产值 · 年，且不少于 4 人。

2）工程公司（分公司、区域公司）按 1 人/10 万 m² · 年（生产能力）或每一亿施工总产值 · 年，且不少于 3 人。

3）专业公司按 1 人/10 万 m² · 年（生产能力）或每一亿施工总产值 · 年，且不少于 3 人。

4）专业作业企业（原劳务公司）按 1 人/50 名施工人员，且不少于 2 人。

（2）项目部安全生产管理机构人员配置

建设工程项目应当成立由项目经理负责的安全生产管理小组，小组成员应包括企业派驻到项目的专职安全生产管理人员，专职安全生产管理人员的配置为：

1）建筑工程、装修工程按照建筑面积配置专职安全生产管理人员

① 1 万 m² 及以下的工程至少 1 人；

② 1 万～5 万 m² 的工程至少 2 人；

③ 5 万 m² 以上的工程至少 3 人，应当设置安全主管，按土建、机电设备等专业设置专职安全生产管理人员。

2）土木工程、线路管道、设备按照安装总造价配置专职安全生产管理人员

① 5000 万元以下的工程至少 1 人；

② 5000 万～1 亿元的工程至少 2 人；

③ 1 亿元以上的工程至少 3 人，应当设置安全主管，按土建、机电设备等专业设置专职安全生产管理人员。

3）工程项目采用新技术、新工艺、新材料或致害因素多、施工作业难度大的工程项目，施工现场专职安全生产管理人员的数量应当根据施工实际情况，在上述项目部人员配备规定的配置标准上增配。

4）专业作业（原为劳务分包）企业建设工程项目施工人员 50 人以下的，应当设置 1 名专职安全生产管理人员；50～200 人的，应设 2 名专职安全生产管理人员；200 人以上的，应根据所承担的分部分项工程施工危险实际情况增配，并不少于企业总人数的 5‰。

1.4 安全专项施工方案的编制与审核

1. 专项施工方案的编制

我国《建筑法》规定，建筑施工企业在编制施工组织设计时，应当根据建筑工程的特点制定相应的安全技术措施；对专业性较强的工程项目，应当编制专项安全施工组织设计，并采取安全技术措施。

我国《建设工程安全生产管理条例》规定，施工单位应当在施工组织设计中编制安全技术措施和施工现场临时用电方案，对下列达到一定规模的危险性较大的分部分项工程编制专项施工方案，并附具安全验算结果，经施工单位技术负责人、总监理工程师签字后实施，由专职安全生产管理人员进行现场监督：

（1）基坑支护与降水工程；

（2）土方开挖工程；

（3）模板工程；

（4）起重吊装工程；

（5）脚手架工程；

（6）拆除、爆破工程；

（7）国务院建设行政主管部门或者其他有关部门规定的其他危险性较大的工程。

对上述所列工程中涉及深基坑、地下暗挖工程、高大模板工程的专项施工方案，施工单位还应当组织专家进行论证、审查。

《危险性较大的分部分项工程安全管理规定》（住房和城乡建设部令第 37 号）进一步规定明确了危险性较大的分部分项工程范围（表 1-4-1）。

危险性较大的分部分项工程范围　　　　表 1-4-1

序号	类别	危险性较大的分部分项工程范围	超过一定规模的危险性较大的分部分项工程范围
1	基坑工程	开挖深度超过 3m（含 3m）的基坑（槽）的土方开挖、支护、降水工程	开挖深度超过 5m（含 5m）的基坑（槽）的土方开挖、支护、降水工程
		开挖深度虽未超过 3m，但地质条件、周围环境和地下管线复杂，或影响毗邻建、构筑物安全的基坑（槽）的土方开挖、支护、降水工程	
2	模板工程及支撑体系	各类工具式模板工程：包括滑模、爬模、飞模、隧道模等工程	各类工具式模板工程：包括滑模、爬模、飞模、隧道模等工程
		混凝土模板支撑工程：搭设高度 5m 及以上，或搭设跨度 10m 及以上，或施工总荷载（荷载效应基本组合的设计值，以下简称设计值）10kN/m^2 及以上，或集中线荷载（设计值）15kN/m 及以上，或高度大于支撑水平投影宽度且相对独立无联系构件的混凝土模板支撑工程	混凝土模板支撑工程：搭设高度 8m 及以上，或搭设跨度 18m 及以上，或施工总荷载（设计值）15kN/m^2 及以上，或集中线荷载（设计值）20kN/m 及以上
		承重支撑体系：用于钢结构安装等满堂支撑体系	承重支撑体系：用于钢结构安装等满堂支撑体系，承受单点集中荷载 7kN 及以上

序号	类别	危险性较大的分部分项工程范围	超过一定规模的危险性较大的分部分项工程范围
3	起重吊装及起重机械安装拆卸工程	采用非常规起重设备、方法，且单件起吊重量在 10kN 及以上的起重吊装工程	采用非常规起重设备、方法，且单件起吊重量在 100kN 及以上的起重吊装工程
		采用起重机械进行安装的工程	起重量 300kN 及以上，或搭设总高度 200m 及以上，或搭设基础标高在 200m 及以上的起重机械安装和拆卸工程
		起重机械安装和拆卸工程	
4	脚手架工程	搭设高度 24m 及以上的落地式钢管脚手架工程（包括采光井、电梯井脚手架）	搭设高度 50m 及以上的落地式钢管脚手架工程
		附着式升降脚手架工程	提升高度在 150m 及以上的附着式升降脚手架工程或附着式升降操作平台工程
		悬挑式脚手架工程	分段架体搭设高度 20m 及以上的悬挑式脚手架工程
		高处作业吊篮	
		卸料平台、操作平台工程	
		异型脚手架工程	
5	拆除工程	可能影响行人、交通、电力设施、通信设施或其他建（构）筑物安全的拆除工程	码头、桥梁、高架、烟囱、水塔或拆除中容易引起有毒有害气（液）体或粉尘扩散、易燃易爆事故发生的特殊建、构筑物的拆除工程
			文物保护建筑、优秀历史建筑或历史文化风貌区影响范围内的拆除工程
6	暗挖工程	采用矿山法、盾构法、顶管法施工的隧道、洞室工程	采用矿山法、盾构法、顶管法施工的隧道、洞室工程
7	其他	建筑幕墙安装工程	施工高度 50m 及以上的建筑幕墙安装工程
		钢结构、网架和索膜结构安装工程	跨度 36m 及以上的钢结构安装工程，或跨度 60m 及以上的网架和索膜结构安装工程
		人工挖孔桩工程	开挖深度 16m 及以上的人工挖孔桩工程
		水下作业工程	水下作业工程
		装配式建筑混凝土预制构件安装工程	重量 1000kN 及以上的大型结构整体顶升、平移、转体等施工工艺
		采用新技术、新工艺、新材料、新设备可能影响工程施工安全，尚无国家、行业及地方技术标准的分部分项工程。超过一定规模的性较大的分部分项工程范围	采用新技术、新工艺、新材料、新设备可能影响工程施工安全，尚无国家、行业及地方技术标准的分部分项工程

施工单位应当在危险性较大的分部分项工程施工前组织工程技术人员编制专项施工方案。实行施工总承包的，专项施工方案应当由施工总承包单位组织编制。危险性较大的分部分项工程实行分包的，专项施工方案可以由相关专业分包单位组织编制。

2. 专项施工方案的审核

专项施工方案应当由施工单位技术负责人审核签字、加盖单位公章，并由总监理工程师审查签字、加盖执业印章后方可实施。

危险性较大的分部分项工程实行分包并由分包单位编制专项施工方案的，专项施工方案应当由总承包单位技术负责人及分包单位技术负责人共同审核签字并加盖单位公章。

3. 专项施工方案的论证

对于超过一定规模的危险性较大的分部分项工程，施工单位应当组织召开专家论证会对专项施工方案进行论证。实行施工总承包的，由施工总承包单位组织召开专家论证会。专家论证前专项施工方案应当通过施工单位审核和总监理工程师审查。

专家应当从地方人民政府住房城乡建设行政主管部门建立的专家库中选取，符合专业要求且人数不得少于5名。与本工程有利害关系的人员不得以专家身份参加专家论证会。

专家论证会后，应当形成论证报告，对专项施工方案提出论证意见，专家对论证报告负责并签字确认。专家对专项施工方案论证后提出的意见主要分为三类：通过、修改后通过或者不通过。

（1）专项施工方案经论证需修改后通过的，施工单位应当根据论证报告修改完善后，重新履行"由施工单位技术负责人审核签字、加盖单位公章，并由总监理工程师审查签字、加盖执业印章后方可实施"的程序。

（2）专项施工方案经论证不通过的，施工单位修改后应当按照《危险性较大的分部分项工程安全管理规定》（2018年3月8日中华人民共和国住房和城乡建设部令第37号公布）要求重新组织专家论证。

4. 安全技术交底

专项施工方案实施前，应进行安全技术交底，交底一般分级进行并采用书面形式。

编制人员或者项目技术负责人应当向施工现场管理人员进行方案交底，交底完后交底人和被交底人双方要在交底书上共同签字确认。

施工现场管理人员应当向作业人员进行安全技术交底，并由双方和项目专职安全生产管理人员共同签字确认。

5. 危险较大工程验收

对于按规定需要验收的危险性较大的分部分项工程，施工单位、监理单位应当组织相关人员进行验收。验收合格的，经施工单位项目技术负责人及总监理工程师签字确认后，方可进入下一道工序。

危险性较大的分部分项工程验收合格后，施工单位应当在施工现场明显位置设置验收标识牌，公示验收时间及责任人员。

6. 危险性较大分部分项工程安全管理

（1）施工单位的管理

施工单位应当在施工现场显著位置公告危险性较大的分部分项工程名称、施工时间和具体责任人员，并在危险区域设置安全警示标志。

施工单位应当严格按照专项施工方案组织施工，不得擅自修改专项施工方案。

施工单位应当对危险性较大的分部分项工程施工作业人员进行登记，项目负责人应当在施工现场履职。

项目专职安全生产管理人员应当对专项施工方案实施情况进行现场监督，对未按照专项施工方案施工的，应当要求立即整改，并及时报告项目负责人，项目负责人应当及时组织限期整改。

施工单位应当按照规定对危险性较大的分部分项工程进行施工监测和安全巡视，发现危及人身安全的紧急情况，应当立即组织作业人员撤离危险区域。

（2）监理单位的管理

监理单位应当结合危险性较大的分部分项工程专项施工方案编制监理实施细则，并对危险性较大的分部分项工程施工实施专项巡视检查。监理单位发现施工单位未按照专项施工方案施工的，应当要求其进行整改；情节严重的，应当要求其暂停施工，并及时报告建设单位。施工单位拒不整改或者不停止施工的，监理单位应当及时报告建设单位和工程所在地住房城乡建设行政主管部门。

（3）建设单位的管理

对于按照规定需要进行第三方监测的危险性较大的分部分项工程，建设单位应当委托具有相应勘察资质的单位进行监测。

1.5 建筑施工安全检查

安全检查是指对施工项目贯彻安全生产法律法规的情况、安全生产状况、劳动条件、事故隐患等所进行的检查。安全检查要根据施工生产特点，具体确定检查的项目和检查的标准。建筑工程施工安全检查主要是以查安全思想、查安全责任、查安全制度、查安全措施、查安全防护、查设备设施、查教育培训、查操作行为、查劳动防护用品使用和查伤亡事故处理等为主要内容。

建筑工程施工安全检查的主要形式一般可分为日常巡查、定期安全检查、季节性安全检查、节假日安全检查、开工、复工安全检查和专业性安全检查等。

项目部一般采用日常巡查的形式较多，项目经理每天组织项目部管理人员对项目的重大危险源和主要部位进行巡视检查。专职安全员在此基础上每天对项目危险部位和施工现场的工人的操作行为进行检查。公司一级一般采用定期安全检查的形式较多，常见的有每3个月对整个公司所有的项目进行安全检查一次。专业性安全检查常用于出现某类安全事故后，政府部门或公司管理部门对其所辖项目涉及与安全事故有关的专业进行检查。而季节性安全检查、节假日安全检查、开工、复工安全等形式的检查，一般第三方（监理、建设单位或政府监管部门）采用较多，且检查时一般要求与施工单位一起进行。

（1）安全检查的方法

建筑工程安全检查在正确使用安全检查表的基础上，可以采用"听""看""量""测""运转试验"等方法进行。能测量的或操作试验的，不能用估计等来代替，尽量采用定量方法检查。

1）"听"：听取基层管理人员或施工现场安全员汇报安全生产情况，介绍现场安全工作经验、存在的问题及处理措施；

2）"看"：主要查看管理记录、持证上岗、现场标识、交接验收资料、"三宝"（安全网、安全带、安全帽）使用情况、"洞口""临边"防护情况、设备防护装置等；

3）"量"：主要是用尺实测实量。例如：脚手架各种杆件间距、塔式起重机道轨距离、电气开关箱安装高度、在建工程邻近高压线距离等；

4）"测"：用仪器、仪表实地进行测量。例如：用水平仪测量道轨纵、横向倾斜度，用地阻仪摇测地阻等；

5）"运转试验"：由司机对各种限位装置进行实际动作，检验其灵敏程度。例如：塔式起重机的力矩限制器、行走限位，龙门架的超高限位装置，翻斗车制动装置等。

（2）安全检查要求

1）根据检查内容配备力量，抽调专业人员，确定检查负责人，明确分工。

2）应有明确的检查目的和检查项目、内容及检查标准、重点、关键部位。对大面积或数量多的项目可用抽检方式检查。

3）对现场管理人员和操作工人不仅要检查是否有违章指挥和违章作业行为，还应进行"应知应会"的项目进行抽查，以便了解管理人员及操作工人的安全素质。对于违章指挥、违章作业行为，检查人员可以当场指出、进行纠正。

4）对检查情况应认真、详细进行记录，特别是对隐患的记录必须具体，如所处位置、危险性程度及处理意见等。采用安全检查评分表的，应记录每项扣分的原因。

5）对检查中发现的隐患要及时发出隐患整改通知书，并作为整改的备查依据。对重大安全隐患，检查人员应责令停工整改。

检查后应对隐患整改情况进行跟踪复查，查被检单位是否按"三定"原则（定人、定期限、定措施）落实整改，对所有的安全隐患整改要做到"检查、整改、验收"等闭环处理。

安全检查步骤见图 1-5-1：

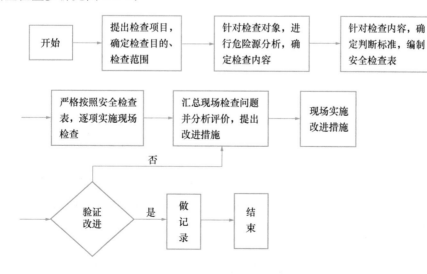

图 1-5-1 安全检查步骤

1.6 建筑施工安全隐患处理

建筑业企业要树立"隐患就是隐形的事故"的安全理念。项目经理作为项目安全的第一责任人,要定期系统地组织项目部技术管理人员检查施工现场的安全隐患;对项目技术管理人员必须坚持"管技术必须管安全",与项目专职安全员通过日常巡检及早发现现场安全隐患,做好安全检查记录,下达《安全隐患整改通知单》,要求现场相关队组及时进行整改。使项目施工现场的安全隐患做到早发现,早记录,早整改。

项目部对发现的安全事故隐患,要按照安全事故隐患的情况进行分级,并做好登记备案。重大的安全事故隐患要组织相关安全专家对隐患进行分析研究,编制专项处理方案,专项处理方案应报项目监理工程师和建设单位审批。安全事故隐患的整改要按照项目部职责分工情况及时处理消除,对安全事故隐患在未消除前或消除过程中可能对施工人员造成安全威胁的,项目部应采取安全应急措施,必要时暂停施工,对隐患部位采取封闭措施并做好警示标识。

安全事故隐患处理完毕后,项目部应组织专人进行检查验收,自检合格后报监理工程师复核。安全隐患整改完成后,项目部要组织专人对发现的隐患进行整理、分类、总结、存档。项目竣工后要将相关安全管理资料报送企业总部。由政府建设行政主管部门下达的安全隐患整改通知,项目部要编制隐患整改方案,隐患整改完后项目部自行组织验收合格后报监理工程师检查验收,监理工程师检查验收合格后应与施工单位一起及时回复发出安全隐患整改通知的管理部门并申请复核。

1.7 建筑施工安全事故报告与调查处理

1.7.1 建筑施工安全事故报告

1. 安全事故的种类

按照安全事故对人员的伤害程度,一般可以分为:轻伤事故、重伤事故和死亡事故。轻伤事故是指只有轻伤的事故;重伤事故是指有重伤无死亡的事故;死亡事故是指出现有人员死亡的事故。

我国对轻伤、重伤的定义是,轻伤是指造成劳动者肢体伤残,或某些器官功能性或器质性轻度损伤,表现为劳动能力轻度或暂时丧失的伤害。所谓重伤是指使人肢体残废、毁人容貌、丧失听觉、丧失视觉、丧失其他器官功能或者其他对于人身健康有重大伤害的损伤。

国际上对轻伤、重伤和死亡的确定是按"损失工作日"来划分的。所谓"损失工作日",指被伤害者失能的工作时间。轻伤是指损失工作日低于105日的失能伤害;重伤是指相当于损失工作日等于和超过105日的失能伤害;死亡是指损失工作日达6000日。

2. 安全事故的等级划分

根据《生产安全事故报告和调查处理条例》(国务院令第493号),安全事故等级是按事故造成的直接经济损失或死亡人员来确定的。事故一般分为以下等级:

(1)特别重大事故,是指造成30人以上死亡,或者100人以上重伤(包括急性工业中毒，下同），或者 1 亿元以上直接经济损失的事故；

（2）重大事故，是指造成 10 人以上 30 人以下死亡，或者 50 人以上 100 人以下重伤，或者 5000 万元以上 1 亿元以下直接经济损失的事故；

（3）较大事故，是指造成 3 人以上 10 人以下死亡，或者 10 人以上 50 人以下重伤，或者 1000 万元以上 5000 万元以下直接经济损失的事故；

（4）一般事故，是指造成 3 人以下死亡，或者 10 人以下重伤，或者 1000 万元以下直接经济损失的事故。

上述数字中，"以上"包括本数，"以下"不包括本数。确定安全事故等级时，以直接经济损失或伤亡人员中任何一项来认定，如果某项安全事故在按直接经济损失或伤亡人员认定时，认定的事故等级分属于不同的事故等级，则以其中的高者认定该项安全事故等级。

3. 安全事故报告

（1）安全事故报告时间

事故发生后，事故现场有关人员应当立即向本单位负责人报告；单位负责人接到报告后，应当于 1 小时内向事故发生地县级以上人民政府安全生产监督管理部门和负有安全生产监督管理职责的有关部门报告。建设工程实行施工总承包的，由总承包单位对施工现场的安全生产负总责。任何单位和个人对事故不得迟报、漏报、谎报或者瞒报。特别要注意不得"迟报、漏报、谎报或者瞒报"，一旦出现此类情况，会导致安全事故不能得到及时适当地救援或处治，会导致安全事故性质变化，事故现场或企业相关人员会由此承担更重更大的法律责任（直至刑事责任）。

情况紧急时，事故现场有关人员可以直接向事故发生地县级以上人民政府安全生产监督管理部门和负有安全生产监督管理职责的有关部门报告。

安全生产监督管理部门和负有安全生产监督管理职责的有关部门按规定上报事故情况时，应当同时报告本级人民政府。安全生产监督管理部门和负有安全生产监督管理职责的有关部门逐级上报事故情况，每级上报的时间不得超过 2 小时。

（2）安全事故报告内容

报告事故应当包括下列内容：

1）事故发生单位概况；

2）事故发生的时间、地点以及事故现场情况；

3）事故的简要经过；

4）事故已经造成或者可能造成的伤亡人数（包括下落不明的人数）和初步估计的直接经济损失；

5）已经采取的措施；

6）其他应当报告的情况。

事故报告后出现新情况的，应当及时补报。

自事故发生之日起 30 日内，事故造成的伤亡人数发生变化的，应当及时补报。

4. 事故救援

事故发生单位负责人接到事故报告后，应当立即启动事故相应应急预案，或者采取有效措施，组织抢救，防止事故扩大，减少人员伤亡和财产损失。事故发生地有关地方人民政府、安全生产监督管理部门和负有安全生产监督管理职责的有关部门接到事故报告后，其负责人应当立即赶赴事故现场，组织事故救援。

事故发生后，有关单位和人员应当妥善保护事故现场以及相关证据，任何单位和个人不得破坏事故现场、毁灭相关证据。

因抢救人员、防止事故扩大以及疏通交通等原因，需要移动事故现场物件的，应当做出标志，绘制现场简图并做出书面记录，妥善保存现场重要痕迹、物证。

1.7.2 建筑施工安全事故调查处理

1. 安全事故调查

安全事故的调查由政府部门负责，政府部门在接到安全事故报告后，在规定时间内及时组建事故调查组开展事故调查，事故发生单位和相关单位配合好事故调查组的工作。

（1）事故调查权限

不同等级的安全事故，组建事故调查组的政府级别是不同的，根据《生产安全事故报告和调查处理条例》（国务院令第493号）。

1）特别重大事故由国务院或者国务院授权有关部门组织事故调查组进行调查。

2）重大事故、较大事故、一般事故分别由事故发生地省级人民政府、设区的市级人民政府、县级人民政府负责调查。省级人民政府、设区的市级人民政府、县级人民政府可以直接组织事故调查组进行调查，也可以授权或者委托有关部门组织事故调查组进行调查。

3）未造成人员伤亡的一般事故，县级人民政府也可以委托事故发生单位组织事故调查组进行调查。

上级人民政府认为必要时，可以调查由下级人民政府负责调查的事故。

自事故发生之日起30日内（道路交通事故、火灾事故自发生之日起7日内），因事故伤亡人数变化导致事故等级发生变化，依照该条例规定应当由上级人民政府负责调查的，上级人民政府可以另行组织事故调查组进行调查。

特别重大事故以下等级事故，事故发生地与事故发生单位不在同一个县级以上行政区域的，由事故发生地人民政府负责调查，事故发生单位所在地人民政府应当派人参加。

（2）事故调查组的组建

组建事故调查组时应当遵循精简、效能的原则。根据事故的具体情况，事故调查组由有关人民政府、安全生产监督管理部门、负有安全生产监督管理职责的有关部门、监察机关、公安机关以及工会派人组成，并应当邀请人民检察院派人参加。

事故调查组可以聘请有关专家参与调查。

事故调查组成员应当具有事故调查所需要的知识和专长，并与所调查的事故没有直接利害关系。事故调查组组长由负责事故调查的人民政府指定。事故调查组组长主持事故调查组的工作。

（3）事故调查组职责和权限

根据《生产安全事故报告和调查处理条例》（国务院令第493号），事故调查组履行下列职责：

1）查明事故发生的经过、原因、人员伤亡情况及直接经济损失；

2）认定事故的性质和事故责任；

3）提出对事故责任者的处理建议；

4）总结事故教训，提出防范和整改措施；

5）提交事故调查报告。

事故调查组有权向有关单位和个人了解与事故有关的情况，并要求其提供相关文件、资料，有关单位和个人不得拒绝。

事故发生单位的负责人和有关人员在事故调查期间不得擅离职守，并应当随时接受事故调查组的询问，如实提供有关情况。

事故调查中发现涉嫌犯罪的，事故调查组应当及时将有关材料或者其复印件移交司法机关处理。

事故调查中需要进行技术鉴定的，事故调查组应当委托具有国家规定资质的单位进行技术鉴定。必要时，事故调查组可以直接组织专家进行技术鉴定。技术鉴定所需时间不计入事故调查期限。

事故调查组成员在事故调查工作中应当诚信公正、恪尽职守，遵守事故调查组的纪律，保守事故调查的秘密。

未经事故调查组组长允许，事故调查组成员不得擅自发布有关事故的信息。

（4）事故责任性质

根据事故调查所确认的事实，通过对直接原因和间接原因的分析，根据事故相关人员在事故发生过程中的作用，确定主要责任者、直接责任者和领导责任者。按照安全事故的性质通常分为三类：

1）责任事故，事故的发生是由于人的过失造成的。

2）非责任事故，事故的发生是由于人们不能预见或不可抗拒的自然条件变化所造成的，或在施工过程中，由于科学技术条件的限制而发生的无法预料的事故。但是，对于能够预见并可通过采取相应措施加以避免的伤亡事故，或没有经过认真研究解决技术问题而造成的事故，不能包括在内。

3）破坏性事故，即为达到某种特定目的而故意造成的事故。对已确定为破坏性事故的，应及时报告公安机关进行破案，依法处理。

（5）事故责任认定

1）直接责任者

因下列情况造成事故的责任者为直接责任者：

① 违章操作，违章指挥，违反劳动纪律；

② 发现事故危险征兆，不立即报告，不采取措施；

③ 私自拆除、毁坏、挪用安全设施；

④ 设计、施工、安装、检修、检验、试验错误等。

2）领导责任者

因下列情况造成事故的责任者为领导责任者：

① 指令错误，或违章指挥；

② 规章制度错误、没有或不健全；

③ 承包、租赁合同中无安全卫生内容和措施；

④ 不进行安全教育、安全资格认证；

⑤ 机械设备超负荷、带病运转；

⑥ 劳动条件、作业环境不良；

⑦ 新、改、扩建项目不执行"三同时"（同时设计、同时施工、同时竣工验收交付使用）制度；

⑧ 发现隐患不治理；

⑨ 发生事故不积极抢救；

⑩ 发生事故后不及时报告或故意隐瞒；或发生事故后不采取防范措施，致使一年内重复发生同类事故。

（6）事故调查报告

事故调查组应当自事故发生之日起 60 日内提交事故调查报告；特殊情况下，经负责事故调查的人民政府批准，提交事故调查报告的期限可以适当延长，但延长的期限最长不超过 60 日。

事故调查报告应当包括下列内容：

1）事故发生单位概况；

2）事故发生经过和事故救援情况；

3）事故造成的人员伤亡和直接经济损失；

4）事故发生的原因和事故性质；

5）事故责任的认定以及对事故责任者的处理建议；

6）事故防范和整改措施。

事故调查报告应当附具有关证据材料。事故调查组成员应当在事故调查报告上签名。

事故调查报告报送负责事故调查的人民政府后，事故调查工作即告结束。事故调查的有关资料应当归档保存。

2. 事故处理

根据《生产安全事故报告和调查处理条例》（国务院令第 493 号），重大事故、较大事故、一般事故，负责事故调查的人民政府应当自收到事故调查报告之日起 15 日内做出批复；特别重大事故，30 日内做出批复，特殊情况下，批复时间可以适当延长，但延长的时间最长不超过 30 日。

有关机关应当按照人民政府的批复，依照法律、行政法规规定的权限和程序，对事故发生单位和有关人员进行行政处罚，对负有事故责任的国家工作人员进行处分。

事故发生单位应当按照负责事故调查的人民政府的批复，对本单位负有事故责任的人员进行处理。

负有事故责任的人员涉嫌犯罪的，依法追究刑事责任。

1.8 应 急 救 援

1. 现场急救

现场急救，就是现场参与救援的人员应用急救知识和最简单的急救技术对受伤人员进行现场初级救生，最大程度上稳定伤病员的伤病情，减少并发症，维持伤病员的最基本的生命体征，例如：保持清醒、血压、呼吸等。

在救护车和专业救护人员到达之前，不能坐等，否则会浪费最关键的黄金抢救时间，因此及时和适当的现场急救甚至可以挽救一个人的生命，如对触电事故导致伤员呼吸暂停、心脏停止跳动现象及时进行人工呼吸和体外胸部按压等急救处理。

2. 现场急救步骤

现场急救可以为伤病员提供及时的紧急监护和救治，极大地提高伤病员的生存机会。现场急救一般遵循以下急救步骤：

（1）调查事故现场。调查时要确保现场对救护者、伤病员或其他人没有任何危险，同时迅速帮助伤病员脱离危险场所。

（2）初步检查伤病员，首先检查其神志、脉压、呼吸循环是否有问题。必要时立即进行现场急救和监护，使伤病员保持呼吸道通畅，视情况采取有效的急救措施，如帮助包扎伤口、止血、防止休克、固定、保存好断离的器官或组织等。

（3）呼救。应请人拨打急救电话，救护者可继续施救，一直要坚持到救护人员或其他施救者到达现场接替为止。并应向其反映伤病员的伤病情况和简单的救治过程。

（4）如果没有发现危及伤病员的体征，可做再一次检查，以免遗漏其他的损伤、骨折和病变，避免出现采取急救措施时对隐藏的伤情造成不必要的加重的情况，降低并发症和伤残率。

3. 紧急救护常识

（1）应急电话，出现工伤事故应立即拨打120救护电话，请专业的医疗单位急救；火警、火灾事故应拨打119火警电话，请消防部门急救；发生抢劫、偷盗、斗殴等情况应拨打110报警电话，向公安部门报警；煤气管道设备急修、自来水报修、供电报修，应及时向上级单位汇报情况争取支持。

在拨打应急电话时，要尽量说清楚以下内容：

1）讲清楚伤者（事故）发生的具体位置。具体地址（如靠近什么路口），并尽量提供附近有特征的建筑物信息。

2）告知对方报救者单位、姓名、手机号码，以便救护车（消防车、警车）找不到所报救援地点时，随时通过手机联系。

3）说明伤情（病情、火情、案情）和已经采取的措施，以便让救护人员事先做好准备。

4）打完急救电话后，应再次询问接报人员还需了解的情况，如无问题才能挂断电话。通完电话后，应派人在现场外等候接应救护车（消防车、警车），同时把救护车（消防车、警车）进工地现场的路上障碍及时予以清除，以利救护到达后，能及时进行抢救。

（2）施工现场应按要求配备急救箱、一些常用的急救物品和应急设备。以简单、适用为原则，满足现场急救的基本需要。对施工现场的急救物品和应急设备要定期检查、更换超过有效期的药品，每次急救后要及时补充，确保随时可供急救使用。急救箱、一些常用的急救物品和应急设备应放置在显眼、易取用的位置，并在项目开工前的第一次安全培训时告知所有现场人员。

1）救护常用物品

消毒棉球或棉棒、纱布、创可贴、绑带、血压计、体温计、氧气瓶（便携式）、止血带、无菌敷料、（大、小）剪刀、镊子、手电筒、热水袋（可做冰袋用）、夹板、橡胶带、口罩、无菌橡皮手套、自动体外除颤器（AED）、注射针（器）等。

2）常用药品

医用酒精、碘酒、红花油、烫伤膏、10％葡萄糖、25％葡萄糖等。

1.9　建筑施工安全事故预防

1. 安全事故类型及规律

按产生事故的原因划分，一般有：高空坠落、物体打击、机具伤害、触电伤亡、坍塌事故、火灾、透水、窒息、中毒、爆炸、摔倒、锐物扎伤等。其中建筑施工安全事故的主要类型有：高空坠落、物体打击、机具伤害、触电伤亡、坍塌事故，俗称"五大伤害"，根据 2005 年建设部的统计调查，这五大伤害事故占所有建筑施工安全事故的 85％以上。因此在项目现场，如果能采取措施控制和消除涉及上述五大类伤害的隐患，则施工现场的主要安全隐患就控制住了。

根据建设部 2007 年《全国建筑施工安全生产形势分析报告》，建筑施工安全事故在不同的建造阶段发生情况：发生在施工准备阶段的占比 2.33％；发生在基础施工阶段的占比 15.95％；发生在主体施工阶段的占比 48.2％；发生在装饰装修阶段的占比 30.73％；发生在拆除阶段的占比 2.79％。上述分析表明，基础、主体和装饰装修等三个阶段占比 94.88％。

2. 安全事故的致因

对于安全事故的致因，国内外的安全研究人员提出不少安全事故致因理论，如单因素理论、多米诺骨牌理论（也称事故因果链理论）、多重因素-流行病学理论、系统理论等，目前在建筑生产领域应用较多的是 20 世纪 40 年代美国安全专家海因里希等提出的多米诺骨牌理论。他认为伤害事故是以下 5 个因素按顺序发展的结果：社会环境和遗传、人的失误、人的不安全行为或物的不安全状态、事故、伤害。海因里希指出，控制事故发生的关键环节是消除人的不安全行为或物的不安全状态，即抽去多米诺骨牌的第三张牌，事故就不会发生，进而也就不会出现伤害（图 1-9-1）。

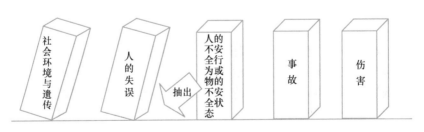

图 1-9-1　多米诺骨牌理论示意图

3. 安全事故的预防

掌握了事故发生的主要领域和主要发生阶段，并分析了安全事故的致因后，结合每个项目的实际情况，采取有针对性的预防和应对措施，所有安全事故都是可以控制和避免的。

针对项目中危险较大的分部分项工程、重大危险源等"物"采取切实可行的安全施工技术和管理措施，实施过程中每天班前项目经理组织项目部技术管理人员做好安全检查，持续地消除建筑施工现场中"物"存在的不安全状态。

针对"人"，在上岗前要做好系统的安全法律法规、项目部的规章制度、安全技能等方面培训，提高项目部每一个人的安全素质，使在项目部工作的每一个员工想安全、会安全、能安全、保安全、创安全，即具备自主安全理念。每次班前要做好安全交底，班后要做好总结。

思政提升——建设工程项目施工安全生产标准化工地

建设工程项目
施工安全生产
标准化工地

"建设工程项目施工安全生产标准化工地"是由中国建筑业协会建筑安全与机械分会组织评审，被誉为我国安全文明施工方面的"鲁班奖"，也是建设工程安全生产领域的最高奖项，在建筑行业内具有较高的影响力。

请同学们在学习本章知识后，积极检索相关文献，了解"建设工程项目施工安全生产标准化工地"相关理念与要求。有兴趣的同学可以扫描右侧二维码，了解相关内容。

知识与技能训练题

一、单项选择题

1. 以下职责中，不属于企业安全生产管理机构工作人员在施工现场检查过程中的职责是（　　）。

A. 查阅在建项目安全生产有关资料、核实相关情况

B. 监督危险性较大工程安全专项施工方案具体实施

C. 监督施工现场专职安全生产管理人员履职情况

D. 对检查出的不安全行为、不安全设施等现场安全问题有权予以纠正或做出整改要求或予以查封处理等

2. 建设工程实行施工总承包的，由（　　）对施工现场的安全事故上报。

A. 建设单位　　　B. 监理单位　　　C. 总承包单位　　　D. 分包单位

3. 专业作业（原为劳务分包）企业建设工程项目施工人员在 50～200 人的，应设（　　）名专职安全生产管理人员。

A. 1　　　　　　B. 2　　　　　　C. 3　　　　　　D. 4

4. 施工单位应当对管理人员和作业人员每年至少进行（　　）次安全生产教育培训，其教育培训情况记入个人工作档案。

A. 1　　　　　　B. 2　　　　　　C. 3　　　　　　D. 4

5. 下列不需要组织专家论证的危险性较大的分部分项工程是（　　）。

A. 开挖深度 16m 及以上的人工挖孔桩工程

B. 搭设高度 8m 及以上，或搭设跨度 18m 及以上的混凝土模板支撑工程

C. 建筑外墙涂料作业使用的吊篮

D. 分段架体搭设高度 20m 及以上的悬挑式脚手架工程

6. 安全事故等级是按事故造成的直接经济损失或死亡人员来确定的。以下事故属于一般事故的是（　　）。

A. 造成 3 人以上 10 人以下死亡，或者 10 人以上 50 人以下重伤的事故

B. 造成 1000 万元以上 5000 万元以下直接经济损失的事故

C. 造成 3 人以下死亡，或者 20 人以下重伤的事故

D. 造成 1000 万元以下直接经济损失的事故

7. 参加危险性较大分部分项工程的专家应当从地方人民政府住房城乡建设行政主管部门建立的专家库中选取，符合专业要求且人数不得少于（　　）名。

A. 2　　　　　　　　B. 3　　　　　　　　C. 4　　　　　　　　D. 5

8. 对于按规定需要验收的危险性较大的分部分项工程，（　　）应当组织相关人员进行验收。

A. 建设单位、监理单位　　　　　　　　B. 监理单位、设计单位

C. 施工单位、监理单位　　　　　　　　D. 总包单位、分包单位

9. 事故发生后，单位负责人接到报告后，应当于（　　）小时内向事故发生地县级以上人民政府安全生产监督管理部门和负有安全生产监督管理职责的有关部门报告。

A. 1　　　　　　　　B. 2　　　　　　　　C. 3　　　　　　　　D. 4

10. 专项施工方案应当由施工单位（　　）审核签字、加盖单位公章，并由总监理工程师审查签字、加盖执业印章后方可实施。

A. 法人代表　　　　　　　　　　　　　B. 技术负责人

C. 项目经理　　　　　　　　　　　　　D. 项目技术负责人

二、多项选择题

1. 建筑工程、装修工程的施工现场应配置专职安全生产管理人员，以下配置符合要求的有（　　）。

A. 1 万 m² 及以下的工程至少 1 人

B. 1 万～5 万 m² 的工程至少 2 人

C. 5 万 m² 以上的工程至少 3 人，应当设置安全主管，按土建、机电设备等专业设置专职安全生产管理人员

D. 5000 万元以下的工程至少 1 人

E. 0.5 亿～1 亿元的工程至少 2 人

2. 以下职责中，属于施工现场专职安全生产管理人员的主要职责有（　　）。

A. 检查危险性较大工程安全专项施工方案的实施情况

B. 对施工现场安全生产巡视督查，并做好记录

C. 发现现场存在安全隐患时，有权责令整改

D. 发现现场存在安全隐患时，应及时向工程项目经理和企业安全生产管理机构报告

E. 对违章指挥、违章操作的，应立即制止

3. 以下混凝土模板支撑工程中，属于超过一定规模的危险性较大的分部分项工程的有（　　）。

A. 搭设高度 8m 及以上

B. 搭设跨度 18m 及以上

C. 施工总荷载（设计值）10kN/m² 及以上

D. 施工总荷载（设计值）15kN/m² 及以上

E. 集中线荷载（设计值）20kN/m 及以上

4. 建筑工程安全检查在正确使用安全检查表的基础上，可以采用方法有（ ）。

A. 摸 B. 问

C. 看 D. 量

E. 测

5. 根据《生产安全事故报告和调查处理条例》（国务院令第 493 号），安全事故等级是按（ ）或（ ）来确定的。

A. 事故造成的直接经济损失 B. 事故造成的间接经济损失

C. 事故造成的所有经济损失 D. 死亡人员

E. 参与人数

6. 根据海因里希提出的多米诺骨牌理论，控制事故发生的关键环节是消除（ ）。

A. 人的不安全行为 B. 物的不安全状态

C. 社会环境 D. 遗传

E. 人的失误

7. 根据我国有关法律法规文件，（ ）和（ ）在建筑施工现场都是属于国家强制保险险种。

A. 工伤保险 B. 生育保险

C. 意外伤害险 D. 财产险

E. 人寿险

8. 三级安全教育是每个刚进企业的新工人必须接受首次安全生产方面的基本教育，即三级安全教育。三级一般是指（ ）（即企业）、（ ）（或工程处、施工队、工区）、（ ）这三级。

A. 劳动保障部门 B. 建设行政主管部门

C. 项目部 D. 公司

E. 班组

9. 以下人员中，属于建筑施工特种作业人员的有（ ）。

A. 建筑电工 B. 建筑架子工

C. 建筑钢筋工 D. 建筑起重机械安装拆卸工

E. 建筑起重司索信号工

10. 以下教育内容中，属于专职安全管理人员安全教育培训内容的有（ ）。

A. 企业安全生产责任制和安全生产规章制度的内容、制定和方法

B. 重大事故防范、应急救援措施，报告制度及调查处理方法

C. 伤亡事故和职业病统计、报告及调查处理方法

D. 事故现场勘验技术，以及应急处理措施

E. 重大危险源管理与应急救援预案编制方法

三、判断题

1. 安全生产工作应当以人为本，坚持安全发展，坚持"安全第一、预防为主"的方针。 （ ）

2. 建筑施工特种作业人员必须经建设行政主管部门考核合格，取得建筑施工特种作

业人员操作资格证后方可上岗从事相应作业。 （　　）

3. 施工单位的主要负责人、项目负责人、专职安全生产管理人员，即平常所称"三类人员"。 （　　）

4. 事故发生后，有关单位和人员应当妥善保护事故现场以及相关证据，任何单位和个人不得破坏事故现场、毁灭相关证据。 （　　）

5. 自事故发生之日起 10 日内，事故造成的伤亡人数发生变化的，应当及时补报。

（　　）

四、技能训练题

将一个班按 3~4 人分为 1 组，提供一个模拟人体，组织每组学生模拟人工心肺复苏等紧急救援训练 **（特别注意：严禁对正常人进行人工心肺复苏）**。

2 建筑施工安全管理基本法律制度

2.1 建筑施工企业安全生产许可证制度

建设工程的生产是一项技术含量比较高、具有较大危险性的生产活动。为了严格规范安全生产条件，进一步加强安全生产监督管理，防止和减少生产安全事故，国务院于2004年1月13日颁布了《安全生产许可证条例》（国务院令第397号）。《安全生产许可证条例》规定，国家对矿山企业、建筑施工企业和危险化学品、烟花爆竹、民用爆炸物品生产企业（以下统称企业）实行安全生产许可制度。建设部根据《安全生产许可证条例》《建设工程安全生产管理条例》等有关行政法规的规定，于2004年7月发布《建筑施工企业安全生产许可证管理规定》及《建筑施工企业安全生产许可证动态监管规定暂行办法》。

1. 企业申请安全生产许可证的条件

建筑施工企业在从事建设工程生产建设时，必须在取得相应营业执照、资质等级证书的基础上，取得省级及以上建设行政主管部门颁发的安全生产许可证。未取得安全生产许可证的，不得从事建设工程的生产活动。

2. 安全生产许可证的申请与颁发

《建筑施工企业安全生产许可证管理规定》中规定，建筑施工企业从事建筑施工活动前，应当向省级以上建设行政主管部门申请领取安全生产许可证。

中央管理的建筑施工企业（集团公司、总公司）应当向国务院建设行政主管部门申请领取安全生产许可证，其他建筑施工企业，包括中央管理的建筑施工企业（集团公司、总公司）下属建筑施工企业，应当向企业注册所在地省、自治区、直辖市人民政府建设行政主管部门申请领取安全生产许可证。

建筑施工企业申请安全生产许可证时，应当向建设行政主管部门提供下列材料：

（1）建筑施工企业安全生产许可证申请表；

（2）企业法人营业执照；

（3）以下规定应当具备的安全生产条件的相关文件、材料：

《建筑施工企业安全生产许可证管理规定》中规定，建筑施工企业取得安全生产许可证，应当具备下列安全生产条件：

1）建立、健全安全生产责任制，制定完备的安全生产规章制度和操作规程；

2）保证本单位安全生产条件所需资金的投入；

3）设置安全生产管理机构，按照国家有关规定配备专职安全生产管理人员；

4）主要负责人、项目负责人、专职安全生产管理人员经建设行政主管部门或者其他有关部门考核合格；

5）特种作业人员经有关业务主管部门考核合格，取得特种作业操作资格证书；

6）管理人员和作业人员每年至少进行一次安全生产教育培训并考核合格；

7）依法参加工伤保险，依法为施工现场从事危险作业的人员办理意外伤害保险，为从业人员交纳保险费；

8）施工现场的办公、生活区及作业场所和安全防护用具、机械设备、施工机具及配件符合有关安全生产法律、法规、标准和规程的要求；

9）有职业危害防治措施，并为作业人员配备符合国家标准或者行业标准的安全防护用具和安全防护服装；

10）有对危险性较大的分部分项工程及施工现场易发生重大事故的部位、环节的预防、监控措施和应急预案；

11）有生产安全事故应急救援预案、应急救援组织或者应急救援人员，配备必要的应急救援器材、设备；

12）法律、法规规定的其他条件。

上述安全生产条件规定主要从安全生产规章制度和操作规程（第1条），资金的投入（第2条），各类适当的人员（第3、4、5、6条），安全保险（第7条），安全设施（第8条），安全设备（第9条），实施和预防措施（第10条），应急预案等方面做出明确的要求。

建筑施工企业申请安全生产许可证，应当对申请材料实质内容的真实性负责，不得隐瞒有关情况或者提供虚假材料。

3. 安全生产许可证的有效期、变更及补办

建设行政主管部门应当自受理建筑施工企业的申请之日起45日内审查完毕；经审查符合安全生产条件的，颁发安全生产许可证；不符合安全生产条件的，不予颁发安全生产许可证，书面通知企业并说明理由。企业自接到通知之日起应当进行整改，整改合格后方可再次提出申请。安全生产许可证的有效期为3年。安全生产许可证有效期满需要延期的，企业应当于期满前3个月向原安全生产许可证颁发管理机关申请办理延期手续。企业在安全生产许可证有效期内，严格遵守有关安全生产的法律法规，未发生死亡事故的，安全生产许可证有效期届满时，经原安全生产许可证颁发管理机关同意，不再审查，安全生产许可证有效期延期3年。

建筑施工企业变更名称、地址、法定代表人等，应当在变更后10日内，到原安全生产许可证颁发管理机关办理安全生产许可证变更手续。建筑施工企业破产、倒闭、撤销的，应当将安全生产许可证交回原安全生产许可证颁发管理机关予以注销。建筑施工企业遗失安全生产许可证，应当立即向原安全生产许可证颁发管理机关报告，并在公众媒体上声明作废后，方可申请补办。

4. 安全生产许可证的监督管理

县级以上人民政府建设行政主管部门应当加强对建筑施工企业安全生产许可证的监督管理，对建筑施工企业安全生产许可证实施动态监管。建设行政主管部门在审核发放施工许可证时，应当对已经确定的建筑施工企业是否有安全生产许可证以及安全生产许可证是否处于暂扣期内进行审查，对未取得安全生产许可证及安全生产许可证处于暂扣期内的，不得颁发施工许可证。建设工程实行施工总承包的，建筑施工总承包企业应当依法将工程分包给具有安全生产许可证的专业承包企业或劳务分包企业，并加强对分包企业安全生产条件的监督检查。

跨省从事建筑施工活动的建筑施工企业有违反《建筑施工企业安全生产许可证管理规定》行为的，由工程所在地的省级人民政府建设行政主管部门将建筑施工企业在该地区的违法事实、处理结果和处理建议抄告原安全生产许可证颁发管理机关。

建筑施工企业取得安全生产许可证后，不得降低安全生产条件，并应当加强日常安全生产管理，接受建设行政主管部门的监督检查。市、县级人民政府建设主管部门或其委托的建筑安全监督机构在日常安全生产监督检查中，应当查验承建工程施工企业的安全生产许可证。安全生产许可证颁发管理机关发现企业不再具备安全生产条件的，应当暂扣或者吊销安全生产许可证。

安全生产许可证颁发管理机关或者其上级行政机关发现有下列情形之一的，可以撤销已经颁发的安全生产许可证：

（1）安全生产许可证颁发管理机关工作人员滥用职权、玩忽职守颁发安全生产许可证的；

（2）超越法定职权颁发安全生产许可证的；

（3）违反法定程序颁发安全生产许可证的；

（4）对不具备安全生产条件的建筑施工企业颁发安全生产许可证的；

（5）依法可以撤销已经颁发的安全生产许可证的其他情形。

安全生产许可证颁发管理机关应当建立建筑施工企业安全生产条件的动态监督检查制度，并将安全生产管理薄弱、事故频发的企业作为监督检查的重点。发现企业降低施工现场安全生产条件的或存在事故隐患的，应立即提出整改要求；情节严重的，应责令工程项目停止施工并限期整改。工程项目发生一般及以上生产安全事故的，安全生产许可证颁发管理机关可以直接复核或委托工程所在地建设主管部门复核建筑施工企业及其工程项目安全生产条件。对企业降低安全生产条件的，安全生产许可证颁发管理机关应当依法给予企业暂扣安全生产许可证的处罚，暂扣时限超过 120 日的，吊销安全生产许可证；属情节特别严重的或者发生特别重大事故的，依法吊销安全生产许可证。

5. 违法行为的法律责任

建筑施工企业未取得安全生产许可证擅自从事建筑施工活动的，责令其在建项目停止施工，没收违法所得，并处 10 万元以上 50 万元以下的罚款；造成重大安全事故或者其他严重后果，构成犯罪的，依法追究刑事责任。安全生产许可证有效期满未办理延期手续，继续从事建筑施工活动的，责令其在建项目停止施工，限期补办延期手续，没收违法所得，并处 5 万元以上 10 万元以下的罚款；逾期仍不办理延期手续，继续从事建筑施工活动的，依照未取得安全生产许可证擅自从事建筑施工活动的规定处罚。建筑施工企业转让安全生产许可证的，没收违法所得，处 10 万元以上 50 万元以下的罚款，并吊销安全生产许可证；构成犯罪的，依法追究刑事责任；接受转让的，依照未取得安全生产许可证擅自从事建筑施工活动的规定处罚。冒用安全生产许可证或者使用伪造的安全生产许可证的，依照未取得安全生产许可证擅自从事建筑施工活动的规定处罚。建筑施工企业隐瞒有关情况或者提供虚假材料申请安全生产许可证的，不予受理或者不予颁发安全生产许可证，并给予警告，1 年内不得申请安全生产许可证。

建筑施工企业以欺骗、贿赂等不正当手段取得安全生产许可证的，撤销安全生产许可证，3 年内不得再次申请安全生产许可证；构成犯罪的，依法追究刑事责任。

2.2 建筑施工许可证制度

《中华人民共和国建筑法》（以下简称《建筑法》）规定，建筑工程开工前，建设单位应当按照国家有关规定向工程所在地县级以上人民政府建设行政主管部门申请领取施工许可证。为了加强对建筑活动的监督管理，维护建筑市场秩序，保证建筑工程的质量和安全，根据《建筑法》，住房和城乡建设部制定了《建筑工程施工许可管理办法》（2014年6月25日中华人民共和国住房和城乡建设部令第18号公布），规定应当申请领取施工许可证的建筑工程未取得施工许可证的，一律不得开工；任何单位和个人不得将应当申请领取施工许可证的工程项目分解为若干限额以下的工程项目，规避申请领取施工许可证。

1. 施工许可证及开工报告的适用范围

《建筑工程施工许可管理办法》规定，在中华人民共和国境内从事各类房屋建筑及其附属设施的建造、装修装饰和与其配套的线路、管道、设备的安装，以及城镇市政基础设施工程的施工，建设单位在开工前应当向工程所在地的县级以上地方人民政府住房城乡建设行政主管部门（以下简称发证机关）申请领取施工许可证。

工程投资额在30万元以下或者建筑面积在300m²以下的建筑工程，可以不申请办理施工许可证。省、自治区、直辖市人民政府住房城乡建设行政主管部门可以根据当地的实际情况，对限额进行调整，并报国务院住房城乡建设行政主管部门备案。

按照国务院规定的权限和程序批准开工报告的建筑工程，不再领取施工许可证。

《建筑法》规定，抢险救灾及其他临时性房屋建筑和农民自建低层住宅的建筑活动，不适用本法；军用房屋建筑工程建筑活动的具体管理办法，由国务院、中央军事委员会依据本法制定。

2. 申请主体、条件和程序

《建筑工程施工许可管理办法》规定，施工许可证的申请主体是建设单位，建设单位在申请领取施工许可证时，应当具备下列条件，并提交相应的证明文件：

（1）依法应当办理用地批准手续的，已经办理该建筑工程用地批准手续。

（2）在城市、镇规划区的建筑工程，已经取得建设工程规划许可证。

（3）施工场地已经基本具备施工条件，需要征收房屋的，其进度符合施工要求。

（4）已经确定施工企业。按照规定应当招标的工程没有招标，应当公开招标的工程没有公开招标，或者肢解发包工程，以及将工程发包给不具备相应资质条件的企业的，所确定的施工企业无效。

（5）有满足施工需要的技术资料，施工图设计文件已按规定审查合格。

（6）有保证工程质量和安全的具体措施。施工企业编制的施工组织设计中有根据建筑工程特点制定的相应质量、安全技术措施。建立工程质量安全责任制并落实到人。专业性较强的工程项目编制了专项质量、安全施工组织设计，并按照规定办理了工程质量、安全监督手续。

（7）建设资金已经落实。建设单位应当提供建设资金已经落实承诺书。

（8）法律、行政法规规定的其他条件。

县级以上地方人民政府住房城乡建设行政主管部门不得违反法律法规规定，增设办理施工许可证的其他条件。

申请办理施工许可证，应当按照下列程序进行：

（1）建设单位向发证机关领取《建筑工程施工许可证申请表》。

（2）建设单位持加盖单位及法定代表人印鉴的《建筑工程施工许可证申请表》，并附《建筑工程施工许可管理办法》第四条规定的证明文件，向发证机关提出申请。

（3）发证机关在收到建设单位报送的《建筑工程施工许可证申请表》和所附证明文件后，对于符合条件的，应当自收到申请之日起 7 日内颁发施工许可证；对于证明文件不齐全或者失效的，应当当场或者 5 日内一次告知建设单位需要补充的全部内容，审批时间可以自证明文件补充齐全后作相应顺延；对于不符合条件的，应当自收到申请之日起 7 日内书面通知建设单位，并说明理由。

建筑工程在施工过程中，建设单位或者施工单位发生变更的，应当重新申请领取施工许可证。建设单位申请领取施工许可证的工程名称、地点、规模，应当符合依法签订的施工承包合同。施工许可证不得伪造和涂改，并且应当放置在施工现场备查，并按规定在施工现场公开。

3. 施工许可证的延期、核验

建设单位应当自领取施工许可证之日起 3 个月内开工。因故不能按期开工的，应当在期满前向发证机关申请延期，并说明理由；延期以两次为限，每次不超过 3 个月。既不开工又不申请延期或者超过延期次数、时限的，施工许可证自行废止。

在建的建筑工程因故中止施工的，建设单位应当自中止施工之日起 1 个月内向发证机关报告，报告内容包括中止施工的时间、原因、在施部位、维修管理措施等，并按照规定做好建筑工程的维护管理工作。

建筑工程恢复施工时，应当向发证机关报告；中止施工满 1 年的工程恢复施工前，建设单位应当报发证机关核验施工许可证。

对于实行开工报告制度的建筑工程，因故不能按期开工或者中止施工的，根据《建筑法》规定，应当及时向批准机关报告情况。因故不能按期开工超过 6 个月的，应当重新办理开工报告批准手续。

4. 违法行为的法律责任

《建筑工程施工许可管理办法》规定，发证机关应当建立颁发施工许可证后的监督检查制度，对取得施工许可证后条件发生变化、延期开工、中止施工等行为进行监督检查，发现违法违规行为及时处理。

对于未取得施工许可证或者为规避办理施工许可证将工程项目分解后擅自施工的，由有管辖权的发证机关责令停止施工，限期改正，对建设单位处工程合同价款 1% 以上 2% 以下罚款；对施工单位处 3 万元以下罚款。

建设单位采用欺骗、贿赂等不正当手段取得施工许可证的，由原发证机关撤销施工许可证，责令停止施工，并处 1 万元以上 3 万元以下罚款；构成犯罪的，依法追究刑事责任。建设单位隐瞒有关情况或者提供虚假材料申请施工许可证的，发证机关不予受理或者不予许可，并处 1 万元以上 3 万元以下罚款；构成犯罪的，依法追究刑事责任。建设单位伪造或者涂改施工许可证的，由发证机关责令停止施工，并处 1 万元以上 3 万元以下罚款；构成犯罪的，依法追究刑事责任。

依照《建筑工程施工许可管理办法》规定，给予单位罚款处罚的，对该单位直接负责的主管人员和其他直接责任人员处单位罚款数额5％以上10％以下罚款。单位及相关责任人受到处罚的，作为不良行为记录予以通报。

发证机关及其工作人员，违反《建筑工程施工许可管理办法》，有下列情形之一的，由其上级行政机关或者监察机关责令改正；情节严重的，对直接负责的主管人员和其他直接责任人员，依法给予行政处分：

（1）对不符合条件的申请人准予施工许可的；

（2）对符合条件的申请人不予施工许可或者未在法定期限内作出准予许可决定的；

（3）对符合条件的申请不予受理的；

（4）利用职务上的便利，收受他人财物或者谋取其他利益的；

（5）不依法履行监督职责或者监督不力，造成严重后果的。

2.3　建筑施工各方主体安全管理法律责任

我国的《建筑法》《安全生产法》《建设工程安全生产管理条例》以及相关法律法规规定，建设单位、勘察单位、设计单位、施工单位、工程监理单位及其他与建设工程安全生产有关的单位，必须遵守安全生产法律、法规的规定，保证建设工程安全生产，依法承担建设工程安全生产责任。

1. 建设单位的安全责任

（1）建设单位对其他建设主体的安全责任

建设单位应当向施工单位提供施工现场及毗邻区域内供水、排水、供电、供气、供热、通信、广播电视等地下管线资料，气象和水文观测资料，相邻建筑物和构筑物、地下工程的有关资料，并保证资料的真实、准确、完整。

建设单位不得对勘察、设计、施工、工程监理等单位提出不符合建设工程安全生产法律、法规和强制性标准规定的要求，不得压缩合同约定的工期。建设单位在编制工程概算时，应当确定建设工程安全作业环境及安全施工措施所需费用。建设单位不得明示或者暗示施工单位购买、租赁、使用不符合安全施工要求的安全防护用具、机械设备、施工机具及配件、消防设施和器材。

（2）建设单位的报建和报监的安全责任

建设单位在申请领取施工许可证时，应当提供建设工程有关安全施工措施的资料。依法批准开工报告的建设工程，建设单位应当自开工报告批准之日起15日内，将保证安全施工的措施报送建设工程所在地的县级以上地方人民政府建设行政主管部门或者其他有关部门备案。

工程项目施工前，建设单位应当申请办理施工安全监督手续，并提交以下资料：

1）工程概况；

2）建设、勘察、设计、施工、监理等单位及项目负责人等主要管理人员一览表；

3）危险性较大分部分项工程清单；

4）施工合同中约定的安全防护、文明施工措施费用支付计划；

5）建设、施工、监理单位法定代表人及项目负责人安全生产承诺书；

6）省级住房城乡建设主管部门规定的其他保障安全施工具体措施的资料。

工程项目因故中止施工的，建设单位应当向监督机构申请办理中止施工安全监督手续，并提交中止施工的时间、原因、在施部位及安全保障措施等资料。工程项目完工办理竣工验收前，建设单位应当向监督机构申请办理终止施工安全监督手续，并提交经建设、监理、施工单位确认的工程施工结束证明。

（3）建设单位发包时的安全责任

建设单位应当将拆除工程发包给具有相应资质等级的施工单位（目前我国已没有拆除工程专业承包资质），并在拆除工程施工15日前，将下列资料报送建设工程所在地的县级以上地方人民政府建设行政主管部门或者其他有关部门备案：

1）施工单位资质等级证明；

2）拟拆除建筑物、构筑物及可能危及毗邻建筑的说明；

3）拆除施工组织方案；

4）堆放、清除废弃物的措施。

实施爆破作业的，应当遵守国家有关民用爆炸物品管理的规定。

2. 勘察、设计单位的安全责任

勘察单位应当按照法律、法规和工程建设强制性标准进行勘察，提供的勘察文件应当真实、准确，满足建设工程安全生产的需要。勘察单位在勘察作业时，应当严格执行操作规程，采取措施保证各类管线、设施和周边建筑物、构筑物的安全。

设计单位应当按照法律、法规和工程建设强制性标准进行设计，防止因设计不合理导致生产安全事故的发生。设计单位应当考虑施工安全操作和防护的需要，对涉及施工安全的重点部位和环节在设计文件中注明，并对防范生产安全事故提出指导意见。采用新结构、新材料、新工艺的建设工程和特殊结构的建设工程，设计单位应当在设计中提出保障施工作业人员安全和预防生产安全事故的措施建议。设计单位和注册建筑师等注册执业人员应当对其设计负责。

3. 工程监理、机械设备及检验检测等单位的安全责任

工程监理单位应当审查施工组织设计中的安全技术措施或者专项施工方案是否符合工程建设强制性标准。工程监理单位在实施监理过程中，发现存在安全事故隐患的，应当要求施工单位整改；情况严重的，应当要求施工单位暂时停止施工，并及时报告建设单位。施工单位拒不整改或者不停止施工的，工程监理单位应当及时向有关主管部门报告。工程监理单位和监理工程师应当按照法律、法规和工程建设强制性标准实施监理，并对建设工程安全生产承担监理责任。

为建设工程提供机械设备和配件的单位，应当按照安全施工的要求配备齐全有效的保险、限位等安全设施和装置。出租的机械设备和施工机具及配件，应当具有生产（制造）许可证、产品合格证。出租单位应当对出租的机械设备和施工机具及配件的安全性能进行检测，在签订租赁协议时，应当出具检测合格证明。禁止出租检测不合格的机械设备和施工机具及配件。

在施工现场安装、拆卸施工起重机械和整体提升脚手架、模板等自升式架设设施，必须由具有相应资质的单位承担。安装、拆卸施工起重机械和整体提升脚手架、模板等自升式架设设施，应当编制拆装方案、制定安全施工措施，并由专业技术人员现场监督。施工

起重机械和整体提升脚手架、模板等自升式架设设施安装完毕后，安装单位应当自检，出具自检合格证明，并向施工单位进行安全使用说明，办理验收手续并签字。施工起重机械和整体提升脚手架、模板等自升式架设设施的使用达到国家规定的检验检测期限的，必须经具有专业资质的检验检测机构检测。经检测不合格的，不得继续使用。检验检测机构对检测合格的施工起重机械和整体提升脚手架、模板等自升式架设设施，应当出具安全合格证明文件，并对检测结果负责。

4. 施工单位的安全责任

建设工程安全生产管理，坚持安全第一、预防为主、综合治理的方针。施工单位从事建设工程的新建、扩建、改建和拆除等活动，应当具备国家规定的注册资本、专业技术人员、技术装备和安全生产等条件，依法取得相应等级的资质证书，并在其资质等级许可的范围内承揽工程。

（1）施工单位的安全生产责任制

《建设工程安全生产管理条例》规定，施工单位主要负责人依法对本单位的安全生产工作全面负责。施工单位应当建立健全安全生产责任制度和安全生产教育培训制度，制定安全生产规章制度和操作规程，保证本单位安全生产条件所需资金的投入，对所承担的建设工程进行定期和专项安全检查，并做好安全检查记录。

施工单位应当设立安全生产管理机构，配备专职安全生产管理人员。专职安全生产管理人员负责对安全生产进行现场监督检查。发现安全事故隐患，应当及时向项目负责人和安全生产管理机构报告；对违章指挥、违章操作的，应当立即制止。专职安全生产管理人员的配备办法由国务院建设行政主管部门会同国务院其他有关部门制定。

施工单位对列入建设工程概算的安全作业环境及安全施工措施所需费用，应当用于施工安全防护用具及设施的采购和更新、安全施工措施的落实、安全生产条件的改善，不得挪作他用。

（2）施工项目负责人的安全生产责任

施工单位的项目负责人应当由取得相应执业资格的人员担任，对建设工程项目的安全施工负责，落实安全生产责任制度、安全生产规章制度和操作规程，确保安全生产费用的有效使用，并根据工程的特点组织制定安全施工措施，消除安全事故隐患，及时、如实报告生产安全事故。

（3）施工总承包与分包单位的安全生产责任

建设工程实行施工总承包的，由总承包单位对施工现场的安全生产负总责。

分包单位应当服从总承包单位的安全生产管理，分包单位不服从管理导致生产安全事故的，由分包单位承担主要责任。

（4）施工单位履行安全生产教育培训的责任

施工单位的主要负责人、项目负责人、专职安全生产管理人员应当经建设行政主管部门或者其他有关部门考核合格后方可任职。

施工单位应当对管理人员和作业人员每年至少进行一次安全生产教育培训，其教育培训情况记入个人工作档案。安全生产教育培训考核不合格的人员，不得上岗。

（5）履行意外伤害保险的责任

《建筑法》规定，建筑施工企业应当依法为职工参加工伤保险缴纳工伤保险费。鼓励企业为从事危险作业的职工办理意外伤害保险，支付保险费。《建设工程安全生产管理条例》规定，施工单位应当为施工现场从事危险作业的人员办理意外伤害保险。综上所述，建筑施工企业应当依法为职工参加工伤保险缴纳工伤保险费，另外，还必须为施工现场从事危险作业的人员办理意外伤害保险。

（6）施工单位履行制定生产安全事故的应急救援和报告责任

施工单位应当制定本单位生产安全事故应急救援预案，建立应急救援组织或者配备应急救援人员，配备必要的应急救援器材、设备，并定期组织演练。施工单位应当根据建设工程施工的特点、范围，对施工现场易发生重大事故的部位、环节进行监控，制定施工现场生产安全事故应急救援预案。实行施工总承包的，由总承包单位统一组织编制建设工程生产安全事故应急救援预案，工程总承包单位和分包单位按照应急救援预案，各自建立应急救援组织或者配备应急救援人员，配备救援器材、设备，并定期组织演练。

施工单位发生生产安全事故，应当按照国家有关伤亡事故报告和调查处理的规定，及时、如实地向负责安全生产监督管理的部门、建设行政主管部门或者其他有关部门报告；特种设备发生事故的，还应当同时向特种设备安全监督管理部门报告。接到报告的部门应当按照国家有关规定，如实上报。实行施工总承包的建设工程，由总承包单位负责上报事故。

发生生产安全事故后，施工单位应当采取措施防止事故扩大，保护事故现场。需要移动现场物品时，应当做出标记和书面记录，妥善保管有关证物。

5. 违法行为的法律责任

（1）建设单位、勘察单位、设计单位、监理单位违法行为的法律责任

《建设工程安全生产管理条例》规定，建设单位有下列行为之一的，责令限期改正，处 20 万元以上 50 万元以下的罚款；造成重大安全事故，构成犯罪的，对直接责任人员，依照刑法有关规定追究刑事责任；造成损失的，依法承担赔偿责任：

1）对勘察、设计、施工、工程监理等单位提出不符合安全生产法律、法规和强制性标准规定的要求的；

2）要求施工单位压缩合同约定的工期的；

3）将拆除工程发包给不具有相应资质等级的施工单位的。

勘察单位、设计单位有下列行为之一的，责令限期改正，处 10 万元以上 30 万元以下的罚款；情节严重的，责令停业整顿，降低资质等级，直至吊销资质证书；造成重大安全事故，构成犯罪的，对直接责任人员，依照刑法有关规定追究刑事责任；造成损失的，依法承担赔偿责任：

1）未按照法律、法规和工程建设强制性标准进行勘察、设计的；

2）采用新结构、新材料、新工艺的建设工程和特殊结构的建设工程，设计单位未在设计中提出保障施工作业人员安全和预防生产安全事故的措施建议的。

工程监理单位有下列行为之一的，责令限期改正；逾期未改正的，责令停业整顿，并处 10 万元以上 30 万元以下的罚款；情节严重的，降低资质等级，直至吊销资质证书；造成重大安全事故，构成犯罪的，对直接责任人员，依照刑法有关规定追究刑事责任；造成损失的，依法承担赔偿责任：

1）未对施工组织设计中的安全技术措施或者专项施工方案进行审查的；

2）发现安全事故隐患未及时要求施工单位整改或者暂时停止施工的；

3）施工单位拒不整改或者不停止施工，未及时向有关主管部门报告的；

4）未依照法律、法规和工程建设强制性标准实施监理的。

注册执业人员未执行法律、法规和工程建设强制性标准的，责令停止执业 3 个月以上 1 年以下；情节严重的，吊销执业资格证书，5 年内不予注册；造成重大安全事故的，终身不予注册；构成犯罪的，依照刑法有关规定追究刑事责任。

（2）施工单位违法行为的法律责任

施工单位有下列行为之一的，责令限期改正；逾期未改正的，责令停业整顿，依照《中华人民共和国安全生产法》的有关规定处以罚款；造成重大安全事故，构成犯罪的，对直接责任人员，依照刑法有关规定追究刑事责任：

1）未设立安全生产管理机构、配备专职安全生产管理人员或者分部分项工程施工时无专职安全生产管理人员现场监督的；

2）施工单位的主要负责人、项目负责人、专职安全生产管理人员、作业人员或者特种作业人员，未经安全教育培训或者经考核不合格即从事相关工作的；

3）未在施工现场的危险部位设置明显的安全警示标志，或者未按照国家有关规定在施工现场设置消防通道、消防水源、配备消防设施和灭火器材的；

4）未向作业人员提供安全防护用具和安全防护服装的；

5）未按照规定在施工起重机械和整体提升脚手架、模板等自升式架设设施验收合格后登记的；

6）使用国家明令淘汰、禁止使用的危及施工安全的工艺、设备、材料的。

施工单位有下列行为之一的，责令限期改正；逾期未改正的，责令停业整顿，并处 10 万元以上 30 万元以下的罚款；情节严重的，降低资质等级，直至吊销资质证书；造成重大安全事故，构成犯罪的，对直接责任人员，依照刑法有关规定追究刑事责任；造成损失的，依法承担赔偿责任：

1）安全防护用具、机械设备、施工机具及配件在进入施工现场前未经查验或者查验不合格即投入使用的；

2）使用未经验收或者验收不合格的施工起重机械和整体提升脚手架、模板等自升式架设设施的；

3）委托不具有相应资质的单位承担施工现场安装、拆卸施工起重机械和整体提升脚手架、模板等自升式架设设施的；

4）在施工组织设计中未编制安全技术措施、施工现场临时用电方案或者专项施工方案的。

2.4 建筑施工从业人员持证上岗和安全管理法律责任

1. 施工企业主要负责人、项目负责人和专职安全生产管理人员的相关规定

为了加强房屋建筑和市政基础设施工程施工安全监督管理，提高建筑施工企业主要负责人、项目负责人和专职安全生产管理人员（以下合并简称为"三类人员"）的安全生产管理能力，根据《安全生产法》《建设工程安全生产管理条例》等法律法规，制定《建筑施工企业主要负责人、项目负责人和专职安全生产管理人员安全生产管理规定》及《建筑施工企业主要负责人、项目负责人和专职安全生产管理人员安全生产管理规定实施意见》。

企业主要负责人，是指对本企业生产经营活动和安全生产工作具有决策权的领导人员，包括法定代表人、总经理（总裁）、分管安全生产的副总经理（副总裁）、分管生产经营的副总经理（副总裁）、技术负责人、安全总监等。项目负责人，是指取得相应注册执业资格，由企业法定代表人授权，负责具体工程项目管理的人员，即通常所说的项目经理。专职安全生产管理人员，是指在企业专职从事安全生产管理工作的人员，包括企业安全生产管理机构的人员和工程项目专职从事安全生产管理工作的人员。专职安全生产管理人员分为机械、土建、综合三类。机械类专职安全生产管理人员可以从事起重机械、土石方机械、桩工机械等安全生产管理工作。土建类专职安全生产管理人员可以从事除起重机械、土石方机械、桩工机械等安全生产管理工作以外的安全生产管理工作。综合类专职安全生产管理人员可以从事全部安全生产管理工作。

新申请专职安全生产管理人员安全生产考核只可以在机械、土建、综合三类中选择一类。机械类专职安全生产管理人员在参加土建类安全生产管理专业考试合格后，可以申请取得综合类专职安全生产管理人员安全生产考核合格证书。土建类专职安全生产管理人员在参加机械类安全生产管理专业考试合格后，可以申请取得综合类专职安全生产管理人员安全生产考核合格证书。

（1）安全生产考核合格证书的考核发证

"三类人员"应当通过其受聘企业，向企业工商注册地的省、自治区、直辖市人民政府住房城乡建设行政主管部门（以下简称考核机关）申请安全生产考核，并取得安全生产考核合格证书。安全生产考核不得收费。其中专职安全生产管理人员在申请安全生产考核前，应当先通过安全员岗位的考核，取得安全员岗位证书。

申请参加安全生产考核的"三类人员"，应当具备相应文化程度、专业技术职称和一定安全生产工作经历，与企业确立劳动关系，并经企业年度安全生产教育培训合格。

安全生产考核包括安全生产知识考核和管理能力考核。安全生产知识考核内容包括：建筑施工安全的法律法规、规章制度、标准规范，建筑施工安全管理基本理论等。安全生产管理能力考核内容包括：建立和落实安全生产管理制度、辨识和监控危险性较大的分部分项工程、发现和消除安全事故隐患、报告和处置生产安全事故等方面的能力。

对安全生产考核合格的，考核机关应当在 20 个工作日内核发安全生产考核合格证书，并予以公告；对不合格的，应当通过"三类人员"所在企业通知本人并说明理由。

（2）安全生产考核合格证书的有效期、延期及变更规定

安全生产考核合格证书有效期为 3 年，证书在全国范围内有效。证书式样由国务院住房城乡建设行政主管部门统一规定。

安全生产考核合格证书有效期届满需要延续的，"三类人员"应当在有效期届满前 3 个月内，由本人通过受聘企业向原考核机关申请证书延续。准予证书延续的，证书有效期延续 3 年。对证书有效期内未因生产安全事故或者违反本规定受到行政处罚，信用档案中无不良行为记录，且已按规定参加企业和县级以上人民政府住房城乡建设行政主管部门组织的安全生产教育培训的，考核机关应当在受理延续申请之日起 20 个工作日内，准予证书延续。

"三类人员"变更受聘企业的，应当与原聘用企业解除劳动关系，并通过新聘用企业到考核机关申请办理证书变更手续。考核机关应当在受理变更申请之日起 5 个工作日内办理完毕。

"三类人员"遗失安全生产考核合格证书的，应当在公共媒体上声明作废，通过其受聘企业向原考核机关申请补办。考核机关应当在受理申请之日起 5 个工作日内办理完毕。

"三类人员"不得涂改、倒卖、出租、出借或者以其他形式非法转让安全生产考核合格证书。

（3）施工企业主要负责人、项目负责人和专职安全生产管理人员的安全责任

1）施工企业主要负责人

施工企业主要负责人对本企业安全生产工作全面负责，应当建立健全企业安全生产管理体系，设置安全生产管理机构，配备专职安全生产管理人员，保证安全生产投入，督促检查本企业安全生产工作，及时消除安全事故隐患，落实安全生产责任。

施工企业主要负责人应当与项目负责人签订安全生产责任书，确定项目安全生产考核目标、奖惩措施，以及企业为项目提供的安全管理和技术保障措施。工程项目实行总承包的，总承包企业应当与分包企业签订安全生产协议，明确双方安全生产责任。主要负责人应当按规定检查企业所承担的工程项目，考核项目负责人安全生产管理能力。发现项目负责人履职不到位的，应当责令其改正；必要时，调整项目负责人。检查情况应当记入企业和项目安全管理档案。

建筑施工企业负责人要定期带班对项目的安全状态进行检查，并认真做好检查记录，并分别在企业和工程项目存档备查。发现工程项目出现险情或发现重大隐患时，应督促工程项目进行整改，及时消除险情和隐患。

2）项目负责人

项目负责人对本项目安全生产管理全面负责，是工程项目质量安全管理的第一责任人，应对工程项目落实带班制度负责。项目负责人在同一时期只能承担一个工程项目的管理工作。

项目负责人应当建立项目安全生产管理体系，明确项目管理人员安全职责，落实安全生产管理制度，确保项目安全生产费用有效使用。项目负责人应当按规定实施项目安全生产管理，监控危险性较大分部分项工程，及时排查处理施工现场安全事故隐患，隐患排查处理情况应当记入项目安全管理档案；发生事故时，应当按规定及时报告并开展现场救援。工程项目实行总承包的，总承包企业项目负责人应当定期考核分包企业安全生产管理情况。

项目负责人应带班生产并应全面掌握工程项目质量安全生产状况，加强对重点部位、关键环节的控制，及时消除隐患。

3）专职安全生产管理人员

企业安全生产管理机构专职安全生产管理人员应当检查在建项目安全生产管理情况，重点检查项目负责人、项目专职安全生产管理人员履责情况，处理在建项目违规违章行为，并记入企业安全管理档案。项目专职安全生产管理人员应当每天在施工现场开展安全检查，现场监督危险性较大的分部分项工程安全专项施工方案实施。对检查中发现的安全事故隐患，应当立即处理；不能处理的，应当及时报告项目负责人和企业安全生产管理机

构，项目负责人应当及时处理。检查及处理情况应当记入项目安全管理档案。

建筑施工企业应当建立安全生产教育培训制度，制定年度培训计划，每年对"三类人员"进行培训和考核，考核不合格的，不得上岗。培训情况应当记入企业安全生产教育培训档案。建筑施工企业安全生产管理机构和工程项目应当按规定配备相应数量和相关专业的专职安全生产管理人员。危险性较大的分部分项工程施工时，应当安排专职安全生产管理人员现场监督。

2. 建筑施工特种作业人员持证上岗制度

（1）特种作业与建筑施工特种作业

特种作业，是指生产过程中容易发生人员伤亡事故，对操作者本人、他人及周围设备设施的安全有重大危害的作业。特种作业主要包括电工作业、金属焊接切割作业、起重机械作业、企业内机动车驾驶、登高架设作业、锅炉作业、压力容器操作、制冷作业、爆破作业、矿山通风作业、矿山排水作业以及由省、自治区、直辖市有关部门提出，并经国务院有关部门批准的其他作业。

建筑施工特种作业是指在建筑施工活动中，对操作者本人、他人及周围设备设施的安全有重大危害的作业。建设主管部门管理的建筑施工特种作业主要包括：

1）建筑电工作业；

2）建筑架子工作业；

3）建筑起重司索信号作业；

4）建筑起重机械司机作业；

5）建筑起重机械安装拆卸作业；

6）高处作业吊篮安装拆卸作业；

7）经省级以上建设主管部门认定的其他特种作业。

（2）建筑施工特种作业人员

特种作业人员，是指直接从事特种作业的从业人员。建筑施工特种作业人员是指在建筑施工现场从事建筑施工特种作业的人员。建设行政主管部门主要对在房屋建筑和市政工程施工现场从事建筑施工特种作业人员进行管理。

（3）特种作业人员的条件

从事建筑施工特种作业人员应当符合下列条件：

1）年满 18 周岁且符合相关工种规定的年龄要求；

2）工作认真负责，身体健康，无妨碍从事本特种作业工种的疾病和生理缺陷；

3）具有初中及以上学历，具有本特种作业工种所需要的文化程度和安全、技术知识及实践经验；

4）接受专门安全操作知识培训，经建设行政主管部门考核合格，取得《建筑施工特种作业操作资格证书》。

首次取得《建筑施工特种作业操作资格证书》的人员实习操作不得少于 3 个月，否则，不得独立上岗。

（4）特种作业人员的培训

特种作业人员上岗前必须接受本工种专门的安全操作技能培训，培训内容包括安全技术理论和实际操作。其中，安全技术理论包括安全生产基本知识、专业基础知识和专业技术理论等内容；实际操作技能主要包括安全操作要领，常用工具的使用，主要材料、元配件、隐患的辨识，安全装置调试，故障排除，紧急情况处理等技能。

从事特种作业人员安全技术培训的机构（以下统称培训机构），应当按照规定的内容和学时培训，并为培训合格人员出具培训证明。

（5）考核发证及证书有效期

《建筑施工特种作业操作资格证书》有效期为 2 年，在全国范围内有效。特种作业操作证由住房和城乡建设部统一式样、标准及编号。特种作业操作证遗失的，应当向原考核发证机关提出书面申请，经原考核发证机关审查同意后，予以补发。特种作业操作证所记载的信息发生变化或者损毁的，应当向原考核发证机关提出书面申请，经原考核发证机关审查确认后，予以更换或者更新。

（6）建筑施工特种作业操作证的复审

建筑施工特种作业人员在特种作业操作证有效期满需要延期的，持证人应当在期满前 3 个月内，由申请人或者申请人的用人单位向原考核发证机关或者从业所在地考核发证机关提出申请办理延期复核手续，并提交下列材料：

1）身份证；

2）体检合格证明；

3）年度安全教育培训证明或继续教育证明；

4）用人单位出具的特种作业人员管理档案记录；

5）核发证机关规定提交的其他证明。

延期复核结果分合格和不合格两种，延期复核合格的，资格证书有效期延期 2 年。特种作业操作证有效期届满需要延期换证的，应当按照前款的规定申请延期复审。

3. 违法行为的法律责任

"三类人员"隐瞒有关情况或者提供虚假材料申请安全生产考核的，考核机关不予考核，并给予警告，1 年内不得再次申请考核。以欺骗、贿赂等不正当手段取得安全生产考核合格证书的，由原考核机关撤销安全生产考核合格证书，3 年内不得再次申请考核。涂改、倒卖、出租、出借或者以其他形式非法转让安全生产考核合格证书的，由县级以上地方人民政府住房城乡建设行政主管部门给予警告，并处 1000 元以上 5000 元以下的罚款。

建筑施工企业未按规定开展"三类人员"安全生产教育培训考核，或者未按规定如实将考核情况记入安全生产教育培训档案的，由县级以上地方人民政府住房城乡建设行政主管部门责令限期改正，并处 2 万元以下的罚款。

建筑施工企业有下列行为之一的，由县级以上人民政府住房城乡建设行政主管部门责令限期改正；逾期未改正的，责令停业整顿，并处 2 万元以下的罚款；导致不具备《安全生产许可证条例》规定的安全生产条件的，应当依法暂扣或者吊销安全生产许可证：

（1）未按规定设立安全生产管理机构的；

（2）未按规定配备专职安全生产管理人员的；

（3）危险性较大的分部分项工程施工时未安排专职安全生产管理人员现场监督的；

（4）"三类人员"未取得安全生产考核合格证书的。

"三类人员"未按规定办理证书变更的，由县级以上地方人民政府住房城乡建设行政主管部门责令限期改正，并处 1000 元以上 5000 元以下的罚款。

　　主要负责人、项目负责人未按规定履行安全生产管理职责的，由县级以上人民政府住房城乡建设行政主管部门责令限期改正；逾期未改正的，责令建筑施工企业停业整顿；造成生产安全事故或者其他严重后果的，按照《生产安全事故报告和调查处理条例》的有关规定，依法暂扣或者吊销安全生产考核合格证书；构成犯罪的，依法追究刑事责任。

　　主要负责人、项目负责人有前款违法行为，尚不够刑事处罚的，处 2 万元以上 20 万元以下的罚款或者按照管理权限给予撤职处分；自刑罚执行完毕或者受处分之日起，5 年内不得担任建筑施工企业的主要负责人、项目负责人。

　　专职安全生产管理人员未按规定履行安全生产管理职责的，由县级以上地方人民政府住房城乡建设行政主管部门责令限期改正，并处 1000 元以上 5000 元以下的罚款；造成生产安全事故或者其他严重后果的，按照《生产安全事故报告和调查处理条例》的有关规定，依法暂扣或者吊销安全生产考核合格证书；构成犯罪的，依法追究刑事责任。

2.5　建筑施工企业负责人及项目负责人施工现场带班制度

　　1. 施工企业负责人施工现场带班的相关规定

　　建筑施工企业负责人，是指企业的法定代表人、总经理、主管质量安全和生产工作的副总经理、总工程师和副总工程师。施工现场，是指进行房屋建筑和市政工程施工作业活动的场所。

　　建筑施工企业应当建立企业负责施工现场带班制度，并严格考核。施工现场带班制度应明确其工作内容、职责权限和考核奖惩等要求。企业负责人带班检查是指由建筑施工企业负责人带队实施对工程项目质量安全生产状况及项目负责人带班生产情况的检查。

　　建筑施工企业法定代表人是落实企业负责人及项目负责人施工现场带班制度的第一责任人，对落实带班制度全面负责。建筑施工企业负责人要定期带班检查，每月检查时间不少于其工作日的 25%。建筑施工企业负责人带班检查时，应认真做好检查记录，并分别在企业和工程项目存档备查。工程项目进行超过一定规模的危险性较大的分部分项工程施工时，建筑施工企业负责人应到施工现场进行带班检查。

　　对于有分公司（非独立法人）的企业集团，集团负责人因故不能到现场的，可书面委托工程所在地的分公司负责人对施工现场进行带班检查。工程项目出现险情或发现重大隐患时，建筑施工企业负责人应到施工现场带班检查，督促工程项目进行整改，及时消除险情和隐患。

　　2. 施工企业负责人及项目负责人施工现场带班的相关规定

　　项目负责人，是指工程项目的项目经理。项目负责人是工程项目质量安全管理的第一责任人，应对工程项目落实带班制度负责。

　　项目负责人在同一时期只能承担一个工程项目的管理工作。项目负责人带班生产时，要全面掌握工程项目质量安全生产状况，加强对重点部位、关键环节的控制，及时消除隐患。要认真做好带班生产记录并签字存档备查。

　　项目负责人每月带班生产时间不得少于本月施工时间的 80%。因其他事务需离开施工现场时，应向工程项目的建设单位请假，经批准后方可离开。离开期间应委托项目相关负责人负责其外出时的日常工作。

各级住房城乡建设行政主管部门应加强对建筑施工企业负责人及项目负责人施工现场带班制度的落实情况的检查。对未执行带班制度的企业和人员，按有关规定处理；发生质量安全事故的，要给予企业规定上限的经济处罚，并依法从重追究企业法定代表人及相关人员的责任。

思政提升——违法的代价（广西河池南丹某公司"10·28"重大坍塌事故）

违法的代价

2019年10月28日，我国某地××公司（下简称"事故公司"）在某锌银铅锑锡铜矿矿区斜井井下通往临近铜矿已封闭冒落带区域发生坍塌事故，造成多人伤亡的重大事故。

请同学们在学习本章知识后，积极检索相关文献，了解相关典型建筑工程安全事故案例，并深入思考建筑工程安全的重要性。有兴趣的同学可以扫描右侧二维码，了解相关内容。

知识与技能训练题

一、单项选择题

1. 下列从事生产活动的企业中，不属于必须取得安全生产许可证的是（　　）。

A. 建筑施工企业　　　　　　　　B. 食品加工生产企业

C. 烟花爆竹生产企业　　　　　　D. 矿业企业

2. 甲房地产开发公司将一住宅小区工程以施工总承包方式发包给乙建筑公司，乙建筑公司又将其中场地平整及土方工程分包给丙土方公司。在工程开工前，应当由（　　）按照有关规定申请领取施工许可证。

A. 乙建筑公司

B. 丙土方公司

C. 甲房地产开发公司和乙建筑公司共同

D. 甲房地产开发公司

3. 某建设工程施工合同约定，合同工期为18个月，合同价款为2000万元。建设单位在申请领取施工许可证时，应当到位的建设资金原则上不得少于（　　）万元。

A. 100　　　　　　B. 200　　　　　　C. 1000　　　　　　D. 600

4. 根据《建筑法》，领取施工许可证后因故不能按期开工的，应当向发证机关申请延期。关于申请延期的说法，正确的是（　　）。

A. 延期每次不超过3个月

B. 应当由施工企业提出申请

C. 延期没有次数限制

D. 超过延期时限但在宽展期内的，施工许可证仍有效

5. 施工企业的施工现场消防安全责任人应是（　　）。

A. 施工企业负责人　　　　　　　B. 专职安全员

C. 专职消防安全员　　　　　　　　　　D. 项目负责人

6. 施工单位依法对本企业的安全生产工作负全面责任的是（　　）。

A. 法定代表人　　　　　　　　　　　　B. 技术负责人

C. 项目负责人　　　　　　　　　　　　D. 安全管理部门负责人

7. 根据《安全生产许可证条例》，企业在安全生产许可证有效期内，严格遵守有关安全生产的法律法规，未发生（　　）的，安全生产许可证有效期届满时，经原发证管理机关同意，不再审查，安全生产许可证有效期延期 3 年。

A. 安全事故　　　　　　　　　　　　　B. 重大死亡事故

C. 死亡事故　　　　　　　　　　　　　D. 重伤事故

8. 下列情形中，视同为工伤的情形是（　　）。

A. 在工作时间和工作场所内，因工作原因受到事故伤害的

B. 在工作单位突发疾病，并在 48 小时内经抢救无效死亡

C. 因工外出期间，由于工作原因受到伤害或者发生事故下落不明的

D. 在上下班途中，受到非本人主要责任的交通事故或者城市轨道交通、客运轮渡、火车事故伤害的

9. 关于施工企业强令施工人员冒险作业的说法，正确的是（　　）。

A. 施工企业有权对不服从指令的施工人员进行处罚

B. 施工企业可以解除不服从管理的施工人员的劳动合同

C. 施工人员有权拒绝该指令

D. 施工人员必须无条件服从施工企业发出的命令，确保施工生产进度的顺利开展

10. 根据《建筑施工企业负责人及项目负责人施工现场带班暂行办法》，项目负责人每月带班生产时间不得少于本月施工时间的（　　）。

A. 80%　　　　　　B. 70%　　　　　　C. 60%　　　　　　D. 50%

二、多项选择题

1. 根据《安全生产许可证条例》，国家对（　　）实行安全生产许可制度。

A. 矿山企业　　　　　　　　　　　　　B. 建筑施工企业

C. 危险化学品生产企业　　　　　　　　D. 民用爆破器材生产企业

E. 监理企业

2. 根据《建筑工程施工许可管理办法》，不需要办理施工许可证的建筑工程有（　　）。

A. 建筑面积 200m² 的房屋　　　　　　　B. 抢险救灾工程

C. 城市大型立交桥　　　　　　　　　　D. 城市居住小区

E. 实行开工报告审批制度的建筑工程

3. 根据《建筑法》，申请领取施工许可证应当具备的条件包括（　　）。

A. 建筑工程按照规定的权限和程序已批准开工报告

B. 已办理该建筑工程用地批准手续

C. 城市规划区的建筑工程已经取得规划许可证

D. 已经确定建筑施工企业

E. 建设资金已经落实

4. 关于施工单位安全生产费用的提取和使用管理，下列说法正确的有(　　)。

A. 施工单位项目负责人确保安全生产费用的投入

B. 生产经营单位应当确保安全生产条件所必需的资金投入

C. 由生产经营单位的决策机构、主要负责人或者个人经营的投资人予以保证并承担不利后果

D. 有关生产经营单位应当按照规定提取和使用安全生产费用，专门用于改善安全生产条件

E. 安全生产费用在成本中据实列支

5. 设计单位的安全责任包括(　　)。

A. 按照法律、法规和工程建设强制性标准进行设计

B. 提出防范安全生产事故的指导意见和措施建议

C. 对安全技术措施或专项施工方案进行审查

D. 依法对施工安全事故隐患进行处理

E. 对设计成果承担责任

6. 施工作业人员应当享有的安全生产权利有(　　)。

A. 获得防护用品权　　　　　　　　B. 获得保险赔偿权

C. 拒绝违章指挥权　　　　　　　　D. 安全生产决策权

E. 紧急避险权

7. 下列属于建筑施工企业专职安全生产管理人员安全生产管理能力考核要点的是(　　)。

A. 能有效组织和督促本工程项目安全生产工作，落实安全生产责任制

B. 能保证安全生产费用的有效使用

C. 能认真贯彻执行国家安全生产方针、政策、法规和标准

D. 能有效对安全生产进行现场监督检查

E. 能及时、如实报告生产安全事故

8. 关于安全生产许可证有效期的说法，正确的有(　　)。

A. 安全生产许可证的有效期为 3 年

B. 施工企业应当向原安全生产许可证颁发管理机关办理延期手续

C. 安全生产许可证有效期满需要延期的，施工企业应当于期满前 1 个月办理延期手续

D. 施工企业在安全生产许可证有效期内，严格遵守有关安全生产的法律法规，未发生死亡事故的，安全生产许可证有效期届满时，自动延期

E. 安全生产许可证有效期延期 3 年

9. 根据《安全生产许可证条例》，企业取得安全生产许可证，应当具备的安全生产条件有(　　)。

A. 管理人员和作业人员每年至少进行 1 次安全生产教育培训并考核合格

B. 依法为施工现场从事危险作业人员办理意外伤害保险，为从业人员缴纳保险费

C. 保证本单位安全生产条件所需资金的投入

D. 有职业危害防治措施，并为作业人员配备符合国家标准或行业标准的安全防护用

具和安全防护服装

E. 依法办理了建筑工程一切险及第三者责任险

10. 关于施工企业项目负责人安全生产责任的说法，正确的有（　　）。

A. 开展项目安全教育培训　　　　　B. 对建设工程项目的安全施工负责

C. 确保安全生产费用的有效使用　　D. 及时、如实报告生产安全事故

E. 监督作业人员安全保护用品的配备及使用情况

三、判断题

1. 建筑施工企业安全生产许可证有效期是3年。　　　　　　　　　（　　）

2. 建筑施工企业变更名称、地址、法定代表人等，应当在变更后，到原安全生产许可证颁发管理机构办理安全生产许可证变更手续。　　　　　　　　　（　　）

3. 实行开工报告审批制度的建设工程，必须符合国务院的有关规定。　（　　）

4. 建设工程因故中止施工一年的，恢复施工时，应当重新领取施工许可证。（　　）

5. 建筑施工企业隐瞒有关情况或者提供虚假材料申请安全生产许可证的，有关部门可以不予受理或者不予颁发安全生产许可证，并给警告，3年内不得申请安全生产许可证。　　　　　　　　　　　　　　　　　　　　　　　　　　　　（　　）

3 建筑施工安全管理实务

3.1 危险源的识别、种类和管理

3.1.1 危险源的定义、特点与分类

1. 危险源的定义

危险源是指在工程建设过程中可能导致人员伤亡、财产损失、工作环境破坏或这些情况组合的根源或状态，是导致施工生产安全事故的最重要的因素。危险源可称为危险有害因素。

危险源本身是一种"根源"，事故隐患可能导致伤害或疾病等主体对象，或可能诱发主体对象导致伤害或疾病的状态。例如，装乙炔的气瓶发生了破裂。危险源是乙炔，是可能导致事故的根源；事故隐患是乙炔瓶破裂，是导致事故的"状态"。

2. 危险源的特点

施工危险源具有隐蔽性、不可预见性、变化多样性等特点；施工危险源造成的安全事故具有连锁性等。

3. 危险源的分类

危险源可以按照在生产过程中对人造成伤亡、影响人的身体健康甚至导致疾病的因素进行分类，分为人的因素、物的因素、环境因素和管理因素四类。危险源也可分为危险因素和危害因素。危险源是建筑施工过程中安全管理的主要对象。

根据危险源在安全事故发生发展过程中的机理，一般可把危险源划分为两大类，即第一类危险源和第二类危险源。

（1）第一类危险源

能量和危险物质的存在是危害产生的根本原因，通常把生产过程中存在的，可能发生意外释放的能量（能源或能量载体）或危险物质称为第一类危险源。此类危险源是事故发生的物理本质，一般来说，系统具有能量越大，存在的危险物质越多，则其潜在的危险性和危害性也就越大。像快速行驶车辆具有的动能、高处重物具有的势能，以及声、光、电能等都属于第一类危险源，它是导致事故的根源、源头，是"罪魁祸首"。

（2）第二类危险源

造成约束、限制能量和危险物质措施失控的各种不安全因素称为第二类危险源。包括物的不安全状态、人的不安全行为、环境因素和管理缺陷。它是防控屏障上那些影响其作用发挥的缺陷或漏洞，正是这些缺陷或漏洞致使约束能量或有害物质的屏障失效，导致能量或有害物质的失控，从而造成事故发生。

4. 危险源与事故

事故的发生是两类危险源共同作用的结果。第一类危险源是事故发生的前提，第二类危险源的出现是第一类危险源导致事故的必要条件。第一类危险源是伤亡事故发生的能量主体，决定事故发生的严重程度；第二类危险源出现的难易决定事故发生的可能性。

例如，煤气罐中的煤气就是第一类危险源，它的失控可能会导致火灾、爆炸或煤气中毒；煤气的罐体及其附件的缺陷以及使用者的违章操作等则为第二类危险源，因为正是这些问题导致了煤气罐中的煤气失控泄漏而引发事故。

3.1.2 危险源的辨识

危险源辨识是安全管理的基础工作，主要目的就是从组织的活动中识别出可能造成人员伤害或疾病、财产损失、环境破坏的危险或危害因素，并判定其可能导致的事故类别和导致事故发生的直接原因的过程。

1. 危险源辨识类别

根据建筑施工作业的特点，建筑施工现场危险有害因素分为十六类：高处坠落、物体打击、机械伤害、起重伤害、触电、坍塌、火灾、车辆伤害、淹溺、灼烫、化学性爆炸、物理性爆炸、其他爆炸、中毒和窒息、其他伤害。

2. 危险源辨识的范围内容

危险源辨识的范围应覆盖建筑施工现场所有的作业活动，包括建筑施工现场的办公区、生活区、作业区以及周边建筑物、构筑物或其他设施。

建筑工程项目作业活动应包括地基与基础、主体结构、建筑装饰装修、建筑屋面、建筑给水排水及采暖、建筑电气、智能建筑、通风与空调、电梯、建筑节能等十个分部工程所涉及的作业活动，还应包括《建筑施工安全检查标准》JGJ 59—2011 和《市政工程施工安全检查标准》CJJ/T 275—2018 所涉及的操作及安装拆卸工程等。

在一项工作（或活动）开始之前，首先通过对该项工作（或活动）中人、机、料、法、环各个方面（环节）的危险源进行全面辨识，辨识出工作（或活动）中可能存在的各种类型的危险源，既包括能量或有害物质等第一类危险源，也包括对能量或有害物质防控屏障上的漏洞，即第二类危险源。

危险源识别状态与时态，应考虑正常、异常、紧急三种状态，也要考虑过去、现在、将来三种时态。

危险源辨识还应重点考虑以下因素：

（1）常规和非常规施工作业活动；

（2）所有进入施工现场的人员（包括建设单位人员、监理单位人员、施工总承包单位人员以及专业分包人员、工程来访人员等）的活动；

（3）施工作业人员的行为、能力和其他人的因素（包括工序交接前后产生的危险源）；

（4）在施工现场附近，由施工作业活动所产生的危险源（包括周边配送电线路、周边构筑物、市政工程等）；

（5）施工进度计划、施工作业时间、施工工艺、施工作业工序的变更及气象作业条件的变化等产生的危险源；

（6）对施工作业区域、设备、操作程序、施工方案、施工组织的设计，包括其对人的能力的适应性。

3. 危险源的辨识方法

危险源辨识的方法很多，常用的方法有专家调查法、头脑风暴法、德尔菲法、现场调查法、工作任务分析法、安全检查表法、危险与可操作性研究法、事件树分析法和故障树分析法等。这些方法都有各自特点和局限性，在实际工作中一般采用两种或两种以上方法来识别危险源。以下重点介绍安全检查表法和故障分析法。

（1）安全检查表法

安全检查表法是一种定性的风险分析辨识方法，是将一系列项目列出以检查表的形式进行分析，以确定施工现场及周边构筑物的状态是否符合安全要求，通过检查发现建筑施工过程中存在的风险，提出改进措施的一种方法。《建筑施工安全检查标准》JGJ 59—2011 中的安全评分系统采用了安全检查表法。

1）安全检查表的编制主要依据

① 国家、行业、地方建筑施工有关安全法律法规、规定、规程、规范和标准，企业的规章制度、标准及操作规程；

② 国内外建筑行业、建筑施工企业事故统计案例，经验教训；

③ 建筑行业及企业安全生产经验，特别是减少或避免事故发生的实践经验；

④ 系统安全分析的结果，如采用事故树分析方法找出的不安全因素，应作为防止事故控制点源列入检查表。

2）使用安全检查表法注意要点

① 建设工程施工安全检查表要把握重点，分清一般项目和保证项目；

② 针对不同被检查区域、场所、工程实体、重大设备等要有所侧重，避免重复；

③ 建设工程施工安全检查表的检查内容可操作性要好，便于不同专业人员掌握；

④ 建设工程施工安全检查表的项目、内容随新技术、新工艺、新设备、新材料以及环境因素的变化要及时完善；

⑤ 建设工程施工过程中所有危险源在检查表中均要有所体现，以确保各种危险源能及时采取措施进行处理或控制。

3）实例

以下以扣件式钢管脚手架安全检查表为例（表 3-1-1）。

扣件式钢管脚手架安全检查评分表　　　　　　　　　表 3-1-1

工程名称：　　　　　　　　　　　　　　　　年　　月　　日

序号	检查项目		扣分标准	应得分数	扣减分数	实得分数
1	保证项目	施工方案	架体搭设未编制施工方案或未按规定审核、审批，扣 10 分 架体结构设计未进行设计计算，扣 10 分 架体搭设高度超过规范允许高度，专项施工方案未按规定组织专家论证或未按专家论证意见组织实施，扣 10 分	10		
2		立杆基础	立杆基础不平、不实、不符合方案设计要求，扣 5～10 分 立杆底部底座、垫板或垫板的规格不符合规范要求，扣 2～5 分 未按规范要求设置纵、横向扫地杆，扣 5～10 分 扫地杆的设置和固定不符合规范要求，扣 5 分 未设置排水措施，扣 8 分	10		
3		架体与建筑结构拉结	架体与建筑结构拉结不符合规范要求，每处扣 2 分 架体底层第一步纵向水平杆处未按规定设置连墙件或未采用其他可靠措施固定，每处扣 2 分 搭设高度超过 24m 的双排脚手架，未采用刚性连墙件与建筑结构可靠连接，扣 10 分	10		

序号	检查项目		扣分标准	应得分数	扣减分数	实得分数
4	保证项目	杆件间距与剪刀撑	立杆、纵向水平杆、横向水平杆间距超过规范要求，每处扣2分 未按规定设置纵向剪刀撑或横向斜撑，每处扣5分 剪刀撑未沿脚手架高度连续设置或角度不符合要求，扣5分 剪刀撑斜杆的接长或剪刀撑斜杆与架体杆件固定不符合要求，每处扣2分	10		
5		脚手板与防护栏杆	脚手板未满铺或铺设不牢、不稳，扣5~10分 脚手板规格或材质不符合要求，扣5~10分 每有一处探头板，扣2分 架体外侧未设置密目式安全网封闭或网间不严，扣5~10分 作业层未在高度1.2m和0.6m处设置上、中两道防护栏杆，扣5分 作业层未设置高度不小于180mm的挡脚板，扣3分	10		
6		交底与验收	架体搭设前未进行交底或交底未留有记录，扣5~10分 架体分段搭设分段使用未办理分段验收，扣5分 架体搭设完毕未办理验收手续，扣10分 未记录量化的验收内容或未经责任人签字确认，扣5分	10		
		小计		60		
7	一般项目	横向水平杆设置	未在立杆与纵向水平杆交点处设置横向水平杆，每处扣2分 未按脚手板铺设的需要增加设置横向水平杆，每处扣2分 双层脚手架只固定一端，每处扣2分 单排脚手架横向水平杆插入墙内小于180mm，每处扣2分	10		
8		杆件搭接	纵向水平杆搭接长度小于1m或固定不符合要求，每处扣2分 立杆除顶层顶步外采用搭接，每处扣4分 扣件紧固力矩小于40N·m或大于65N·m，每处扣2分	10		
9		层间防护	作业层未用安全平网双层兜底，或以下每隔10m未用安全平网封闭，扣5分 作业层与建筑物之间未安全网进行封闭，扣5分	10		
10		构配件材质	钢管直径、壁厚、材质不符合要求，扣5~10分 钢管弯曲、变形、锈蚀严重，扣10分 扣件未进行复试或技术性能不符合标准，扣5分	5		
11		通道	未设置人员上下专用通道，扣5分 通道设置不符合要求，扣2分	5		
		小计		40		
	检查项目合计			100		

（2）故障树分析法

故障树分析法采用逻辑分析方法，用一种定向的"树"来描述事故的原因与后果关系，把系统可能发生或已发生的事故（称为顶事件）作为分析起点，如图 3-1-1 中事故 T，将导致事故原因的事件按因果逻辑关系逐层列出，用树形图表示出来，构成一种逻辑模型，然后定性或定量的分析事件发生的各种可能途径及发生的概率，找出避免事故发生的各种方案并优选出最佳安全对策。以建筑施工现场的脚手架工程出现倒塌事故为例，故障树分析法的分析流程图见图 3-1-1。

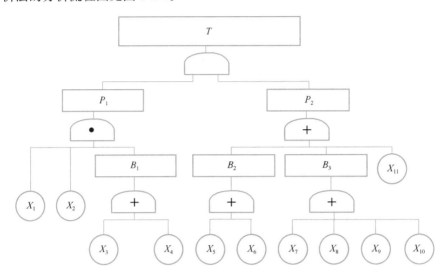

图 3-1-1 故障树分析法流程图

T—脚手架工程倒塌事故引起人员伤亡；P_1—应急救援制度未落实；P_2—脚手架倒塌事故发生；B_1—倒塌伤害类型；B_2—脚手架材质不合格；B_3—脚手架搭设不规范；X_1—脚手架施工现场及周边场所人员；X_2—事故救援预案效果差；X_3—高处坠落；X_4—钢管、模板或其他高空落物；X_5—钢管壁薄、锈蚀、质量差；X_6—扣件破损、变形、承载力不足等；X_7—脚手架立杆、横杆未按设计规范要求设置；X_8—连墙杆等拉结措施不力；X_9—杆件接长方式、布置不合理；X_{10}—剪刀撑布置不合规范；X_{11}—脚手架、支模架体的基础不符合规范要求

4. 危险源辨识要点和步骤

（1）危险源辨识要点

辨识人员应充分区分危险源有"根源危险源""状态危险源""行为危险源"或其组合。

识别危险源可分两个过程：一是识别危险源的存在，二是确定危险源特性。

辨识时应依据《生产过程危险和有害因素分类与代码》GB/T 13861—2022 的规定，对潜在的人的因素、物的因素、环境因素、管理因素等危害因素进行全面辨识，充分考虑危害的根源和性质。在这四种因素里面，人的因素是核心，首先要分析人的因素（人的不安全行为：主要是违章操作、违章、不遵守有关规定等）；其次是物的因素（物的不安全状态），再分析环境因素（主要是室内作业场所环境不良、室外作业场地环境不良等），最后再分析管理因素。

（2）危险源辨识步骤

危险源辨识可按以下步骤进行：

1）选择并确定活动、产品和服务；

2）划分单元，其原则是：以生产为单元，业务活动为依据，按岗位操作程序划分；

3）确定每一活动过程所伴随的危险源；

4）分析并确定危险源造成的影响；

5）辨识人员填写《危险源辨识和风险评价表》。

3.1.3 危险源的评估与管理

1. 危险源的风险评估

危险源的风险评估，是在对危险源识别的基础上，评估危险源造成风险可能性和大小，对风险进行分级，对不同等级风险采用相应的风险管控措施。危险源的评估方法有多种，目前常采用作业条件危险性评价法（LEC法）。

"作业条件危险性评价法"根据事故发生的可能性、暴露于危险环境的频繁程度和事故发生后的后果严重程度进行综合评分，来确定风险等级。作业条件危险性分析评价法（简称LEC）。其含义是：L（Likelihood），事故事件发生的可能性；E（Exposure），人员暴露于危险环境的频繁程度；C（Consequence），一旦发生事故可能造成的后果。给三种因素的不同等级分别确定不同的分值，再以三个分值的乘积D（Danger）风险值，以此来评价作业条件危险性的大小，即：D＝L×E×C。D值越大，说明该作业活动危险性大、风险大。其判断标准详见表3-1-2～表3-1-5。

事故事件发生的可能性（L）判定准则　　　　　表3-1-2

分值	事故事件或偏差发生的可能性
10	完全可以预料
6	相当可能；或危害的发生不能被发现（没有监测系统）；或在现场没有采取防范、监测、保护、控制措施；或在正常情况下经常发生此类事故、事件或偏差
3	可能，但不经常；或危害的发生不容易被发现；现场没有检测系统或保护措施（如没有保护装置、没有个人防护用品等），也未作过任何监测；或未严格按操作规程执行；或在现场有控制措施，但未有效执行或控制措施不当；或危害在预期情况下发生
1	可能性小，完全意外；或危害的发生容易被发现；现场有监测系统或曾经作过监测；或过去曾经发生类似事故、事件或偏差；或在异常情况下发生过类似事故、事件或偏差
0.5	很不可能，可以设想；危害一旦发生能及时发现，并能定期进行监测
0.2	极不可能；有充分、有效的防范、控制、监测、保护措施；或员工安全卫生意识相当高，严格执行操作规程
0.1	实际不可能

人员暴露于危险环境的频繁程度（E）判定准则　　　　　表3-1-3

分值	频繁程度	分值	频繁程度
10	连续暴露	2	每月一次暴露
6	每天工作时间内暴露	1	每年几次暴露
3	每周一次或偶然暴露	0.5	非常罕见地暴露

发生事故事件偏差产生的后果严重性（C）判定准则 　　　　表 3-1-4

分值	法律法规及其他要求	人员伤亡	直接经济损失/万元	停工	公司形象
100	严重违反法律法规和标准	10 人以上死亡，或 50 人以上重伤	5000 以上	公司停产	重大国际、国内影响
40	违反法律法规和标准	3 人以上 10 人以下死亡，或 10 人以上 50 人以下重伤	1000 以上	装置停工	行业内、省内影响
15	潜在违反法规和标准	3 人以下死亡，或 10 人以下重伤	100 以上	部分装置停工	地区影响
7	不符合上级或行业的安全方针、制度、规定等	丧失劳动力、截肢、骨折、听力丧失、慢性病	10 万以上	部分设备停工	公司及周边范围
2	不符合公司的安全操作程序、规定	轻微受伤、间歇不舒服	1 万以上	1 套设备停工	引人关注，不利于基本的安全卫生要求
1	完全符合	无伤亡	1 万以下	没有停工	形象没有受损

风险等级判定准则（D）及控制措施 　　　　表 3-1-5

风险值	风险等级		应采取的行动/控制措施	实施期限
≥320（红）	1 级	重大风险	在采取措施降低危害前，不能继续作业，对改进措施进行评估	立刻
160～320（橙）	2 级	较大风险	采取紧急措施降低风险，建立运行控制程序，定期检查、测量及评估	立即或近期整改
70～160（黄）	3 级	一般风险	可考虑建立目标、建立操作规程，加强培训及沟通	2 年内治理
20～70（蓝）	4 级	低风险	可考虑建立操作规程、作业指导书，但需定期检查	有条件、有经费时治理
<20	—	稍有	无需采用控制措施，但需保存记录	—

三种因素的不同等级分别确定不同的分值，再以其乘积来评价危险性的大小。风险值 D≥320 为 1 级风险等级，风险值为 160～320 时为 2 级风险等级，风险值 70～160 时为 3 级风险等级，风险值为 20～70 时为 4 级风险等级。

一般情况下 D≥160 可以判定为重大危险源，但有些事故或危险情况发生的可能性很低，事故或危险情况发生频繁也不高，但一旦发生就会造成灾难性后果的尽管评分低于 160 分，也可以直接确定为重大危险源。

对于有如下情况也可以直接确定为重大危险源：

（1）违反法律法规及国家标准、行业标准中强制性条款的；

（2）发生过死亡、重伤、重大财产损失事故，且现在发生事故的条件依然存在；

（3）超过一定规模的危险性较大的分部分项工程；

（4）具有中毒、爆炸、火灾、坍塌等危险的场所，作业人员在 10 人以上的；

（5）直接观察到可能导致危险的错误，且无适当控制措施的；

（6）经风险评价确定为最高风险的；

（7）长期或临时生产、加工、搬运、使用或贮存危险物质，且危险物质的数量等于或超过临界量的单元。

重大危险源应单独列出，填写《重大危险源清单》（表 3-1-6）。

重大危险源清单 表 3-1-6

序号	作业活动或设备设施	区域位置	可能发生事故原因	可能发生事故类型	现有管控措施	施工时间段	责任单位	责任人及电话	状态	备注

注：1. 可能发生的事故类型包括：物体打击、车辆伤害、机械伤害、起重伤害、触电、淹溺、灼烫、火灾、高处坠落、坍塌、冒顶片帮、透水、爆破、火药爆炸、瓦斯爆炸、锅炉爆炸、容器爆炸、其他爆炸、中毒和窒息、其他伤害等。

2. 状态分为：正常、异常、紧急三种。

作业条件危险性分析法（LEC）的应用举例：

以某施工场地从事高处电焊作业为例，其危险因素和可能导致的事故见表 3-1-7，对一个危险源（危险因素）导致事故的 L（事故发生的可能性）、E（人员暴露频繁程度）和 C（事故可能造成后果）分别进行打分，三者相乘得到风险分值 D，按 D 值大小确定危险源的风险等级。

高处焊接作业辨识结果 表 3-1-7

序号	作业场所或类别	作业活动	危险因素	可能导致的事故	风险评价（LEC法）				等级	现有安全措施
					L	E	C	D		
1			未穿工作服	其他伤害（灼烫）	6	3	3	54	四级	
2			未戴绝缘手套	触电	6	3	3	54	四级	
3			未系安全带	高处坠落	6	3	7	126	三级	
4	某施工场地	高处电焊作业	未戴安全帽	碰伤	6	3	7	126	三级	
5			无工作平台	高处坠落	6	3	7	126	三级	
6			焊接时产生有毒气体、粉尘、未戴口罩	尘肺病、锰中毒	3	3	3	27	四级	
7			电焊火花	火灾、烫伤	6	3	7	126	四级	

2. 危险源的控制措施

危险源控制指的是在建筑施工过程中对危险源所采取的手段和措施，用以减少人员伤亡和财产损失。在施工活动中，参与的各个主体所处的位置不同，相应的在施工过程中控制的内容也有差异，关注程度也有区别。一般按照工程技术措施、管理措施、培训教育措施、个体防护措施以及应急处置措施等五个逻辑层次逐一考虑，制定并实施相应的管控措施。对不同的危险源采取的控制措施也不一样。

设备设施类危险源通常采用的控制措施有：安全屏护、报警、联锁、限位、安全泄放等工艺设备固有的控制措施和检查、检测、维保等常规的管理措施。

作业活动类危险源的控制措施通常从制度、操作规程的完备性、管理流程的合理性、作业环境可控性、作业对象完好状态及作业人员技术能力等方面考虑。

（1）工程技术措施

工程技术措施是指作业、设备设施本身固有的控制措施，通常采用的工程技术措施有：

1）消除：通过合理的设计和科学的管理，尽可能从根本上消除危险、危害因素；如职工宿舍区集中供暖取代每间宿舍燃煤采暖，消除一氧化碳中毒这一危险源；

2）预防：当消除危险、危害因素有困难时，可采取预防性技术措施，预防危险、危害发生，如电气设备使用剩余电流保护装置，塔式起重机使用起重量限制器、力矩限制器、起升高度限制器等，建筑施工电梯使用防坠器等；

3）减弱：在无法消除危险、危害因素和难以预防的情况下，可采取减少危险、危害的措施，如高处作业时在易坠落部位下方设置安全防护网、在易触电部位用电时采用安全电压、对突出的金属构筑物安装避雷装置等；

4）隔离：在无法消除、预防、减弱危险和危害的情况下，应将人员与危险和危害因素隔开，或将不能共存的物质分开，如圆盘锯的防护罩、拆除脚手架时设置隔离区、钢筋调直区区域设置隔离带、氧气瓶与乙炔瓶分开放置等；

5）警告：在易发生故障和危险性较大的地方，配置醒目的安全色、安全标志，必要时，设置声、光或声光组合报警装置，如塔式起重机起重力矩设置声音报警装置。

（2）管理措施

通常采用的管理措施有：制定安全管理制度、成立安全管理组织机构、制定安全技术操作规程、编制专项施工方案、组织专家论证、进行安全技术交底、对安全生产进行监控、进行安全检查、技术检测以及实施安全奖罚（考核）等。

凡含有一级、二级风险的分部分项工程或危险性较大的分部分项工程，施工前均应按规定编制专项施工方案。

施工单位应按规定编制专项施工方案。由分包单位负责施工的，应由分包单位编制，并经总包单位、监理单位审查确认。需组织专家进行论证的，应在开工前按规定完成论证审查工作。经批准的专项施工方案确需修改时，应按原审批程序重新审批。

分部分项工程施工前或者有特殊风险项目作业前，都应进行安全技术交底，交底采取分层逐级书面进行。首先由总承包单位项目技术负责人向总承包单位项目部技术人员进行安全技术交底，总承包单位有关技术人员对分包单位工程项目相关技术人员进行安全技术交底，分包单位工程项目相关技术人员对施工作业班组长进行安全技术交底，施工作业班组长对施工作业人员进行安全技术交底。专职安全生产管理人员应对交底情况进行监督。

进行安全技术交底是落实危险源控制措施的必须环节。安全技术交底应包括：

1）工程项目和分部分项工程的概况；

2）工程项目和分部分项工程的危险部位及可能导致的生产安全事故；

3）针对危险部位采取的具体预防措施；

4）作业中应遵守的安全操作规程和规范以及应注意的安全事项；

5）作业人员发现事故隐患应采取的措施和发生事故后应及时采取的躲避和急救措施。

（3）培训教育措施

通常采用的培训教育措施：员工入场三级培训、每年再培训、安全管理人员及特种作业人员继续教育、作业前安全技术交底、体验式安全教育以及其他方面的培训。

（4）个体防护措施

个体防护应使用合格的防护用品。通常采用的个体防护措施：安全帽、安全带、防护服、耳塞、听力防护罩、防护眼镜、防护手套、绝缘鞋、呼吸器等。

（5）应急处置措施

通常采用的应急处置措施：紧急情况分析、应急预案制定、应急知识的培训工作、现场处置方案制定、应急物资准备以及应急演练等。

评价级别为一级的危险源，应增加管控措施并有效落实，将风险降低到可接受或可容许程度，对已识别出的危险源逐一进行风险评价，填写《危险源辨识与风险评价表》，所有评价结果都应确定风险等级，整理编制形成《危险源清单》，重大危险源还需填写《重大危险源清单》。

3.1.4 重大危险源管理

重大危险源控制的目的，不仅是要预防重大事故的发生，而且要做到一旦发生事故，能将事故危害限制到最低程度。由于工业活动的复杂性，需要采用系统工程的思想和方法控制重大危险源。

建筑工程在施工过程中存在的、可能导致作业人员群死群伤或造成重大不良社会影响的危险源。如建筑业高处坠落、触电、物体打击、机械伤害及坍塌等五大伤害及火灾等事故类型，均是可能导致作业人员群死群伤或造成重大不良社会影响的事故类型。因此，重大危险源的识别主要来自对行业事故特点的了解，具体可结合住房和城乡建设部发布的《危险性较大分部分项工程的管理规定》，辨识和控制可能导致作业人员群死群伤或造成重大不良社会影响的事故类型的人的不安全行为和物的不安全状态，并形成重大危险清单进行管控：

（1）依次评价已辨识的危险事件发生的概率。

（2）评价危险事件的后果；

（3）进行风险评价，即评价危险事件发生概率和发生后果的联合作用；

（4）风险控制，即将上述评价结果与安全目标值进行比较，检查风险值是否达到了可接受水平，否则需要进一步采取措施，降低危险水平。

1. 重大危险源的管理

建筑业企业应对建筑施工现场的安全生产负主要责任。在对重大危险源进行辨识和评价后，应针对每一个重大危险源制定出一套严格的安全管理制度，通过技术措施（包括施工技术和施工设备的评估选择、设施的设计、建造、运转、维修以及有计划的检查）和组织措施（包括对人员的培训与指导；提供保证其安全的设备；工作人员水平、工作时间、职责的确定；以及对外部合同工和现场临时工的管理），对重大危险源进行严格控制和管理。

2. 重大危险源的安全报告

要求企业应在规定的期限内，对已辨识和评价的重大危险源向政府主管部门提交安全报告。如属新建的有重大危险源的设施，则应在其投入运转之前提交安全报告。安全报告应详细说明重大危险源的情况，可能引起事故的危险因素以及前提条件，安全操作预防失误的控制措施，可能发生的事故类型，事故发生的可能性及后果，限制事故后果的措施，现场事故应急救援预案等。

3. 事故应急救援预案

事故应急救援预案是重大危险源控制系统的重要组成部分，企业应负责制定现场事故应急救援预案，并且定期检验和评估现场事故应急救援预案和程序的有效程度，以及在必要时进行修订。场外事故应急救援预案，由政府主管部门根据企业提供的安全报告和有关资料制定。事故应急救援预案的目的是抑制突发事件，减少事故对施工人员、居民和环境的危害。因此，事故应急救援预案应提出详尽、实用、明确和有效的技术措施与组织措施。政府主管部门应保证发生事故将要采取的安全措施和正确做法的有关资料，散发给可能受事故影响的公众，并保证公众充分了解发生重大事故时的安全措施，一旦发生重大事故，应尽快报警。每隔适当的时间应修订和重新散发事故应急救援预案宣传材料。

3.2 安全防护设施的设置要求与管理

3.2.1 脚手架工程

脚手架是为了保证各施工过程顺利进行而搭设的工作平台和防护设施。按搭设的位置分为外脚手架、里脚手架；按材料不同可分为木脚手架、竹脚手架、钢管脚手架；按构造形式分为立杆式脚手架、桥式脚手架、门式脚手架、悬吊式脚手架、挂式脚手架、挑式脚手架、爬式脚手架；按搭设的立杆排数，可分单排架、双排架和满堂架。

3.2.1.1 扣件式钢管脚手架

为建筑施工而搭设的工作平台和防护设施，由扣件和钢管等构成的脚手架或支撑架，称为扣件式钢管脚手架。

1. 一般规定

（1）扣件式钢管脚手架应符合《建筑施工扣件式钢管脚手架安全技术规范》JGJ 130—2011 等的规定。

（2）脚手架搭设应有施工方案，搭设悬挑脚手架或高度超过 24m 的落地式钢管脚手架（包括采光井、电梯井脚手架）应单独编制安全专项方案，结构设计应进行设计计算，并按规定进行审批。分段架体搭设高度 20m 及以上的悬挑式钢管脚手架或高度 50m 及以上的落地式钢管脚手架，施工单位应组织专家对专项方案进行论证，并按专家论证意见组织实施。施工方案应完整，能正确指导施工作业。

（3）钢管直径、壁厚、材质应符合规范要求，扣件应进行复试且技术性能符合规范要求，型钢、脚手管弯曲变形、锈蚀应在规范允许范围内。

（4）脚手架搭拆作业人员应经过培训，取得相应的特种作业人员操作资格证，并持证上岗。脚手架搭设前应进行安全技术交底，搭设完毕应办理验收手续，进行量化验收。

（5）脚手架地基与基础的施工，立杆垫板或底座底面标高宜高于自然地坪50～100mm。

（6）脚手架基础经验收合格后，应按施工组织设计或专项施工方案的要求放线定位。

2. 构造要求

单排脚手架搭设高度不应超过24m；双排脚手架搭设高度不宜超过50m，高度超过50m的双排脚手架，应采用分段搭设等措施。

（1）纵向水平杆、横向水平杆、脚手板

脚手架中的水平杆件，沿脚手架纵向设置的水平杆为纵向水平杆；沿脚手架横向设置的水平杆为横向水平杆。

1）纵向水平杆的构造应符合下列规定：

① 纵向水平杆应设置在立杆内侧，单根杆长度不应小于3跨；

② 纵向水平杆接长应采用对接扣件或搭接，并应符合下列规定：

规定一：两根相邻纵向水平杆的接头不应设置在同步或同跨内；不同步或不同跨两个相邻接头在水平方向错开的距离不应小于500mm；各接头中心至最近主节点的距离不应大于纵距的1/3（图3-2-1）。

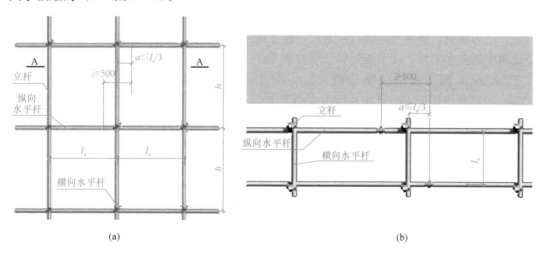

图 3-2-1　纵向水平杆对接接头布置（单位：mm）

（a）接头不在同步内（立面）；（b）接头不在同跨内（A—A平面）

规定二：搭接长度不应小于1m，应等间距设置3个旋转扣件固定；端部扣件盖板边缘至搭接纵向水平杆端的距离不应小于100mm（图3-2-2）。

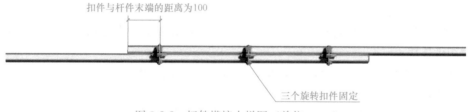

图 3-2-2　杆件搭接大样图（单位：mm）

③ 当使用冲压钢脚手板、木脚手板、竹串片脚手板时，纵向水平杆应作为横向水平杆的支座，用直角扣件固定在立杆上；当使用钢筋网片脚手板或竹笆脚手板时，纵向水平杆应采用直角扣件固定在横向水平杆上，并应等间距设置，间距不应大于400mm。

2）横向水平杆的构造应符合下列规定：

① 作业层上非主节点处的横向水平杆，宜根据支承脚手板的需要等间距设置，最大间距不应大于纵距的1/2；

② 当使用冲压钢脚手板、木脚手板、竹串片脚手板时，双排脚手架的横向水平杆两端均应采用直角扣件固定在纵向水平杆上；单排脚手架的横向水平杆的一端应用直角扣件固定在纵向水平杆上，另一端应插入墙内，插入长度不应小于180mm；

③ 当使用钢筋网片脚手板或竹笆脚手板时，双排脚手架的横向水平杆的两端，应用直角扣件固定在立杆上；单排脚手架的横向水平杆的一端，应用直角扣件固定在立杆上，另一端应插入墙内，插入长度不应小于180mm；

④ 主节点（立杆、纵向水平杆、横向水平杆三杆紧靠的扣接点称为主节点）处必须设置一根横向水平杆，用直角扣件扣接且严禁拆除。

3）脚手板的设置应符合下列规定：

① 作业层脚手板应铺满、铺稳、铺实；

② 冲压钢脚手板、木脚手板、竹串片脚手板等，应设置在三根横向水平杆上。当脚手板长度小于2m时，可采用两根横向水平杆支承，但应将脚手板两端与横向水平杆可靠固定，严防倾翻。脚手板的铺设应采用对接平铺或搭接铺设。脚手板对接平铺时，接头处应设两根横向水平杆，脚手板外伸长度应取130～150mm，两块脚手板外伸长度的和不应大于300mm；脚手板搭接铺设时，接头应支在横向水平杆上，搭接长度不应小于200mm，其伸出横向水平杆的长度不应小于100mm；

③ 钢筋网片脚手板或竹笆脚手板应按其主钢（竹）筋垂直于纵向水平杆方向铺设，且应对接平铺，四个角应用直径不小于1.2m的镀锌钢丝固定在纵向水平杆上；

④ 作业层端部脚手板探头长度应取150mm，其板的两端均应固定于支承杆件上。

（2）立杆

1）每根立杆底部宜设置底座或垫板；

2）脚手架必须设置纵、横向扫地杆。纵向扫地杆应采用直角扣件固定在距钢管底端不大于200mm处的立杆上。横向扫地杆应采用直角扣件固定在紧靠纵向扫地杆下方的立杆上；

3）脚手架立杆基础不在同一高度时，必须将高处的纵向扫地杆向低处延长两跨与立杆固定，高低差不应大于1m。靠边坡上方的立杆轴线到边坡的距离不应小于500mm（图3-2-3）；

4）单、双排脚手架底层步距均不应大于2m；

5）单、双排脚手架与满堂脚手架立杆接长除顶层顶步外，其余各层各步接头必须采用对接扣件连接；

6）脚手架立杆顶端栏杆宜高出女儿墙上端1m，宜高出檐口上端1.5m。

（3）连墙件

将脚手架架体与建筑主体结构连接，能够传递拉力和压力的构件，称为连墙件

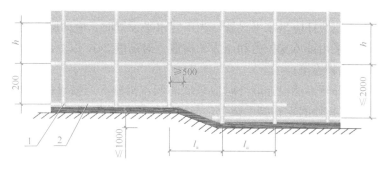

图 3-2-3 高度不同脚手架基础设置示意图（单位：mm）

1—横向扫地杆；2—纵向扫地杆；h—步距

（图 3-2-4）。

1）脚手架连墙件设置的位置、数量应按专项施工方案确定。

2）脚手架连墙件布置间距宜按表 3-2-1 的规定。

连墙件布置最大间距　　　　　　　　　　表 3-2-1

搭设方法	高度	竖向间距	水平间距	每根连墙件覆盖面积/m²
双排落地	≤50m	$3h$	$3l_a$	≤40
双排悬挑	>50m	$2h$	$3l_a$	≤27
单排	≤24m	$3h$	$3l_a$	≤40

注：h——步距；l_a——纵距。

3）连墙件的布置（图 3-2-4）应符合下列规定：

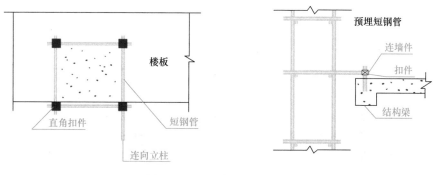

图 3-2-4 连墙件布置示意图

① 应靠近主节点设置，偏离主节点的距离不应大于 300mm；

② 应从底层第一步纵向水平杆处开始设置，当该处设置有困难时，应采用其他可靠措施固定；

③ 应优先采用菱形布置，或采用方形、矩形布置。

4）开口型脚手架的两端必须设置连墙件，连墙件的垂直间距不应大于建筑物的层高，并且不应大于 4m；

5）连墙件中的连墙杆应呈水平设置，当不能水平设置时，应向脚手架一端下斜连接；

6）连墙件必须采用可承受拉力和压力的构造。对高度 24m 以上的双排脚手架，应采用刚性连墙件与建筑物连接；

7）当脚手架下部暂不能设连墙件时应采取防倾覆措施。当搭设抛撑时，抛撑应采用通长杆件，并用旋转扣件固定在脚手架上，与地面的倾角应在 $45°\sim60°$；连接点中心与主节点的距离不应大于 300mm。抛撑应在连墙件搭设后方可拆除；

8）架高超过 40m 且有风涡流作用时，应采取抗上升翻流作用的连墙措施。

（4）门洞

1）单、双排脚手架门洞宜采用上升斜杆、平行弦杆桁架结构形式（图 3-2-5），斜杆与地面的倾角 α 应在 $45°\sim60°$ 之间。门洞桁架的型式宜按下列要求确定：

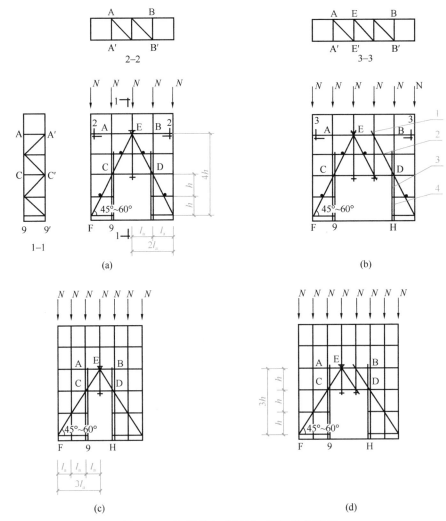

图 3-2-5 门洞处上升斜杆、平行弦杆桁架

（a）挑空一根立杆（A 型）；（b）挑空两根立杆（A 型）；（c）挑空一根立杆（B 型）；（d）挑空两根立杆（B 型）

1—防滑扣件；2—增设的横向水平杆；3—副立杆；4—主立杆

① 当步距（h）小于纵距（l_a）时，应采用 A 型；

② 当步距（h）大于纵距（l_a）时，应采用 B 型，并应符合下列规定：

规定一：$h=1.8m$ 时，纵距不应大于 1.5m；

规定二：$h=2.0m$ 时，纵距不应大于 1.2m。

2）单、双排脚手架门洞桁架的构造应符合下列规定：

① 单排脚手架门洞处，应在平面桁架（图 3-2-5 中 ABCD）的每一节间设置一根斜腹杆；双排脚手架门洞处的空间桁架，除下弦平面外，应在其余 5 个平面内的图示节间设置一根斜腹杆（具体设置见图 3-2-5 中 1—1、2—2、3—3 剖面图示意）。

② 斜腹杆宜采用旋转扣件固定在与之相交的横向水平杆伸出端上，旋转扣件中心线至主节点的距离不宜大于 150mm。当斜腹杆在 1 跨内跨越 2 个步距（图 3-2-5 中 A 型小黑点位置）时，宜在相交的纵向水平杆处，增设一根横向水平杆，将斜腹杆固定在其伸出端上。

③ 斜腹杆宜采用通长杆件，当必须接长使用时，宜采用对接扣件连接，也可采用搭接，搭接构造应符合技术规范的相关规定。

3）单排脚手架过窗洞时应增设立杆或增设一根纵向水平杆（图 3-2-6）。

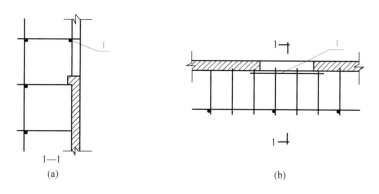

图 3-2-6　单排脚手架过窗洞构造

（a）1—1 剖面增设立杆和纵向水平杆示意图；（b）增设纵向水平杆示意图

1—增设的纵向水平杆

4）门洞桁架下的两侧立杆应为双管立杆，副立杆（即增设的非贯通立杆）高度应高于门洞口 1～2 步。

5）门洞桁架中伸出上下弦杆的杆件端头，均应增设一个防滑扣件（图 3-2-5），该扣件宜紧靠主节点处的扣件。

（5）剪刀撑与横向斜撑

在脚手架外侧呈剪刀状设置的交叉斜杆，称为剪刀撑（图 3-2-7）。

与双排脚手架内、外立杆或水平杆斜交呈之字形的斜杆，称为横向斜撑。

1）双排脚手架应设置剪刀撑与横向斜撑，单排脚手架应设置剪刀撑。

2）单、双排脚手架剪刀撑的设置应符合下列规定：

① 每道剪刀撑跨越立杆的根数应按表 3-2-2 的规定确定。每道剪刀撑宽度不应小于 4 跨，且不应小于 6m，斜杆与地面的倾角应在 45°～60° 之间；

剪刀撑跨越立杆的最多根数　　　　　　　　　　　　　　　　　表 3-2-2

剪刀撑斜杆与地面的倾角 α	45°	50°	60°
剪刀撑跨越立杆的最多根数 n	7	6	5

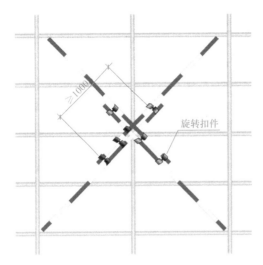

图 3-2-7　剪刀撑搭设方法示意图

② 剪刀撑斜杆的接长应采用搭接或对接，搭接应符合技术规范要求（图 3-2-7）；

③ 剪刀撑斜杆应用旋转扣件固定在与之相交的横向水平杆伸出端或立杆上，旋转扣件中心线至主节点的距离不应大于 150mm。

3）高度在 24m 以下的单、双排脚手架，均必须在外侧两端、转角及中间间隔不超过 15m 的立面上，各设置一道剪刀撑，并应由底至顶连续设置（图 3-2-8）。高度在 24m 及以上的双排脚手架应在外侧全立面连续设置剪刀撑（图 3-2-9）。

4）双排脚手架横向斜撑的设置应符合下列规定（图 3-2-10）：

① 横向斜撑应在同一节间，由底至顶层呈之字形连续布置；

② 高度在 24m 以下的封闭型双排脚手架可不设横向斜撑，高度在 24m 以上的封闭型脚手架，除拐角应设置横向斜撑外，中间应每隔 6 跨距设置一道。

5）开口型双排脚手架的两端均必须设置横向斜撑。

（6）斜道

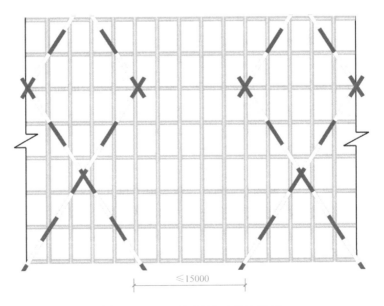

图 3-2-8　24m 以下外架立面布置图

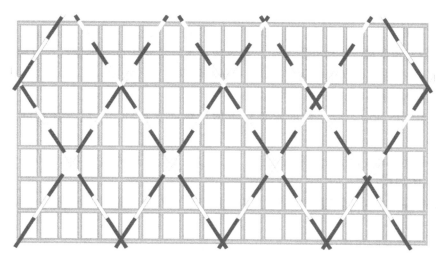

图 3-2-9　24m 以上外架立面布置图

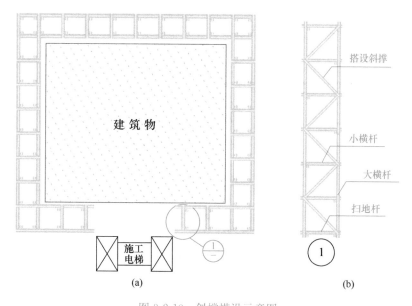

(a)　　　　　　　　　　　(b)

图 3-2-10　斜撑搭设示意图

（a）外脚手架平面布置图；（b）横向斜撑详图

1）人行并兼作材料运输的斜道的型式宜按下列要求确定：

① 高度不大于 6m 的脚手架，宜采用一字型斜道；

② 高度大于 6m 的脚手架，宜采用之字型斜道。

2）斜道的构造应符合下列规定：

① 斜道应附着外脚手架或建筑物设置；

② 运料斜道宽度不应小于 1.5m，坡度不应大于 1∶6；人行斜道宽度不应小于 1m，坡度不应大于 1∶3；

③ 拐弯处应设置平台，其宽度不应小于斜道宽度；

④ 斜道两侧及平台外围均应设置栏杆及挡脚板。栏杆高度应为 1.2m，挡脚板高度不应小于 180mm；

⑤ 运料斜道两端、平台外围和端部均应按技术规范要求设置连墙件；每两步应加设水平斜杆；应按技术规范要求设置剪刀撑和横向斜撑。

3）斜道脚手板构造应符合下列规定：

① 脚手板横铺时，应在横向水平杆下增设纵向支托杆，纵向支托杆间距不应大于 500mm；

② 脚手板顺铺时，接头应采用搭接，下面的板头应压住上面的板头，板头的凸棱处应采用三角木填顺；

③ 人行斜道和运料斜道的脚手板上应每隔 250～300mm 设置一根防滑木条，木条厚度应为 20～30mm。

（7）型钢悬挑脚手架

1）一次悬挑脚手架高度不宜超过 20m。

2）型钢悬挑梁宜采用双轴对称截面的型钢。悬挑钢梁型号及锚固件应按设计确定，钢梁截面高度不应小于 160mm。悬挑梁尾端应在两处及以上固定于钢筋混凝土梁板结构上。锚固型钢悬挑梁的 U 型钢筋拉环或锚固螺栓直径不宜小于 16mm（图 3-2-11、图 3-2-13）。

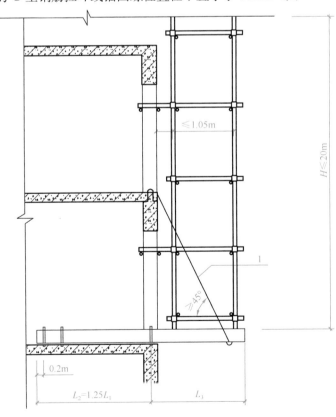

图 3-2-11　型钢悬挑脚手架构造
1—钢丝绳或钢拉杆

3）用于锚固的 U 型钢筋拉环或螺栓应采用冷弯成型。U 型钢筋拉环、锚固螺栓与型钢间隙应用钢楔或硬木楔楔紧。

4）每个型钢悬挑梁外端宜设置钢丝绳或钢拉杆与上一层建筑结构斜拉结。钢丝绳、钢拉杆不参与悬挑钢梁受力计算；钢丝绳与建筑结构拉结的吊环应使用 HPB235 级（或 HPB300 级）钢筋，其直径不宜小于 20mm，吊环预埋锚固长度应符合现行国家标准《混凝土结构设计规范》GB 50010 中钢筋锚固的规定（图 3-2-11）。

5）悬挑钢梁悬挑长度应按设计确定，固定段长度不应小于悬挑段长度的 1.25 倍。型钢悬挑梁固定端应采用 2 个（对）及以上 U 型钢筋拉环或锚固螺栓与建筑结构梁板固定，U 型钢筋拉环或锚固螺栓应预埋至混凝土梁、板底层钢筋位置，并应与混凝土梁、板底层钢筋焊接或绑扎牢固，其锚固长度应符合现行国家标准《混凝土结构设计规范》GB 50010 中钢筋锚固的规定。U 型钢筋拉环底部内侧设置 2 根 1.5m 长直径 18mm 的 HRB335 钢筋（图 3-2-12）。

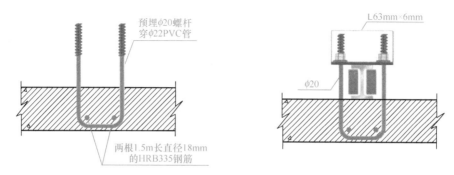

图 3-2-12　悬挑钢梁 U 型螺栓固定构造（单位：mm）

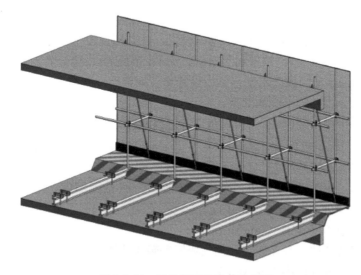

图 3-2-13　悬挑脚手架整体效果图

6）当型钢悬挑梁与建筑结构采用螺栓钢压板连接固定时，钢压板尺寸不应小于 100mm×10mm（宽×厚）；当采用螺栓角钢压板连接时，角钢的规格不应小于 63mm×63mm×6mm。

7）型钢悬挑梁悬挑端应设置能使脚手架立杆与钢梁可靠固定的定位点，定位点离悬挑梁端部不应小于 100mm。

8）锚固位置设置在楼板上时，楼板的厚度不宜小于 120mm。如果楼板的厚度小于 120mm 应采取加固措施。

9）悬挑梁间距应按悬挑架架体立杆纵距设置，每一纵距设置一根。

10）悬挑架的外立面剪刀撑应自下而上连续设置。剪刀撑设置应符合本章节第（5）条的规定。

11）连墙件设置应符合本章节第（3）条的规定。

12）锚固型钢的主体结构混凝土强度等级不得低于 C20。

3. 脚手架搭设要求

（1）脚手架搭设前，应按专项施工方案向施工人员进行安全和技术交底。

（2）应按《建筑施工扣件式钢管脚手架安全技术规范》JGJ 130—2011 和专项方案要求对钢管、扣件、脚手板等进行检查验收，不合格不得使用。

（3）单、双排脚手架必须配合施工进度搭设，一次搭设高度不应超过相邻连墙件以上两步；如果超过相邻连墙件以上两步，无法设置连墙件时，应采取撑拉固定措施与建筑结构拉结。

（4）底座、垫板均应准确地放在定位线上；垫板宜采用长度不少于 2 跨、厚度不小于 50mm 宽度不小于 200mm 的木垫板。

（5）脚手架开始搭设立杆时，应每隔 6 跨设置一根抛撑，直至连墙件安装稳定后，方可根据情况拆除。

（6）当架体搭设至有连墙件的主节点时，在搭设完该处的立杆、纵向水平杆、横向水平杆后，应立即设置连墙件。

（7）脚手架纵向水平杆应随立杆按步搭设，并应采用直角扣件与立杆固定；在封闭型脚手架的同一步中，纵向水平杆应四周交圈设置，并应用直角扣件与内外角部立杆固定。

（8）搭设横向水平杆时，双排脚手架横向水平杆的靠墙一端至墙装饰面的距离不应大于 100mm；单排脚手架的横向水平杆不应设置在下列部位设置脚手眼：

1）设计上不允许留脚手眼的部位；

2）过梁上与过梁两端成 60°角的三角形范围内及过梁净跨度 1/2 的高度范围内；

3）宽度小于 1m 的窗间墙；

4）梁或梁垫下及其两侧各 500mm 的范围内；

5）砖砌体的门窗洞口两侧 200mm 和转角处 450mm 的范围内；其他砌体的门窗洞口两侧 300mm 和转角处 600mm 的范围内；

6）墙体厚度小于或等于 180mm；

7）独立或附墙砖柱，空斗砖墙、加气块墙等轻质墙体；

8）砌筑砂浆强度等级小于或 M2.5 的砖墙。

（9）脚手架连墙件安装应符合卜列规定：

1）连墙件的安装应随脚手架搭设同步进行，不得滞后安装；

2）当单、双排脚手架施工操作层高出相邻连墙件以上两步时，应采取确保脚手架稳定的临时拉结措施，直到上一层连墙件安装完毕后再根据情况拆除。

（10）脚手架剪刀撑与双排脚手架横向斜撑应随立杆、纵向和横向水平杆等同步搭设，不得滞后安装。

（11）作业层、斜道的栏杆和挡脚板均应搭设在外立杆的内侧；上栏杆上皮高度应为1.2m；挡脚板高度不应小于180mm；中栏杆应居中设置。

（12）脚手板应铺满、铺稳，离墙面的距离不应大于150mm；脚手板探头应用直径3.2mm镀锌钢丝固定在支承杆件上；在拐角、斜道平台口处的脚手板，应用镀锌钢丝固定在横向水平杆上，防止滑动。

4. 架体防护（图3-2-14）

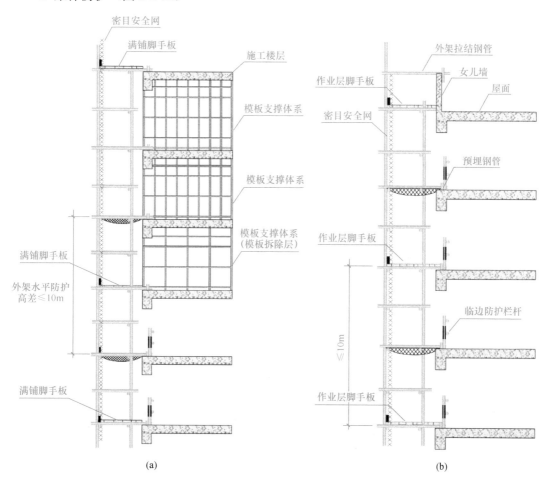

图3-2-14　脚手架架体防护
（a）主体结构施工阶段；（b）安装及装修施工阶段

（1）架体立面防护：脚手架外立面应用阻燃性能的密目式安全网封闭，安全网应张紧、无破损。

（2）作业层脚手板应铺满，绑扎牢固；脚手架应每隔两层且高度不超过10m设水平防护，水平防护必须延至建筑物边缘；脚手板应固定可靠，脚手板端头可用镀锌铁丝固定在小横杆上。

5. 脚手架拆除

(1) 脚手架拆除应按专项方案施工，拆除前应做好下列准备工作：

1) 应全面检查脚手架的扣件连接、连墙件、支撑体系等是否符合构造要求；

2) 应根据检查结果补充完善施工脚手架专项方案中的拆除顺序和措施，经审批后方可实施；

3) 拆除前应对施工人员进行交底；

4) 应清除脚手架上杂物及地面障碍物。

(2) 单、双排脚手架拆除作业必须由上而下逐层进行，严禁上下同时作业；连墙件必须随脚手架逐层拆除，严禁先将连墙件整层或数层拆除后再拆脚手架；分段拆除高差大于两步时，应增设连墙件加固。

(3) 当脚手架拆至下部最后一根长立杆的高度（约 6.5m）时，应先在适当位置搭设临时抛撑加固后，再拆除连墙件。当单、双排脚手架采取分段、分立面拆除时，对不拆除的脚手架两端，应先按有关规定设置连墙件和横向斜撑加固。

(4) 架体拆除作业应设专人指挥，当有多人同时操作时，应明确分工、统一行动，且应具有足够的操作面。

(5) 脚手架的拆除作业不得重锤击打、撬别。卸料时各构配件严禁抛掷至地面。

(6) 运至地面的构配件应按《建筑施工扣件式钢管脚手架安全技术规范》JGJ 130—2011 的规定及时检查、整修与保养，并应按品种、规格分别存放。

6. 脚手架检查与验收

(1) 脚手架及其地基基础的阶段检查与验收

1) 基础完工后及脚手架搭设前；

2) 作业层上施加荷载前；

3) 每搭设完 6～8m 高度后；

4) 达到设计高度后；

5) 遇有 6 级强风及以上风或大雨后；冻结地区解冻后；

6) 停用超过一个月。

(2) 脚手架定期检查内容

1) 杆件的设置和连接，连墙件、支撑、门洞桁架等的构造应符合《建筑施工扣件式钢管脚手架安全技术规范》JGJ 130—2011 和专项施工方案要求；

2) 地基应无积水，底座应无松动，立杆应无悬空；

3) 扣件螺栓应无松动；

4) 高度在 24m 以上的双排、满堂脚手架，高度在 20m 以上的满堂支撑架，其立杆的沉降与垂直度的偏差是否符合技术规范要求；

5) 安全防护措施应符合本规范要求；

6) 应无超载使用。

7. 安全管理

(1) 搭拆脚手架人员必须戴安全帽、系安全带、穿防滑鞋。

(2) 钢管上严禁打孔。

(3) 作业层上的施工荷载应符合设计要求，不得超载。不得将模板支架、缆风绳、泵送混凝土和砂浆的输送管等固定在架体上；严禁悬挂起重设备，严禁拆除或移动架体上安全防护设施。

（4）满堂支撑架在使用过程中，应设有专人监护施工，当出现异常情况时，应停止施工，并应迅速撤离作业面上人员。应在采取确保安全的措施后，查明原因、做出判断和处理。

（5）满堂支撑架顶部的实际荷载不得超过设计规定。

（6）当有六级及以上强风、浓雾、雨或雪天气时应停止脚手架搭设与拆除作业。雨、雪后上架作业应有防滑措施，并应扫除积雪。

（7）夜间不宜进行脚手架搭设与拆除作业。

（8）脚手板应铺设牢靠、严实，并应用安全网双层兜底。施工层以下每隔 10m 应用安全网封闭。

（9）单、双排脚手架、悬挑式脚手架沿墙体外围应用密目式安全网全封闭，密目式安全网宜设置在脚手架外立杆的内侧，并应与架体结扎牢固。

（10）在脚手架使用期间，严禁拆除下列杆件：

1）主节点处的纵、横向水平杆；

2）纵、横向扫地杆；

3）连墙件。

（11）当在脚手架使用过程中开挖脚手架基础下的设备或管沟时，必须对脚手架采取加固措施。

（12）满堂脚手架与满堂支撑架在安装过程中，应采取防倾覆的临时固定措施。

（13）临街搭设脚手架时，外侧应有防止坠物伤人的防护措施。

（14）在脚手架上进行电、气焊作业时，应有防火措施和专人看守。

（15）工地临时用电线路的架设及脚手架接地、避雷措施等，应按现行行业标准《建筑与市政工程施工现场临时用电安全技术标准》JGJ/T 46 的有关规定执行。

（16）搭拆脚手架时，地面应设围栏和警戒标志，并应派专人看守，严禁非操作人员入内。

3.2.1.2 附着式升降脚手架

附着式升降脚手架是指搭设一定高度并附着于工程结构上，依靠自身的升降设备和装置，可随工程结构逐层爬升或下降，具有防倾覆、防坠落装置的外脚手架（图 3-2-15）。

附着式升降
脚手架

1. 一般规定

（1）附着式升降脚手架应符合《建筑施工工具式脚手架安全技术规范》JGJ 202—2010、《液压升降整体脚手架安全技术标准》JGJ/T 183—2019 等规定。

（2）附着式升降脚手架搭设、拆除作业前应根据工程结构、施工环境等特点编制专项施工方案，并应经总承包单位技术负责人审批、项目总监理工程师审核后实施。架体提升高度在 150m 及以上的专项施工方案应经专家论证。

（3）总承包单位必须将工具式脚手架专业工程发包给具有相应资质等级的专业队伍，并应签订专业承包合同，明确总包、分包或租赁等各方的安全生产责任。

2. 构造措施

（1）附着式升降脚手架是由竖向主框架、水平支承桁架、架体构架、附着支承结构、

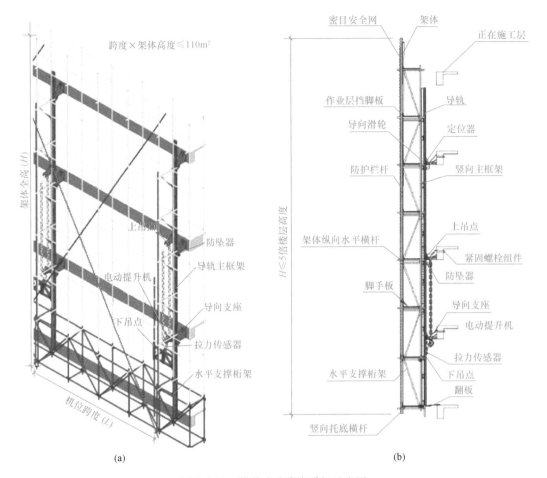

图 3-2-15　附着式升降脚手架示意图

（a）附着式升降脚手架立面图；（b）剖立面图

防倾装置、防坠装置等组成（图 3-2-16）。

（2）附着式升降脚手架结构构造尺寸

附着式升降脚手架结构构造的尺寸应符合下列规定：

1）架体高度不应大于 5 倍楼层高；

2）架体宽度不应大于 1.2m；

3）直线布置的架体支承跨度不得大于 7m，折线或曲线布置的架体，相邻两主框架支撑点处的架体外侧距离不得大于 5.4m；

4）架体的水平悬挑长度不应大于 2m，且不得大于跨度的 1/2；

5）架体全高与支承跨度的乘积不得大于 110m²。

（3）附着支承结构

附着支承结构应包括附墙支座、悬臂梁及斜拉杆，其构造应符合下列规定：

1）竖向主框架所覆盖的每个楼层处应设置一道附墙支座；

2）在使用工况时，应将竖向主框架固定于附墙支座上；

3）在升降工况时，附墙支座上应设有防倾、导向的结构装置；

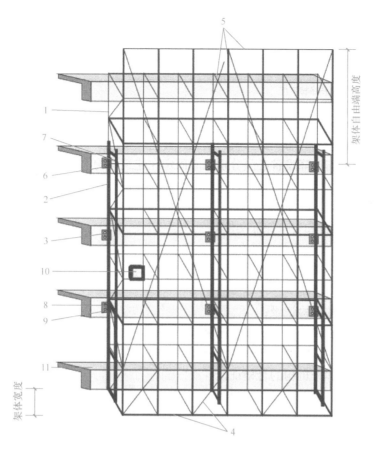

图 3-2-16　单片式主框架的架体示意图

1—竖向主框架（单片式）；2—导轨；3—附墙支座（含防倾覆、防坠落装置）；4—水平支承桁架；
5—架体构架；6—升降设备；7—升降上吊挂件；8—升降下吊点（含荷载传感器）；
9—定位装置；10—同步控制装置；11—工程结构

4）附墙支座应采用锚固螺栓与建筑物连接，受拉螺栓的螺母不得少于两个。或应采用弹簧螺杆垫圈加单螺母，露出螺母端部长度应不少于 3 扣，并不得小于 10mm，垫板尺寸应由设计确定，且不得小于 100mm×100mm×10mm；

5）附墙支座支承在建筑物上连接处混凝土的强度应按设计要求确定，且不得小于 C10。

（4）物料平台不得与附着式升降脚手架各部位和各结构构件相连，其荷载应直接传递给建筑结构构件。

3. 安全装置

附着式升降脚手架必须具有防倾覆、防坠落和同步升降控制的安全装置。

防坠落装置必须符合以下规定：

1）防坠落装置应设置在竖向主框架处并附着在建筑结构上，每一升降点不得少于一个防坠落装置，防坠落装置在使用和升降工况下都必须起作用；

2）防坠落装置必须采用机械式的全自动装置，严禁使用每次升降都需重组的手动装置；

3）防坠落装置技术性能除应满足承载能力要求外，还应符合表 3-2-3 的规定：

防坠落装置技术性能 表 3-2-3

脚手架类别	制动距离/mm
整体式升降脚手架	≤80
单片式升降脚手架	≤150

4）防坠落装置应具有防尘防污染的措施，并应灵敏可靠和运转自如；

5）防坠落装置与升降设备必须分别独立固定在建筑结构上；

6）钢吊杆式防坠落装置，钢吊杆规格应由计算确定，且不应小于 $\phi25mm$。

4. 附着式升降脚手架验收

（1）安装前的质量和安全保证文件

附着式升降脚手架安装前应具有下列文件：

1）相应资质证书及安全生产许可证；

2）附着式升降脚手架的鉴定或验收证书；

3）产品进场前的自检记录；

4）特种作业人员和管理人员岗位证书；

5）各种材料、工具的质量合格证、材质单、测试报告；

6）主要部件及提升机构的合格证。

（2）阶段检查与验收

附着式升降脚手架应在下列阶段进行检查与验收：

1）首次安装完毕；

2）提升或下降前；

3）提升、下降到位，投入使用前。

3.2.1.3 高处作业吊篮

高处作业吊篮是指悬挑机构架设于建筑物或构筑物上，利用提升机驱动悬吊平台，通过钢丝绳沿建筑物或构筑物立面上下运行的施工设施，也是为操作人员设置的作业平台（图 3-2-17）。

（1）高处作业吊篮组成

高处作业吊篮应由悬挂机构、吊篮平台、提升机构、防坠落机构、电气控制系统、钢丝绳和配套附件、连接件组成。

（2）高处作业吊篮产品质量要求

必须使用厂家生产的定型产品，设备要有制造许可证、产品合格证和产品使用说明书。

（3）安装前技术交底要求

安装前，必须对有关技术和操作人员进行安全技术交底，要求内容齐全、有针对性，交底双方签字。

（4）安装及验收要求

1）悬挂机构前支架严禁支撑在女儿墙上、女儿墙外或建筑物挑檐边缘。

2）配重件应稳定可靠地安放在配重架上，并应有防止随意移动的措施。严禁使用破

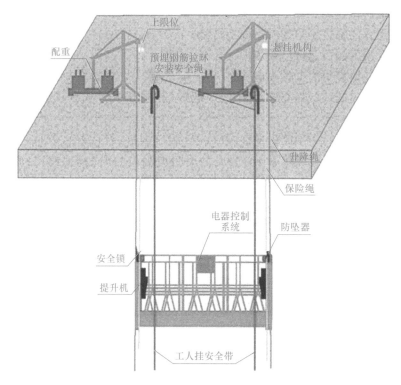

图 3-2-17　高处作业吊篮示意图

损的配重件或其他替代物。配重件的重量应符合设计规定。

3）悬挂机构前支架应与支撑面保持垂直，脚轮不得受力。

4）安装完毕后经使用单位、安装单位、总包单位验收合格方可使用。

5）高处作业吊篮在使用前必须经过施工、安装、监理等单位的验收，未经验收或验收不合格的吊篮不得使用。

（5）使用要求

吊篮内的作业人员不应超过两名。吊篮内的作业人员应将安全带用安全锁扣正确挂置在独立设置的专用安全绳上；安全绳应固定在建筑物可靠位置上，不得与吊篮任何部位连接。

3.2.2　高处作业的安全管理要点

3.2.2.1　高处作业概述

1. 高处作业的定义

高处作业是指凡在坠落高度基准面 2m 以上（含 2m），有可能坠落的高处进行的作业。高处作业易发生高处坠落、物体打击等安全事故。高处作业要严格遵守《建筑施工高处作业安全技术规范》JGJ 80—2016。

2. 高处作业的安全隐患主要表现形式

（1）作业人员不正确佩戴安全帽，在无可靠安全防护措施的情况下不按规定系挂安全带。

（2）作业人员患有不适宜高处作业的疾病。

（3）违章酒后作业。

（4）各种形式的临边无防护或防护不严密。

（5）各种类型的洞口无防护或防护不严密。

（6）攀登作业所使用的工具不牢固。

（7）设备、管道安装、临空构筑物模板支设、钢筋绑扎、安装钢筋骨架、框架、过梁、雨篷、小平台混凝土浇筑等作业无操作架，操作架搭设不牢固，防护不严密。

（8）构架式操作平台、预制钢平台设计、安装、使用不符合安全要求。

（9）不按安全操作程序组织施工，地上地下同时施工，多层多工种交叉作业。

（10）安全设施无人监管，在施工中任意拆除、改变。

（11）高处作业的作业面材料、工具乱堆乱放。

（12）高温季节施工无良好的防暑降温措施。

3. 高处作业基本要求

（1）高处作业安全技术措施的编制

建筑施工中凡涉及临边与洞口作业、攀登与悬空作业、操作平台、交叉作业及安全防护网搭设的，应在施工组织设计或施工方案中制定高处作业安全技术措施。

（2）安全防护设施的要求、检查和验收

所谓安全防护设施，是指在高处施工作业中，能将危险、有害因素控制在安全范围内，以及减少、预防和消除危害所配置的设备和采取的措施。安全防护设施宜采用定型化、工具化设施，防护栏应为黑黄或红白相间的条纹标示，盖件应为黄或红色标示。

高处作业施工前，应按类别对安全防护设施进行检查、验收，验收合格后方可进行作业，并应做好验收记录。验收可分层或分阶段进行。需要临时拆除或变动安全设施的，应采取可靠措施，作业后应立即恢复。

现场安全防护设施验收应包括下列主要内容：

1）防护栏杆的设置与搭设；

2）攀登与悬空作业的用具与设施搭设；

3）操作平台及平台防护设施的搭设；

4）防护棚的搭设；

5）安全网的设置；

6）安全防护设施、设备的性能与质量、所用的材料、配件的规格；

7）设施的节点构造，材料配件的规格、材质及其与建筑物的固定、连接状况。

安全防护设施验收资料应包括下列主要内容：

1）施工组织设计中的安全技术措施或施工方案；

2）安全防护用具用品、材料和设备产品合格证明；

3）安全防护设施验收记录；

4）预埋件隐蔽验收记录；

5）安全防护设施变更记录。

（3）从事高处作业的人员要求

凡从事高处作业人员应接受高处作业安全知识的教育；特种高处作业人员应持证上岗，上岗前应依据有关规定进行专门的安全技术交底并记录。采用新工艺、新技术、新材料和新设备的，应按规定对作业人员进行相关安全技术教育。

（4）高处作业要求

1）施工单位应按类别、有针对性地将各类安全警示标志悬挂于施工现场各相应部位，夜间应设红灯示警。

2）高处作业应设置联系信号或通信装置，并指定专人负责。高处作业人员必须佩戴安全带。

3）高处作业所用工具、材料严禁投掷，上下立体交叉作业确有需要时，中间须设隔离设施。

4）应有专人对各类安全防护设施进行检查和维修保养，发现隐患应及时采取整改措施。

5）在雨、霜、雾、雪等天气进行高处作业时，应采取防滑、防冻和防雷措施，并应及时清除作业面上的水、冰、雪、霜。当遇有 6 级及以上强风、浓雾、沙尘暴等恶劣气候，不得进行露天攀登与悬空高处作业。雨雪天气后，应对高处作业安全设施进行检查，当发现有松动、变形、损坏或脱落等现象时，应立即修理完善，维修合格方可使用。

3.2.2.2 临边与洞口作业安全防范措施

1. 临边作业

在工作面边沿无围护或围护设施高度低于 800mm 的高处作业，包括楼板边、楼梯段边、屋面边、阳台边、各类坑、沟、槽等边沿的高处作业，这类作业称为临边作业。在进行临边作业时设置的安全防护设施主要为防护栏杆和安全网。

临边和洞口
作业防护

（1）在坠落高度基准面 2m 及以上进行临边作业时，应在临空一侧设置防护栏杆，并应采用密目式安全立网或工具式栏板封闭（图 3-2-18）。

（2）施工的楼梯口、楼梯平台和梯段边，应安装防护栏杆；外设楼梯口、楼梯平台和梯段边还采用密目式安全立网封闭。

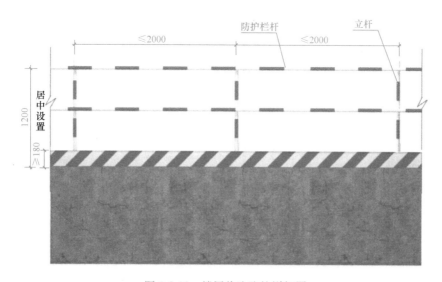

图 3-2-18 楼层临边防护详解图

（3）建筑物外围边沿处，对没有设置外脚手架的工程，应设置防护栏杆（图 3-2-19）；对有外脚手架的工程，应采用密目式安全立网全封闭。密目式安全立网应设置在脚手架外侧立杆上，并应与脚手杆紧密连接。

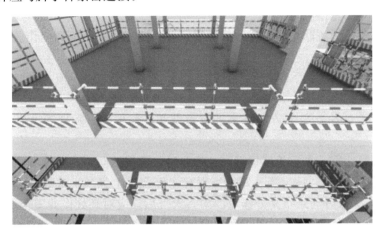

图 3-2-19　楼层临边防护效果图

（4）施工升降机、龙门架和井架物料提升机等在建筑物间设置的停层平台两侧边，应设置防护栏杆、挡脚板，并应采用密目式安全立网或工具式栏板封闭（图 3-2-20）。

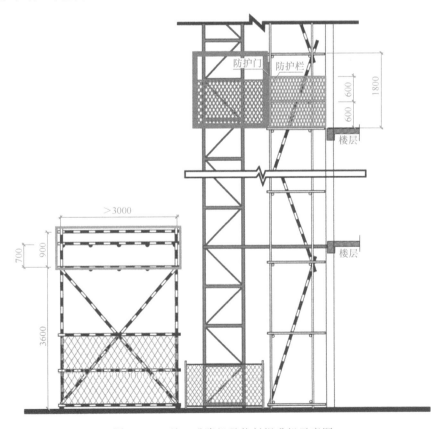

图 3-2-20　施工升降机及物料提升机示意图

（5）停层平台应设置高度不低于 1.80m 的楼层防护门，并应设置防外开装置。井架物料提升机通道，应分别设置隔离设施（图 3-2-21）。

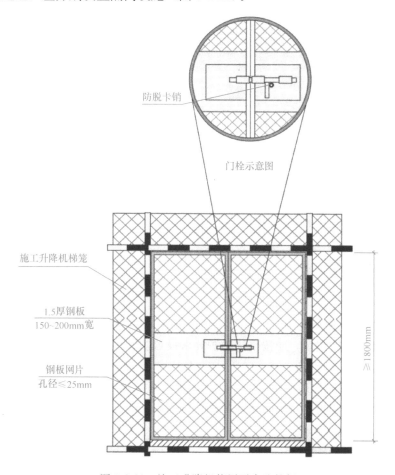

防脱卡销

门栓示意图

施工升降机梯笼

1.5厚钢板
150~200mm宽

钢板网片
孔径≤25mm

≥1800mm

图 3-2-21　施工升降机停层平台防护门

2. 洞口作业防护

在地面、楼面、屋面和墙面等有可能使人和物料坠落，其坠落高度大于或等于2m的洞口处的高处作业，这类作业称为洞口作业。施工现场的洞口主要有竖向洞口和非竖向洞口。洞口作业的防护措施主要有设置防护栏杆、栅门、格栅及架设安全网等多种方式。

（1）建筑物内洞口防护措施

洞口作业时，应采取防坠落措施，并应符合下列规定：

1）竖向洞口防护措施

① 当竖向洞口短边边长小于 500mm 时，应采取封堵措施；当垂直洞口短边边长大于或等于 500mm 时，应在临空一侧设置高度不小于 1.2m 的防护栏杆，并应采用密目式安全立网或工具式栏板封闭，设置挡脚板。

② 电梯井口应设置防护门，其高度不应小于 1.5m，防护门底端距地面高度不应大于 50mm，并应设置挡脚板（图 3-2-22）。在电梯施工前，电梯井道内每隔 2 层且不大于 10m 加设一道安全平网。电梯井内的施工层上部，应设置隔离防护设施。

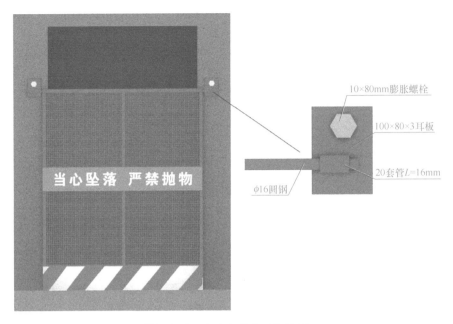

图 3-2-22　室内电梯井口防护门

③ 墙面等处落地的竖向洞口、窗台高度低于 800mm 的竖向洞口及框架结构在浇筑完混凝土未砌筑墙体时的洞口，应按临边防护要求设置防护栏杆（图 3-2-23）。

2）非竖向洞口防护措施

① 当非竖向洞口短边边长为 25～500mm 时，应采用承载力满足使用要求的盖板覆盖，盖板四周搁置应均衡，且应防止盖板移位（图 3-2-24）；

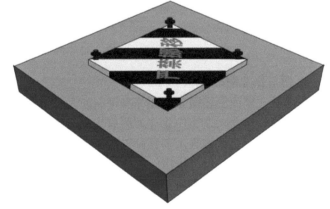

图 3-2-23　窗洞口防护示意图　　　　　图 3-2-24　短边边长为 25～1500mm 非竖向洞口

② 当非竖向洞口短边边长为 500～1500mm 时，应采用盖板覆盖（图 3-2-24）或防护栏杆（图 3-2-25）等措施，并应固定牢固；

③ 当非竖向洞口短边边长大于或等于 1500mm 时，应在洞口作业侧设置高度不小于 1.2m 的防护栏杆，洞口应采用安全平网封闭（图 3-2-25）。

3）洞口盖板应能承受不小于 1kN 的集中荷载和不小于 2kN/m² 的均布荷载，有特殊

图 3-2-25　短边边长大于或等于 1500mm 非竖向洞口

要求的盖板应另行设计。

（2）其他洞口防护措施

1）钢管桩、钻孔桩等桩孔口，柱形条形等基础上口，未填土的坑、槽口，以及天窗、地板门和化粪池等处，都要作为洞口而设置稳固的盖件。

2）在施工现场与场地通道附近的各类洞口与深度在 2m 以上的敞口等处除设置防护设施与安全标志外，夜间还应设红灯示警。

3）物料提升机上料口，应装设有联锁装置的安全门，同时采用断绳保护装置或安全停靠装置；通道口走道板应满铺并固定牢靠，两侧边应设置符合要求的防护栏杆和挡脚板，并用密目式安全网封闭两侧。

（3）洞口防护设施要求

洞口防护设施可以采用如下形式：

1）洞口防护栏杆，通常采用钢管。

2）利用混凝土楼板，采用钢筋网片或利用结构钢筋或加密的钢筋网片等。

3）垂直向的电梯井口与洞口，可设木栏首、铁栅门与各种上悬开启式或固定式的防护门。防护栏杆的力学计算和防护设施的构造形式应符合规范要求。

防护设施上必须悬挂有专人监控的责任牌。

3. 临边作业防护

临边防护设施的形式和构造较简单，所用材料为施工现场所常用的钢管等，不需专门采购，可节省费用，更重要的是效果较好。

（1）设置临边防护的情形

以下三种临边情况必须设置防护栏杆：

1）基坑周边，尚未装栏板的阳台、料台与各种平台周边、雨篷与挑檐边、无外脚手架的屋面和楼层边，以及水箱与水塔周边等处，都必须设置防护栏杆。

2）分层施工的楼梯口和梯段边，必须安装临边防护栏杆；顶层楼梯口应随工程结构的进度安装正式栏杆或者临时栏杆；梯段旁边也可设置两道扶手，作为临时护栏。

3）垂直运输设备如井架、施工电梯等与建筑物相连接的通道两侧边，也需加设防护栏杆。栏杆的下部还必须加设挡脚板、挡脚竹笆或者金属网片。

（2）防护栏杆的构造

临边作业的防护栏杆应由横杆、立杆及挡脚板组成，防护栏杆应符合下列规定：

1）防护栏杆横杆

① 防护栏杆应为两道横杆，上杆距地面高度应为 1.2m，下杆应在上杆和挡脚板中间设置；

② 当防护栏杆高度大于 1.2m 时，应增设横杆，横杆间距不应大于 600mm；

③ 在坡度大于 25° 的屋面上作业，当无外脚手架时，应在屋檐边设置不低于 1.5m 高的防护栏杆，并应采用密目式安全立网全封闭。

2）防护栏杆立杆

防护栏杆立杆间距不应大于 2m。防护栏杆立杆底端应固定牢固，并应符合下列规定：

① 当在土体上固定时，应采用预埋或打入方式固定；

② 当在混凝土楼面、地面、屋面或墙面固定时，应将预埋件与立杆连接牢固；

③ 当在砌体上固定时，应预先砌入相应规格含有预埋件的混凝土块，预埋件应与立杆连接牢固。

3）防护栏杆挡脚板

挡脚板高度不应小于 180mm。

（3）防护栏杆杆件的规格、连接及结构性能

防护栏杆杆件的规格、连接和结构性能，应符合下列规定：

1）当采用钢管作为防护栏杆杆件时，横杆及栏杆立杆应采用脚手钢管，并应采用扣件、焊接、定型套管等方式进行连接固定；

2）当采用其他材料作防护栏杆杆件时，应选用与钢管材质强度相当的材料，并应采用螺栓、销轴或焊接等方式进行连接固定；

3）防护栏杆的立杆和横杆的设置、固定及连接，应确保防护栏杆在上下横杆和立杆任何部位处，均能承受任何方向 1kN 的外力作用。当栏杆所处位置有发生人群拥挤、物件碰撞等可能时，应加大横杆截面或加密立杆间距；

4）防护栏杆应张挂密目式安全立网或其他材料封闭。

3.2.2.3 攀登作业的安全防范措施

借助登高用具或登高设施进行的高处作业，称之为攀登作业。攀登作业容易发生危险，因此在施工过程中，各类人员都应在规定的通道内行走，不允许在阳台间与非正规通道作登高或跨越，也不能利用臂架或脚手架杆件与施工设备进行攀登。攀爬作业时应遵循以下安全要求：

（1）在施工组织设计中应确定用于现场施工的登高和攀登设施。

（2）攀登作业设施和用具应牢固可靠，当采用梯子攀爬时，踏面荷载不应大于 1.1kN；当梯面上有特殊作业时，应按实际情况进行专项设计。

（3）同一梯子上不得两人同时作业。在通道处使用梯子作业时，应有专人监护或设置围栏。脚手架操作层上严禁架设梯子作业。上下梯子时，必须面向梯子，且不得手持

器物。

（4）使用单梯时梯面应与水平面呈 75°夹角，踏步不得缺失，梯格间距宜为 300mm，不得垫高使用（图 3-2-26）。

（5）使用固定式直梯攀登作业时，当攀登高度超过 3m 时，宜加设护笼；当攀登高度超过 8m 时，应设置梯间平台（图 3-2-27）。

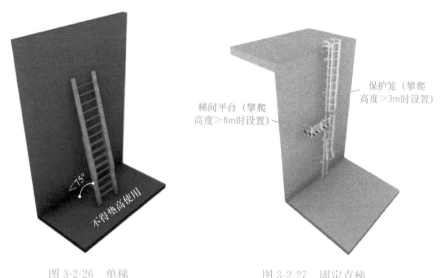

图 3-2-26　单梯　　　　　　　　　　图 3-2-27　固定直梯

（6）钢结构安装时，应使用梯子或其他登高设施攀登作业。坠落高度超过 2m 时，应设置操作平台。

（7）当安装屋架时，应在屋脊处设置扶梯。扶梯踏步间距不应大于 400mm。屋架杆件安装时搭设的操作平台，应设置防护栏杆或使用作业人员拴挂安全带的安全绳。

（8）深基坑施工应设置扶梯、入坑踏步及专用载人设备或斜道等设施。采用斜道时，应加设间距不大于 400mm 的防滑条等防滑措施。作业人员严禁沿坑壁、支撑或乘运土工工具上下。

3.2.2.4　悬空作业安全防护防范措施

在周边无任何防护设施或防护设施不能满足防护要求的临空状态下进行的高处作业，称为悬空作业。主要指的是建筑安装工程施工现场内，从事建筑物和构筑物结构主体和相关装修施工的悬空操作，这里不包括机械设备上（如吊车上）的操作人员。悬空作业主要有以下六大类施工作业：构件吊装与管道安装；模板体系搭设与拆卸；钢筋绑扎和安装钢骨架；预应力现场张拉；混凝土浇筑；门窗作业等。

悬空作业时立足处的设置应牢固，并应配置登高和防坠落装置和设施。

1. 构件吊装和管道安装悬空作业

构件吊装和管道安装时的悬空作业应符合下列规定：

（1）钢结构吊装，构件宜在地面组装，安全设施应一并设置；

（2）吊装钢筋混凝土屋架、梁、柱等大型构件前，应在构件上预先设置登高通道、操作立足点等安全设施；

（3）在高空安装大模板、吊装第一块预制构件或单独的大中型预制构件时，应站在作业平台上操作；

（4）钢结构构件安装施工宜在施工层搭设水平通道，水平通道两侧应设置防护栏杆；当利用钢梁作为水平通道时，应在钢梁一侧设置连续的安全绳，安全绳宜采用钢丝绳(图 3-2-28)；

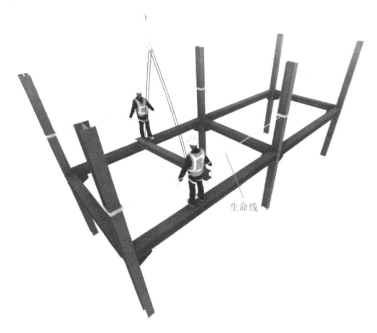

生命线

图 3-2-28　设置生命安全保护绳

（5）钢结构、管道等安装施工的安全防护宜采用工具化、定型化设施。

2. 模板支撑体系搭设和拆卸悬空作业

模板支撑体系搭设和拆卸的悬空作业，应符合下列规定：

（1）模板支撑的搭设和拆卸应按规定程序进行，不得在上下同一垂直面上同时装拆模板；

（2）在坠落基准面 2m 及以上高处搭设与拆除柱模板及悬挑结构的模板时，应设置操作平台；

（3）在进行高处拆模作业时应配置登高用具或搭设支架。

3. 绑扎钢筋和预应力张拉悬空作业

绑扎钢筋和预应力张拉的悬空作业应符合下列规定：

（1）绑扎立柱和墙体钢筋，不得沿钢筋骨架攀登或站在骨架上作业；

（2）在坠落基准面 2m 及以上高处绑扎柱钢筋和进行预应力张拉时，应搭设操作平台。

4. 混凝土浇筑悬空作业

混凝土浇筑时悬空作业应符合下列规定：

（1）浇筑高度 2m 及以上的混凝土结构构件时，应设置脚手架或操作平台；

（2）悬挑的混凝土梁和檐、外墙和边柱等结构施工时，应搭设脚手架或操作平台。

5. 外墙门窗安装作业

外墙门窗作业时应符合下列规定：

（1）门窗作业时，应有防坠落措施，操作人员在无安全防护措施时，不得站立在樘子、阳台栏板上作业；

（2）高处作业不得使用座板式单人吊具，不得使用自制吊篮。

6. 轻质型材屋面作业

轻质型材屋面作业时应符合下列规定：

在轻质型材等屋面上作业，应搭设临时走道板，不得在轻质型材上行走；安装轻质型材板前，应采取在梁下支设安全平网或搭设脚手架等安全防护措施。

严禁在未固定、无防护设施的构件及管道上进行作业或通行。

3.2.2.5 操作平台的安全防范措施

由钢管、型钢及其他等效性能材料等组装搭设制作的供施工现场高处作业和载物的平台，称之为操作平台，包括移动式、落地式、悬挑式等平台。

1. 一般规定

（1）操作平台应通过设计计算，并编制专项方案。

（2）操作平台的临边应设置防护栏杆，单独设置的操作平台应设置供人上下、踏步间距不大于 400mm 的扶梯。

移动式操作平台
使用要点

（3）应在操作平台明显位置设置标明允许负载值的限载牌及限定允许的作业人数，操作平台上的物料应及时转运，不得超重、超高堆放。

（4）操作平台使用中应每月不少于 1 次定期检查，应由专人进行日常维护工作，及时消除安全隐患。

2. 移动式操作平台

带脚轮或导轨，可移动的脚手架操作平台称之为移动式操作平台。具有独立的结构，可以搬移。常用于构件施工、装修工程和水电安装等作业（图 3-2-29）。

（1）移动式操作平台面积不宜大于 $10m^2$，高度不宜大于 5m，高宽比不应大于 2：1，施工荷载不应大于 $1.5kN/m^2$。

（2）移动式操作平台的轮子与平台架体连接应牢固，立柱底端离地面不得大于 80mm，行走轮和导向轮应配有制动器或刹车闸等制动措施。

（3）移动式行走轮承载力不应小于 5kN，制动力矩不应小于 2.5N·m，移动式操作平台架体应保持垂直，不得弯曲变形，制动器在移动情况外，均应保持制动状态。

（4）移动式操作平台移动时，操作平台上不得站人。

3. 落地式操作平台

从地面或楼面搭起、不能移动的操作平台，单纯进行施工作业的施工平台和可进行施工作业与承载物料的接料平台，称之为落地式操作平台（图 3-2-30）。

（1）落地式操作平台架体构造

落地式操作平台架体构造应符合下列规定：

1）操作平台高度不应大于 15m，高宽比不应大于 3：1；

2）施工平台的施工荷载不应大于 $2.0kN/m^2$；当接料平台的施工荷载大于 $2.0kN/m^2$ 时，应进行专项设计；

3）操作平台应与建筑物进行刚性连接或加设防倾措施，不得与脚手架连接；

4）用脚手架搭设操作平台时，其立杆间距和步距等结构要求符合国家现行相关脚手

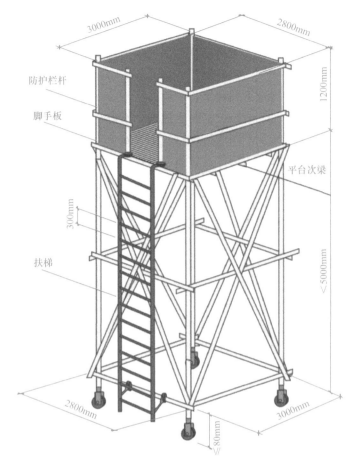

图 3-2-29　移动式操作平台

图 3-2-30　落地式操作平台示意图

架规范的规定；应在立杆下部设置底座或垫板、纵向与横向扫地杆，并应在外立面设置剪刀撑或斜撑；

5）操作平台应从底层第一步水平杆起逐层连续设置连墙件，且连墙件间隔不应大于4m，并应设置水平剪刀撑。连墙件应为可承受拉力和压力的构件，并应与建筑结构可靠连接。

（2）落地式操作平台应按国家现行相关脚手架标准的规定计算受弯构件强度、连接扣件抗滑承载力、立杆稳定性、连墙杆件强度与稳定性及连接强度、立杆地基承载力等。

（3）落地式操作平台一次搭设高度不应超过相邻连墙件以上两步。

（4）落地式操作平台拆除应由上而下逐层进行；严禁上下同时作业，连墙件应随施工进度逐层拆除。

（5）落地式操作平台检查验收

落地式操作平台检查验收应符合下列规定：

1）操作平台的钢管和扣件应有产品合格证；

2）搭设前应对基础进行检查验收，搭设中应随施工进度按结构层对操作平台进行检查验收；

3）遇6级以上大风、雷雨、大雪等恶劣天气及停用超过1个月，恢复使用前，应进行检查。

4. 悬挑式操作平台

以悬挑形式搁置或固定在建筑物结构边沿的操作平台，斜拉式悬挑操作平台和支承式悬挑操作平台，称之为悬挑式操作平台（图3-2-31）。

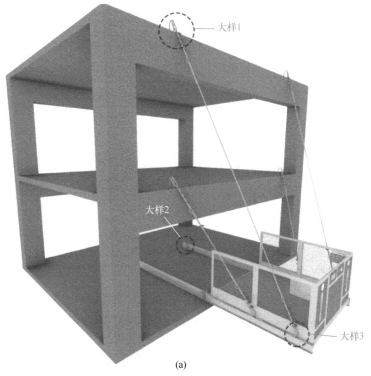

(a)

图 3-2-31　悬挑式操作平台（内部一侧粘贴限载牌，另一侧粘贴验收牌）

(a) 悬挑式操作平台示意图

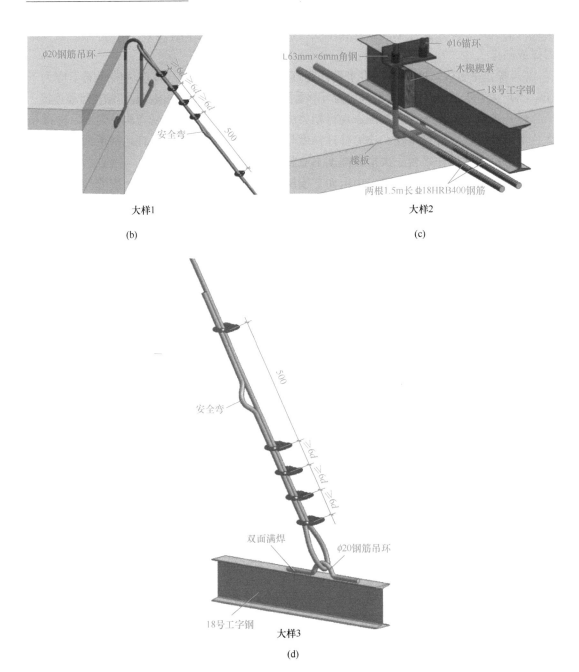

图 3-2-31　悬挑式操作平台（内部一侧粘贴限载牌，另一侧粘贴验收牌）（续）

（b）吊环大样；（c）悬挑钢梁 U 形螺栓固定构造大样；（d）悬挑钢梁悬挑端吊环大样

（1）悬挑式操作平台设置应符合下列规定：

1）操作平台的搁置点、拉结点、支撑点应设置在稳定的主体结构上，且应可靠连接；

2）严禁将操作平台设置在临时设施上；

3）操作平台的结构应稳定可靠，承载力应符合设计要求。

（2）悬挑式操作平台的悬挑长度不宜大于 5m，均布荷载不应大于 5.5kN/ m²，集中荷载不应大于 15kN，悬挑梁应锚固固定。

（3）采用斜拉方式的悬挑式操作平台，平台两侧的连接吊环应与前后两道斜拉钢丝绳连接，每一道钢丝绳应能承载该侧所有荷载。

（4）采用支承方式的悬挑式操作平台，应在钢平台下方设置不少于两道斜撑，斜撑的一端应支承在钢平台主结构钢梁下，另一端应支承在建筑物主体结构。

（5）采用悬臂梁式的操作平台，应采用型钢制作悬挑梁或悬挑桁架，不得使用钢管，其节点应采用螺栓或焊接的刚性节点。当平台板上的主梁采用与主体结构预埋件焊接时，预埋件、焊缝均应经设计计算，建筑主体结构应同时满足强度要求。

（6）悬挑式操作平台应设置4个吊环，吊运时应使用卡环，不得使吊钩直接钩挂吊环。吊环应按通用吊环或起重吊环设计，并应满足强度要求。

（7）悬挑式操作平台安装时，钢丝绳应采用专用的钢丝绳夹连接，钢丝绳夹数量应与钢丝绳直径相匹配，且不得少于4个。建筑物锐角、利口周围系钢丝绳处应加衬软垫物。

（8）悬挑式操作平台的外侧应略高于内侧；外侧应安装防护栏杆并应设置防护挡板全封闭。

（9）人员不得在悬挑式操作平台吊运、安装时上下。

（10）悬挑式操作平台应挂设限载标识牌，每次安装后均应进行验收，并做好记录。

3.2.2.6　交叉作业安全防范措施

垂直空间贯通状态下，处于上部空间作业时物体坠落半径范围内的不同层面立体作业，称为交叉作业。上部作业时，上部掉落的物体，极易对下部作业的作业人员或对处于坠落半径范围内的人员造成物体打击伤害，因此，上下立体交叉作业中极易发生安全事故。一般情况下施工现场不允许上下立体交叉作业，确实需要进行上下立体交叉作业时，必须设置防护隔离措施。

1. 交叉作业安全施工要求

（1）交叉作业时，下层作业位置应处于上层作业的坠落半径之外，见表3-2-4。

作业高度与坠落半径　　　　　　　　　　　　　　　　　　　　表3-2-4

序号	上层作业高度（h_b）	坠落半径/m
1	$2 \leqslant h_b \leqslant 5$	3
2	$5 < h_b \leqslant 15$	4
3	$15 < h_b \leqslant 30$	5
4	$h_b > 30$	6

（2）交叉作业时，坠落半径内应设置安全防护棚或安全防护网等安全隔离措施。当尚未设置安全隔离措施时，应设置警戒隔离区，人员严禁进入隔离区。

（3）处于起重机臂回转范围内的通道，应搭设安全防护棚。

（4）施工现场人员进出的通道口，应搭设安全防护棚（图3-2-32、图3-2-33）。

（5）不得在安全防护棚棚顶堆放物料。

（6）当采用脚手架搭设安全防护棚构架时，应符合国家现行相关脚手架标准规定。

（7）对搭设脚手架和设置安全防护棚时的交叉作业，应设置安全防护网，当在多层、高层建筑外立面施工时，应在二层及每隔四层设一道固定的安全防护网，同时设一道随施工高度提升的安全防护网。

图 3-2-32　钢管扣件式安全通道防护棚　　　　图 3-2-33　工具式安全通道防护棚

2. 防护棚搭设要求

高处作业在立体交叉作业时，为防止物体坠落造成坠落半径内人员伤害或材料、设备损坏而搭设的防护棚架，称之为安全防护棚。防护棚搭设时应符合下列规定：

（1）当安全防护棚为非机动车辆通行时，棚底至地面高度不应小于 3m；当安全防护棚为机动车辆通行时，棚底至地面高度不应小于 4m。

（2）当建筑物高度大于 24m 并采用木质板搭设时，应搭设双层安全防护棚。两层防护的间距不应小于 700mm，安全防护棚的高度不应小于 4m。

（3）当安全防护棚的顶棚采用竹笆或木质板搭设时，应采用双层搭设，间距不应小于700mm；当采用木质板或其等强度的其他材料搭设时，可采用单层搭设，木板厚度不应小于 50mm。防护棚的长度应根据建筑物高度与可能坠落半径确定。

3. 安全防护网搭设要求

安全防护网搭设应符合下列规定：

（1）安全防护网搭设时，应每隔 3m 设一根支撑杆，支撑杆水平夹角不宜小于 45°。

（2）当在楼层设支撑杆时，应预埋钢筋环或在结构内外侧各设一道横杆。

（3）安全防护网应外高里低，网与网之间应拼接严密。

3.2.2.7　安全网、安全带、安全帽

进入施工现场必须戴安全帽；登高作业必须戴安全带；在建建筑物四周必须用绿色的密目式安全网全封闭；安全帽、安全带、安全网俗称"三宝"。目前，这三种防护用品都有产品标准。建筑施工企业在采购和使用时，应选择符合国家相关产品标准要求的产品。

1. 安全网

（1）安全网的形式及性能。目前，建筑工地所使用的安全网，按形式及其作用可分为平网和立网两种。由于这两种网使用中的受力情况不同，因此其规格、尺寸和强度要求等也有所不同。

平网：指其安装平面平行于水平面或与水平面呈一个锐角，主要用来承接人和物的坠落。

立网：指其安装平面垂直于水平面，主要用来阻止人和物的坠落。

（2）建筑施工安全网的选用应符合下列规定：

1）安全网材质、规格、物理性能、耐火性、阻燃性应满足现行国家标准《安全网》GB 5725 的规定，安全网由网体、边绳、系绳和筋绳构成；

2）密目式安全网的网目密度应为 10cm×10cm 面积上大于或等于 2000 目。

（3）采用平网防护时，严禁使用密目式安全立网代替平网使用。

（4）密目式安全立网使用前，应检查产品分类标记、产品合格证、网目数及网体重量，确认合格方可使用。

（5）密目式安全立网搭设时，每个开眼环扣应穿系绳，系绳应绑扎在支撑架上，间距不得大于 450mm。相邻密目网间应紧密结合或重叠。

（6）当立网用于龙门架、井架等物料提升机的封闭防护时，四周边绳应与支撑架贴紧，边绳的断裂张力不得小于 3kN，系绳应绑在支撑架上，间距不得大于 750mm。

（7）用于电梯井、钢结构和框架结构及构筑物封闭防护的平网，应符合下列规定：

1）平网每个系结点上的边绳应与支撑架靠紧，边绳的断裂张力不得小于 7kN，系绳沿网边应均匀分布，间距不得大于 750mm；

2）电梯井内平网网体与井壁的空隙不得大于 25mm，安全网拉结应牢固。

2. 安全带

建筑施工中的攀登作业、独立悬空作业如搭设脚手架、吊装混凝土构件、钢构件及设备等，都属于高空作业，从事高空作业的操作人员都应佩戴安全带。

安全带应选用符合标准要求的合格产品。目前常用的是带单边护胸的，在使用中应注意如下事项：

（1）安全带应高挂低用，防止摆动和碰撞；安全带上的各种部件不得任意拆掉。

（2）安全带使用两年以后，使用单位应按购进批量的大小，选择一定比例的数量，做一次抽检，用 80kg 的砂袋做自由落体试验，若破断不可继续使用，抽检的样带应更换新的挂绳才能使用；如试验不合格，购进的这批安全带就应报废。

（3）安全带外观有破损或发现异味时，应立即更换。

（4）安全带使用 3～5 年即应报废。

3. 安全帽

当前安全帽的产品种类很多，制作安全帽的材料有塑料、玻璃钢、竹、藤等。无论选择哪个种类的安全帽，它必须满足下列要求：

（1）耐冲击。将安全帽在 +50℃、-10℃ 的温度下，或用水浸的三种情况下处理后，然后将 5kg 重的钢锤自 1m 高处自由落下，冲击安全帽，最大冲击力不应超过 500kg（5000N 或 5kN），因为人体的颈椎只能承受 500kg 冲击力，超过时就易受伤害；

（2）耐穿透。根据安全帽的不同材质可采用在 +50℃、-10℃ 或用水浸三种情况下处理后，再用 3kg 重的钢锤，自安全帽的上方 1m 的高处，自由落下，钢锤穿透安全帽，但不能碰到头皮。这就要求选择的安全帽，在戴帽的情况下，帽衬顶端与帽壳内面的每一侧面的水平距离保持在 5～20mm；

（3）耐低温性能良好。当在 -10℃ 以下的气温中，帽的耐冲击和耐穿透性能不改变；

（4）侧向刚性能达到规范要求。

思政提升——切实履行安全生产责任

建筑施工现场是一个危险性较大的场所，建筑企业及项目施工现场各级人员都要遵章守法，切实履行相应安全生产责任。施工过程中，从业人员要各司其职，规范项目权利，强化安全生产意识，防止、减少安全生产事故。

请同学们在学习本章知识后，积极检索相关文献，了解相关典型建筑施工现场安全事故案例，并深入思考施工安全的重要性以及在未来的工作岗位，自己应该以怎样的态度来审视施工安全工作。有兴趣的同学可以扫描右侧二维码，了解相关内容。

切实履行安全
生产责任

3.3 施工现场临时用电安全管理

3.3.1 施工现场临时用电概要

施工现场临时用电，是指施工企业针对施工现场需要而专门设计、设置，并维护至工程项目完工后才拆除的具有明确使用周期的用电系统。其具有暂时性、流动性、露天性和不可选择性的特点。配电系统为工地每个作业部位提供动力和照明用电，随着工程规模的不断扩大，机械化程度的提高，各种机电设备数量逐渐增多，对移动性、多变性的用电需求也随之增大，再加上施工现场露天作业点多面广，气候条件多变，容易引发因电气装置、配电线路和用电设备操作使用不当而造成的触电伤亡事故。因此，每一个进入施工现场的人员都必须高度重视安全用电工作，掌握必备的用电安全技术知识。

施工现场临时用电安全管理必须遵循"安全第一，预防为主，综合治理"的基本方针。

1. 基本要求

依据《建筑与市政工程施工现场临时用电安全技术标准》JGJ/T 46—2024 和《建设工程施工现场供用电安全规范》GB 50194—2014，建设工程施工临时用电的安全管理有以下基本要求：

（1）项目经理部应当制定安全用电管理制度。

（2）项目经理应当明确施工用电管理人员、电气工程技术人员和各分包单位的电气负责人。

（3）电工必须经考核合格后持证上岗工作；其他用电人员必须通过相关安全教育培训和技术交底，考核合格后方可上岗工作。

（4）安装、巡检、维修或拆除临时用电设备和线路，必须由电工完成，并应有人监护。电工等级应与工程的难易程度和技术复杂性相适应。

（5）各类用电人员应掌握安全用电基本知识和所用设备的性能，并符合下列规定：

1）使用电气设备前，必须按规定穿戴和配备好相应的劳动防护用品，并应检查电气装置和保护设施，严禁设备带"缺陷"运转。

2）保管和维护所用设备，发现问题及时报告解决。

3）暂停使用设备的开关箱必须断开电源隔离开关，并关门上锁。

4）移动电气设备时，必须经电工切断电源并做妥善处理后进行。

2. 临时用电组织设计

施工现场临时用电必须经过安全分析和组织设计，其目的在于能科学地计算、分析用电区域、用电量、使用期限和设施投入，最终统筹安排、合理布置全场的临时用电，有助于加强对临时用电的管理，保障现场用电的安全性和可靠性。按照《建筑与市政工程施工现场临时用电安全技术标准》JGJ/T 46—2024 规定：

（1）施工现场临时用电设备在 5 台及以上或设备总容量在 50kW 及以上者，应编制用电组织设计。

（2）临时用电工程图纸应单独绘制，临时用电工程应按图施工（图 3-3-1）。

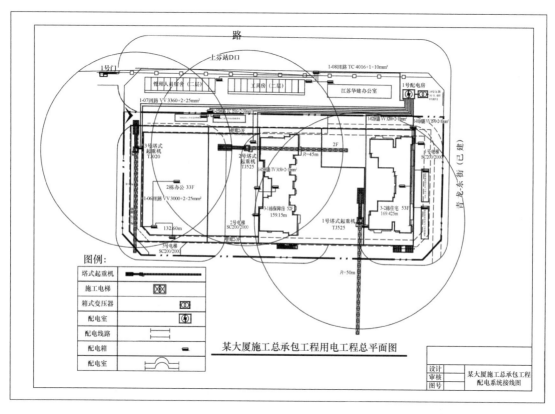

图 3-3-1　施工现场临时用电总平面图

（3）临时用电组织设计及变更时，必须履行"编制、审核、批准"程序，由电气工程技术人员组织编制，经相关部门审核及具有法人资格企业的技术负责人批准后实施。变更用电组织设计时应补充有关图纸资料（图 3-3-2）。

（4）临时用电工程必须经编制、审核、批准部门和使用单位共同验收，合格后方可投入使用。

（5）施工现场临时用电设备在 5 台以下和设备总容量在 50kW 以下者，应制定安全用电和电气防火措施，并应符合《建筑与市政工程施工现场临时用电安全技术标准》JGJ/T 46—2024 的相关规定。

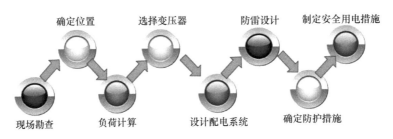

图 3-3-2　施工现场临时用电组织设计编制程序

3.3.2　施工现场临时用电系统

1. 现场临时用电组织设计的原则

为了保证用电过程中系统能够安全、可靠地运行，并对系统本身在运行过程中可能出现的诸如接地、短路、过载、剩余电流等故障进行自我保护，在系统结构配置中必须设置一些与保护要求相适应的子系统，如接地保护系统、过载与短路保护系统、剩余电流保护系统等，它们的组合就是用电系统的基本保护系统。

基本保护系统的设置不仅保护用电系统本身，更重要的是还保护用电过程中人身安全和财产安全，可有效防止人体触电和电气火灾事故的发生。

建筑施工现场临时用电工程专用的电源中性点直接接地的 220/380V 三相五线制低压电力系统，必须符合下列规定：

（1）采用 TN-S 接零保护系统。

（2）采用三级配电系统。

（3）采用二级剩余电流保护系统。

2. TN-S 接零保护系统

TN 系统，称作保护接零。当故障使电气设备金属外壳带电时，形成相线和零线短路，回路电阻小，电流大，能使熔丝迅速熔断或保护装置动作切断电源。

在 TN 系统中，所有电气设备的外露可导电部分均接到保护线上，并与电源的接地点相连，这个接地点通常是配电系统的中性点。中性线或零线为两条线，其中一条零线用作工作零线，用 N 表示；另一条零线用作接地保护线，用 PE 表示，即将工作零线和保护零线分开使用，这样具有专用保护零线的中性点直接接地的系统称为 TN-S 接零保护系统，俗称三相五线制系统。

3. 三级配电系统

《建筑与市政工程施工现场临时用电安全技术标准》JGJ/T 46—2024 要求，配电箱应作分级设置，即在总配电箱下设分配电箱，分配电箱以下设开关箱，开关箱以下就是用电设备，形成三级配电（图 3-3-3）。这样配电层次清楚，既便于管理又便于查找故障。同时要求，照明配电与动力配电最好分别设置，自成独立系统，不致因动力停电影响照明。

为保证三级配电系统能够安全、可靠、有效地运行，在设置系统时应遵守四项规则：分级分路规则，动、照分设规则，压缩配电间距规则，环境安全规则。

4. 二级剩余电流保护系统

二级剩余电流保护系统是指在施工现场基本供配电系统的总配电箱（或分配电箱）和开关箱，即除在末级开关箱设置剩余电流动作保护器外，还要求在上一级分配电箱或总配

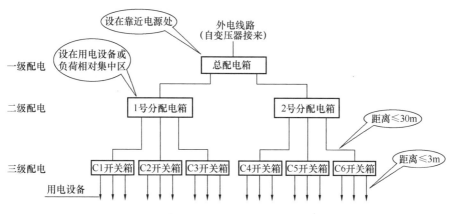

图 3-3-3　三级配电示意图

电箱再加装一级剩余电流动作保护器，即将电网的干线与分支线路作为第一级，线路末端作为第二级，总体上形成两级保护。二级剩余电流保护系统简称"两级保护"。

3.3.3　施工现场临时配电线路

施工现场的配电线路一般可分为室外和室内配电线路。室外配电线路又可分为电缆配电线路和架空配电线路。

为落实安全生产管理制度，保障项目施工现场用电安全，防止触电和电气火灾事故发生，施工现场严禁使用裸线，而必须采用绝缘铜线。导线和电缆是配电线路的主体，是直接接触防护的必要措施，绝缘必须良好，不允许有老化、破损现象，接头和包扎都必须符合规定。

除此之外，还应考虑施工各方面情况，如场地的变化，建筑物的变化，防止先架设好的架空线与后施工的外脚手架、结构挑檐、外墙装饰等距离太近而达不到要求。

3.3.3.1　室外配电线路

1. 电缆配电线路

（1）电缆配电线路的一般要求

1）电缆中必须包含全部工作芯线和用作保护零线或保护线的芯线。需要三相五线制配电的电缆线路必须采用五芯电缆。五芯电缆必须包含蓝、绿/黄两种颜色绝缘芯线。淡蓝色芯线必须用作 N 线；绿/黄双色芯线必须用作 PE 线，严禁混用，芯线排列图见表 3-3-1。

芯线排列图　　　　　　　　　　　　　　表 3-3-1

相别	颜色	垂直排列	水平排列	引下排列
A	黄	上	后	左
B	绿	中	中	中
C	红	下	前	右
N	淡蓝	—	—	—
PE	绿/黄双色	—	—	—

2）电缆线路应采用埋地或架空敷设，严禁沿地面明设，并应避免机械损伤和介质腐蚀。埋地电缆路径应设方位标志。

3）电缆类型应根据敷设方式、环境条件选择。埋地敷设宜选用铠装电缆；当选用无铠装电缆时，应能防水、防腐。架空敷设宜选用无铠装电缆。

（2）架空电缆线路

1）架空电缆应沿电杆、支架或墙壁敷设（图 3-3-4），并采用绝缘子固定，绑扎线必须采用绝缘线，固定点间距应保证电缆能承受自重所带来的荷载，敷设高度应符合《建筑与市政工程施工现场临时用电安全技术标准》JGJ/T 46—2024 规范中对架空线路敷设高度的要求，但沿墙壁敷设时最大弧垂距地不得小于 2.0m。

（a） （b）

图 3-3-4 架空电缆敷设

（a）塔式起重机临时电缆用绝缘瓷瓶固定；（b）架空电缆应沿墙壁敷设

2）架空电缆严禁沿脚手架、树木或其他设施敷设。

3）在建工程内的电缆水平敷设宜沿墙或门口刚性固定，最大弧垂距地不得小于 2.0m。

4）装饰装修工程或其他特殊阶段，应补充编制单项施工用电方案。电源线可沿墙角、地面敷设，但应采取防机械损伤和电火措施。并应符合以下规定：

① 电缆线路宜敷设在人不易触及的地方。

② 电缆线路敷设路径应有醒目的警告标识。

③ 沿地面明敷的电缆线路应沿建筑物墙体根部敷设，穿越道路或其他易受机械损伤的区域，应采取防机械损伤的措施（图 3-3-5），周围环境应保持干燥。

（a） （b）

图 3-3-5 室外主干道地面过路电缆保护

④ 在电缆敷设路径附近，当有产生明火的作业时，应采取防止火花损伤电缆的措施。

5）电缆线路必须有短路保护和过载保护，短路保护和过载保护电器与电缆的选配应符合《建筑与市政工程施工现场临时用电安全技术标准》JGJ/T 46—2024 要求。

（3）埋地电缆线路

1）直埋敷设的电缆线路宜采用有外保护层的铠装电缆。在地下管网较多、有较频繁开挖的地段不宜直埋。

2）电缆直接埋地敷设的深度不应小于 0.7m，并应在电缆紧邻上、下、左、右侧均匀敷设不小于 50mm 厚的细砂，然后覆盖砖或混凝土板等硬质保护层。

3）直埋敷设于冻土地区时，电缆宜进入冻土层以下，当无法深埋时可在土壤排水性好的干燥冻土层或回填土中埋设。

4）埋地电缆在穿越建筑物、构筑物、道路、易受机械损伤、介质腐蚀场所及引出地面从 2.0m 高到地下 0.2m 处，必须加设防护套管，防护套管内径不应小于电缆外径的 1.5 倍。

5）埋地电缆与其附近外电电缆和管沟的平行间距不得小于 2m，交叉间距不得小于 1m。

6）埋地电缆的接头应设在地面上的接线盒内，接线盒应能防水、防尘、防机械损伤，并应远离易燃、易爆、易腐蚀场所。

7）在建工程内的电缆线路必须采用电缆埋地引入，严禁穿越脚手架引入。电缆垂直敷设应充分利用在建工程的竖井、垂直孔洞等，并宜靠近用电负荷中心，固定点每楼层不得少于一处。

2. 架空配电线路

架空线路主要指架空明线，是架设在地面之上，用绝缘子将输电导线固定在直立于地面的杆塔上以传输电能的输电线路。架设及维修比较方便，成本较低，但容易受到气象和环境（如大风、雷击、污秽、冰雪等）的影响而引起故障，同时整个输电走廊占用土地面积较多，易对周边环境造成电磁干扰。

（1）施工现场架空线路的敷设原则

1）在施工和竣工验收中必须遵循有关的规程，保证施工质量和线路的安全。

2）合理选择路径，要求路径短、转角少、交通运输方便，与建筑物应保持一定的安全距离。

3）按相关规程要求，必须保证架空线路与大地及其他设施在安全距离范围以内。

（2）架空线路对导线的要求

1）架空线必须采用绝缘导线。

2）架空线必须架设在专用电杆上，严禁架设在树木、脚手架及其他设施上。

3）架空线导线截面的选择应符合下列要求：

① 导线中的计算负荷电流不大于其长期连续负荷允许载流量。

② 线路末端电压偏移不大于其额定电压的 5%。

③ 三相五线制线路的 N 线和 PE 线截面不小于相线截面的 50%，单相线路的零线截面与相线截面相同。

④ 按机械强度要求，绝缘铜线截面不小于 10mm²，绝缘铝线截面不小于 16mm²。

⑤ 在跨越铁路、公路、河流、电力线路档距内，绝缘铜线截面不小于 $16mm^2$，绝缘铝线截面不小于 $25mm^2$。

4）架空线在一个档距内，每层导线的接头数不得超过该层导线条数的 50%，且一条导线应只有一个接头。

在跨越铁路、公路、河流、电力线路档距内，架空线不得有接头。

（3）架空线路的相序和距离

1）架空线路相序排列

架空线路相序排列应符合下列规定：

① 动力、照明线在同一横担上架设时，导线相序排列是：面向负荷从左侧起依次起 L_1、N、L_2、L_3、PE；

② 动力、照明线在二层横担上分别架设时，导线相序排列是：上层横担面向负荷从左侧起依次起 L_1、L_2、L_3；下层横担面向负荷从左侧起依次起 L_1（L_2、L_3）、N、PE。

2）架空线路的档距不得大于35m。

3）架空线路的线间距不得小于0.3m，靠近电杆的两导线的间距不得小于0.5m。

（4）架空线路横担的要求

1）架空线路横担间的最小垂直距离不得小于表 3-3-2 所列数值；横担宜采用角钢或方木，低压铁横担角钢应按表 3-3-3 选用，方木横担截面应按 $80mm \times 80mm$ 选用；横担长度应按表 3-3-4 选用。

横担间的最小垂直距离　　　　　　　　　　　　　　　　表 3-3-2

排列方式	直线杆/m	分支或转角杆/m
高压与低压	1.2	1.0
低压与低压	0.6	0.3

低压铁横担角钢选用　　　　　　　　　　　　　　　　表 3-3-3

导线截面/mm²	直线杆/m	分支或转角杆/m	
		二线及三线	四线及以上
16、25、35、50	∟ 50×5	2×∟ 50×5	2×∟ 63×5
70、95、120	∟ 63×5	2×∟ 63×5	2×∟ 70×6

横担长度选用　　　　　　　　　　　　　　　　表 3-3-4

二线	三线、四线	五线
0.7m	1.5m	1.8m

2）架空线路与邻近线路或固定物的距离应符合表 3-3-5 规定。

（5）架空线路电杆和绝缘子

1）架空线路宜采用钢筋混凝土杆或木杆。钢筋混凝土杆不得有露筋、宽度大于0.4mm 的裂纹和扭曲；木杆不得腐朽，其梢径不应小于140mm。

2）电杆埋设深度宜为杆长的 1/10 加 0.6m，回填土应分层夯实。在松软土质处宜加大埋入深度或采用卡盘等加固。

架空线路与邻近线路或固定物的距离　　　　　表 3-3-5

项目	距离类别				
最小净空距离/m	架空线路的过引线、接下线与邻线		架空线与架空线电杆外缘	架空线与摆动最大时树梢	
	0.13		0.05	0.50	
最小垂直距离/m	架空线同杆架设下方的通信、广播线路	架空线最大弧垂与地面		架空线最大弧垂与暂设工程顶端	架空线与邻近电力线路交叉
		施工现场	机动车道	铁路轨道		1kV 以下	1～10kV

项目						
最小垂直距离/m	架空线同杆架设下方的通信、广播线路	架空线最大弧垂与地面			架空线最大弧垂与暂设工程顶端	架空线与邻近电力线路交叉
		施工现场	机动车道	铁路轨道		1kV 以下 / 1～10kV
	1.0	4.0	6.0	7.5	2.5	1.2 / 2.5
最小水平距离/m	架空线电杆与路基边缘		架空线电杆与铁路轨道边缘		架空线边线与建筑物凸出部分	
	1.0		杆高(m)＋3.0		1.0	

3) 直线杆和 15° 以下的转角杆，可采用单横担单绝缘子，但跨越机动车道时应采用单横担双绝缘子；5°～45° 的转角杆，应采用双横担双绝缘子；45° 以上的转角杆，应采用十字横担。

4) 架空线路绝缘子应按下列原则选择：

① 直线杆采用针式绝缘子。

② 耐张杆采用蝶式绝缘子。

(6) 架空线路拉线

1) 电杆的拉线宜采用不少于 3 根 D4.0mm 的镀锌钢丝。拉线与电杆的夹角应在 30°～45°。拉线埋设深度不得小于 1m。电杆拉线如从导线之间穿过，应在高于地面 2.5m 处装设接线绝缘子。

2) 因受地形环境限制不能装设拉线时，可采用撑杆代替拉线，撑杆埋设深度不得小于 0.8m，其底部应垫底盘或石块。撑杆与电杆的夹角宜为 30°。

(7) 接户线截面及距离

接户线在档距内不得有接头，进线处离地高度不得小于 2.5m。接户线最小截面应符合表 3-3-6 规定。接户线线间及与邻近线路间的距离应符合表 3-3-7 规定。

接户线最小截面　　　　　表 3-3-6

接户线架设方式	接户线长度/m	接户线截面/mm²	
		铜线	铝线
架空或沿墙敷设	10～25	6.0	10.0
	≤10	4.0	6.0

接户线线间及与邻近线路间的距离　　　　　表 3-3-7

接户线架设方式	接户线档距/m	接户线线间距离/mm
架空敷设	≤25	150
	>25	200

接户线架设方式	接户线档距/m	接户线线间距离/mm
沿墙敷设	≤6	100
	>6	150
架空接户线与广播电话线交叉时的距离/mm		接户线在上部，600 接户线在下部，300
架空或沿墙敷设的接户线零线和相线交叉时的距离/mm		100

3. 配电线路的短路保护和过载保护

电缆线路、架空线路均必须有短路保护和过载保护。

（1）采用熔断器做短路保护时，其熔体额定电流不应大于明敷绝缘导线长期连续负荷允许载流量的1.5倍。

（2）采用断路器做短路保护时，其瞬间过流脱扣器电流整定值应小于线路末端单相短路电流。

（3）采用熔断器或断路器做过载保护时，绝缘导线长期连续负荷允许载流量不应小于熔断器熔体额定电流或断路器长延时过流脱扣器脱扣电流整定值的1.25倍。

（4）对穿管敷设的绝缘导线线路，其短路保护熔断器的熔体额定电流不应大于穿管绝缘导线长期连续负荷允许载流量的2.5倍。

3.3.3.2 室内配电线路

临时设施的室内配线应符合下列规定：

1）室内配线在穿过楼板或墙壁时应用绝缘保护管保护。

2）明敷线路应采用护套绝缘电缆或导线（图3-3-6），且应固定牢固，塑料护套线不应直接埋入抹灰层内敷设。

3）当采用无护套绝缘导线时应穿管或线槽敷设。

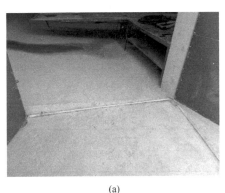

(a)　　　　　　　　　　　　　　　　　　(b)

图3-3-6　室内明敷线路

（a）明敷线路采用护套绝缘导线；（b）明敷线路采用护套绝缘电缆

3.3.4 配电箱与开关箱

施工现场的配电箱是电源与用电设备之间的中枢环节，而开关箱是配电系统的末端，是用电设备的直接控制装置，开关箱内要求设置剩余电流动作保护器，它们的设置和运用直接影响着施工现场的用电安全。

现场临时配电箱统一采用铁制配电箱加工成型，要悬挂安全警示标志。配电箱内均设置隔离开关，二级配电箱和三级配电箱内可以设置剩余电流动作保护器。施工现场配电箱及开关箱需符合《建筑与市政工程施工现场临时用电安全技术标准》JGJ/T 46—2024 的要求。

1. 配电箱和开关箱分级

（1）配电系统应设置配电柜或总配电箱、分配电箱、开关箱，实行三级配电。配电系统宜使三相负荷平衡。

（2）总配电箱以下可设若干分配电箱；分配电箱以下可设若干开关箱。总配电箱应设在靠近电源的区域，分配电箱应设在用电设备或负荷相对集中的区域，分配电箱与开关箱的距离不得超过 30m，开关箱与其控制的固定式用电设备的水平距离不宜超过 3m（图 3-3-7）。

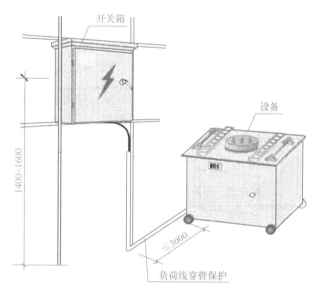

图 3-3-7　开关箱与固定用电设备间距

（3）每台用电设备必须有各自专用的开关箱，严禁用同一个开关箱直接控制 2 台及 2 台以上用电设备（含插座）。

（4）动力配电箱与照明配电箱宜分别设置。当合并设置为同一配电箱时，动力和照明应分路配电；动力开关箱与照明开关箱必须分设。

2. 配电箱和开关箱的箱体结构

配电箱、开关箱应采用冷轧钢板或阻燃绝缘材料制作，钢板厚度应为 1.2～2.0mm，其中开关箱箱体钢板厚度不得小于 1.2mm，配电箱箱体钢板厚度不得小于 1.5mm。箱体表面应做防腐处理（图 3-3-8）。

配电箱、开关箱外形结构应能防雨、防尘。

3. 配电箱和开关箱内电器安装要求

（1）配电箱、开关箱内的电器（含插座）应先安装在金属或非木质阻燃绝缘电器安装板上，然后方可整体紧固在配电箱、开关箱箱体内（图 3-3-9）。金属电器安装板与金属箱体应做电气连接。

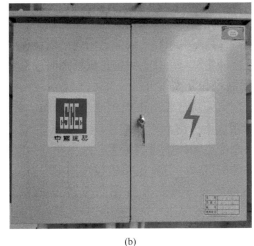

(a)　　　　　　　　　　　　　　　　　　(b)

图 3-3-8　配电箱外观

(a) 单门配电箱；(b) 双门配电箱

（2）配电箱、开关箱内的电器（含插座）应按其规定位置紧固在电器安装板上，不得歪斜和松动。并且电器设备之间、设备与板四周的距离应符合有关工艺标准的要求。

（3）配电箱、开关箱的箱体尺寸应与箱内电器的数量和尺寸相适应，箱内电器安装尺寸可按照表 3-3-8 确定。

配电箱、开关箱内电器安装尺寸选择值　　　　　　　　　　　　　　表 3-3-8

间距名称	最小净距/mm
并列电器（含单极熔断器）间	30
电器进、出线瓷管（塑胶管）孔与电器边沿间	15A，30； 20～30A，50； 60A 及以上，80
上、下排电器进出线瓷管（塑胶管）孔间	25
电器进、出线瓷管（塑胶管）孔至板边	40
电器至板边	40

4. 配电箱和开关箱内电器接线要求

（1）配电箱、开关箱中导线的进线口和出线口应设在箱体的下底面（图 3-3-9）。

（2）配电箱、开关箱的进、出线口应配置固定线卡，进出线应加绝缘护套并成束卡固在箱体上，不得直接接触。移动式配电箱、开关箱的进、出线应采用橡皮护套绝缘电缆，不得有接头。

（3）配电箱的电器安装板上必须分设 N 线端子板和 PE 线端子板。N 线端子板必须与金属电器安装板绝缘，PE 线端子板必须与金属电器安装板做电气连接，进出线中的 N 线必须通过 N 线端子板连接，PE 线必须通过 PE 线端子板连接（图 3-3-10）。

（4）配电箱、开关箱内的连接线必须采用铜芯绝缘导线。导线绝缘的颜色标志应按要求配置并排列整齐；导线分支接头不得采用螺栓压接，应采用焊接并做绝缘包扎，不得有外露带电部分。

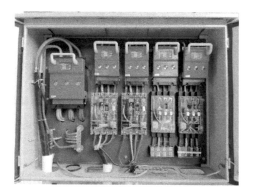

图 3-3-9　配电箱电器固定在安装板上　　　　图 3-3-10　配电箱内部接线
再整体紧固在箱体内

（5）配电箱、开关箱的金属箱体、金属电器安装板以及电器正常不带电的金属底座、外壳等必须通过 PE 线端子板与 PE 线做电气连接（图 3-3-11a），金属箱体与金属门必须通过采用编织软铜线做电气连接（图 3-3-11b）。

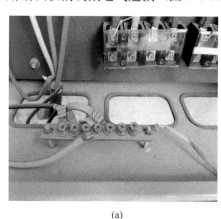

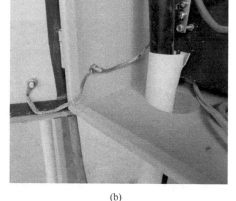

(a)　　　　　　　　　　　　　　　　　(b)

图 3-3-11　配电箱、开关箱内的电气连接
（a）箱内 PE 线端子板与 PE 线做电气连接；（b）金属箱体与金属门电气连接

5. 配电箱和开关箱的操作环境要求

（1）配电箱、开关箱应装设在干燥、通风及常温场所（图 3-3-12），不得装设在有严重损伤作用的瓦斯、烟气、潮气及其他有害介质中，亦不得装设在易受外来固体物撞击、强烈震动、液体浸溅及热源烘烤场所。

（2）配电箱、开关箱周围应有足够 2 人同时工作的空间和通道，不得堆放任何妨碍操

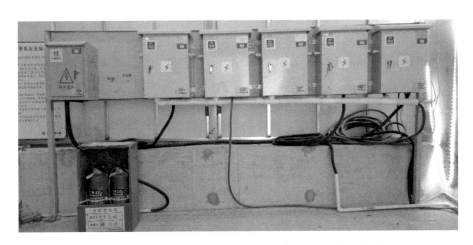

图 3-3-12　配电箱、开关箱装设在干燥、通风及常温场所

作、维修的物品，不得有灌木、杂草。

（3）配电箱、开关箱应装设端正、牢固（图 3-3-13）。固定式配电箱、开关箱的中心点与地面的垂直距离应为 1.4～1.6m（图 3-3-7）。移动式配电箱、开关箱应装设在牢固、稳定的支架上，其中心点与地面的垂直距离宜为 0.8～1.6m。

6. 配电箱、开关箱的使用及维护

配电箱、开关箱的使用及维护要遵循以下规定：

（1）配电箱、开关箱应定期检查和维修。检查、维修人员必须是专业电工。检查、维修时必须按规定穿戴绝缘鞋、手套，必须使用电工绝缘工具，并应做检查、维修工作记录（图 3-3-14）。

图 3-3-13　配电箱（或开关箱）固定和离地高度

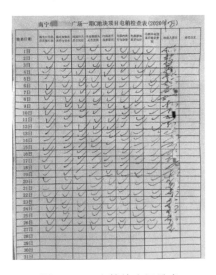

图 3-3-14　电箱检查记录表

（2）对配电箱、开关箱进行定期维修、检查时，必须将其前一级相应的电源隔离开关分闸断电，并悬挂"禁止合闸、有人工作"停电标志牌，严禁带电作业。

（3）现场二级配电箱、三级配电箱宜设置防护栅栏。

（4）配电箱、开关箱必须按照下列顺序操作：

送电操作顺序为：总配电箱→分配电箱→开关箱。

停电操作顺序为：开关箱→分配电箱→总配电箱。

但出现电气故障的紧急情况可除外。

总配电箱的
电器设置

3.3.5 电器装置的设置

配电箱、开关箱内常用的电器装置有隔离开关、断路器或熔断器以及剩余电流动作保护器。它们都是开闭电路的开关设备。

1. 总配电箱的电器设置

总配电箱配置的电器应具备电源隔离，正常接通与分断电路，以及短路、过载、剩余电流动作保护功能。电器设置应符合下列原则：

（1）当总路设置总剩余电流动作保护器时，还应装设总隔离开关、分路隔离开关以及总断路器、分路断路器或总熔断器、分路熔断器。当所设总剩余电流动作保护器是同时具备短路、过载、剩余电流动作保护功能的剩余电流动作断路器时，可不设总断路器或总熔断器。

（2）当各分路已设置分路剩余电流动作保护器时，还应装设总隔离开关、分路隔离开关以及总断路器、分路断路器或总熔断器、分路熔断器。当分路所设剩余电流动作保护器是同时具备短路、过载、剩余电流动作保护功能的剩余电流动作断路器时，可不设分路断路器或分路熔断器。

（3）隔离开关应设置于电源进线端，应采用分断时具有可见分断点，并能同时断开电源所有极的隔离电器。如采用分断时具有可见分断点的断路器，可不另设隔离开关。

（4）熔断器应选用具有可靠灭弧分断功能的产品。

（5）总开关电器的额定值、动作整定值应与分路开关电器的额定值、动作整定值相适应。

（6）总配电箱应装设电压表、总电流表、电度表及其他需要的仪表。专用电能计量仪表的装设应符合当地供用电管理部门的要求。装设电流互感器时，其二次回路必须与保护零线有一个连接点，且严禁断开电路。

2. 分配电箱的电器设置

分配电箱应装设总隔离开关、分路隔离开关以及总断路器、分路断路器或总熔断器、分路熔断器。其设置和选择与总配电箱的电器设置要求相同。

分配电箱的
电器设置

3. 开关箱的电器设置

（1）开关箱必须装设隔离开关、断路器或熔断器，以及剩余电流动作保护器。当剩余电流动作保护器是同时具有短路、过载、剩余电流保护功能的剩余电流动作断路器时，可不装设断路器或熔断器。隔离开关应采用分断时具有可见分断点，能同时断开电源所有极的隔离电器，并应设置于电源进线端。当断路器具有可见分断点时，可不另设隔离开关。

（2）开关箱中的隔离开关只可直接控制照明电路和容量不大于 3.0kW 的动力电路，但不应频繁操作。容量大于 3.0kW 的动力电路应采用断路器控制，操作频繁时还应附设接触器或其他启动控制装置。

（3）开关箱中各种开关电器的额定值和动作整定值应与其控制用电设备的额定值和特性相适应。通用电动机开关箱中电器的规格可按相关规范要求选配。

（4）配电箱、开关箱的电源进线端严禁采用插头和插座做活动连接。

4. 配电箱和开关箱中剩余电流动作保护器设置要求

（1）剩余电流动作保护器应装设在总配电箱、开关箱靠近负荷的一侧，且不得用于启动电气设备的操作。

（2）总配电箱中剩余电流动作保护器的额定剩余动作电流应大于 30mA，额定剩余电流动作时间应大于 0.1s，但其额定剩余动作电流与额定剩余电流动作时间的乘积不应大于 30mA·s。它与在电路末端安装剩余电流动作电流小于 30mA 的高速动作型剩余电流动作保护器，一起形成分级分段保护，使每台用电设备均有两级保护措施。因此，当采用二级保护时，可将干线与分支线路作为第一级，线路末端作为第二级。第一级剩余电流保护区域较大，停电后影响也很大，剩余电流动作保护器灵敏度不要求太高，其剩余电流动作电流和动作时间应大于后面的第二级剩余电流动作保护器，这一级保护主要提供间接保护和防止剩余电流火灾，如果选用参数过小就会导致误动作影响正常生产。

（3）总配电箱和开关箱中剩余电流动作保护器的极数和线数必须与其负荷侧负荷的相数和线数一致。

（4）在线路的末级开关箱内，应安装高灵敏度、快速型的剩余电流动作保护器；在干线（总配电箱内）或分支线（分配电箱内）；应安装中灵敏度、快速型或延迟型（总配电箱）的剩余电流动作保护器，以形成分级保护。

（5）配电箱、开关箱中的剩余电流动作保护器宜选用无辅助电源型（电磁式）产品，或选用辅助电源故障时能自动断开的辅助电源型（电子式）产品。当选用辅助电源故障时不能自动断开的辅助电源型（电子式）产品时，应同时设置缺相保护。

（6）剩余电流动作保护器应按产品说明书安装、使用。对搁置已久重新使用或连续使用的剩余电流动作保护器应逐月检测其特性，发现问题应及时修理或更换。

3.3.6 接地与接零

1. 接地

所谓接地，即将电气设备的某一可导电部分与大地之间用导体做电气连接，简单地说，是设备与大地做金属性连接。

图 3-3-15 变压器外壳接地

接地分为工作接地、保护接地、重复接地和防雷接地四种类别。

1）工作接地

将变压器中性点直接接地叫工作接地，阻值应小于 4Ω（图 3-3-15）。

2）保护接地

保护接地是指将电气设备正常运行情况下不带电的金属外壳与接地极之间做可靠的电气连接，阻值应不大于 4Ω。它的作用是当电气设备的金属外壳带电时，如果人体触及此外壳时，由于人体的电阻远大于接地体电阻，则大部分电流经接地体流入大地，而流经人体的电流很小。这时只要适当控制接地电阻（一般不大于 4Ω），就可减少触电事故发生。

3）防雷接地

防雷装置（避雷针、避雷器等）的接地称为防雷接地。做防雷接地的电气设备，必须同时做重复接地，阻值不大于30Ω。

4）重复接地

所谓重复接地，就是在中性点直接接地的电力系统中，为了保证接地的作用和效果，除在中性点直接接地外，在零干线的一处或多处用金属导线连接接地装置（图3-3-16）。

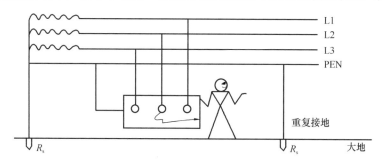

图3-3-16　重复接地

2. 接零

接零分为工作接零和保护接零。

（1）工作接零

电气设备因运行需要与工作零线连接。

（2）保护接零

保护接零是指在电源中性点直接接地的低压电力系统中，将用电设备的金属外壳与供电系统中的零线或专用零线直接做电气连接，称为保护接零。其供电系统为接零保护系统，即 TN 系统，TN 系统包括 TN-C、TN-C-S、TN-S 三种类型。目前采用最多的是TN-S 系统。

3. 接零与接地装置作用及设置要求

保护接零和保护接地是防止电气设备意外带电造成触电事故的基本技术措施。

（1）接零装置设置要求

1）TN-S 系统中的保护零线除必须在配电室或总配电箱处做重复接地外，还必须在配电系统的中间处和末端处做重复接地（图3-3-17）。

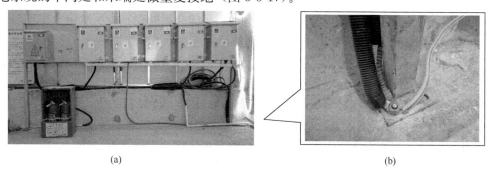

(a)　　　　　　　　　　　　　　　　(b)

图3-3-17　配电箱接地示意图

（a）配电箱保护零线接地；（b）保护零线接地

2）在 TN 系统中，保护零线每一处重复接地装置的接地电阻应不大于 10Ω。在工作接地电阻值允许达到 10Ω 的电力系统中，所有重复接地的等效电阻应不大于 10Ω。

3）在施工现场专用变压器的供电的 TN-S 接零保护系统中，电气设备的金属外壳必须与保护零线连接。保护零线应由工作接地线、配电室（总配电箱）电源侧零线或总剩余电流动作保护器电源侧零线处引出。

4）PE 线上严禁装设开关或熔断器，严禁通过工作电流，且严禁断线。

（2）接地装置设置要求

1）不得采用铝导体做接地体或地下接地线，垂直接地体宜采用角钢、钢管或光面圆钢，不得采用螺纹钢。

2）接地系统中，为防止 PE 线断线，增加可靠性，在各回路零线末端设置重复接地。设置部位宜在总配电箱及各分配电箱处，如位置不能满足要求，可用 50mm×5mm×2500mm 镀锌角钢（图 3-3-18），三条直接打入地下并用 40mm×4mm 镀锌扁钢焊接引出，接地线采用不小于 16mm² 塑料铜芯导线，由总配电箱引出的线路保护零线一律与重复接地点可靠连接，防雷接地电阻均不大于 30Ω。做法参照图 3-3-19。

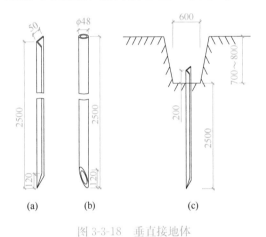

图 3-3-18　垂直接地体

（a）角钢；（b）钢管；（c）接地体的埋设

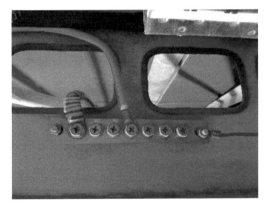

图 3-3-19　配电箱门与保护接零可靠连接

3）重复接地必须和保护零线可靠连接，严禁与工作零线连接。设备不带电的金属外壳及配电箱的金属箱门和支座必须与保护接零可靠连接（图 3-3-17、图 3-3-19），用电设备不带电的金属外壳（包括照明器具、手持电动工具的金属外壳）及配电箱金属箱门、支座必须与保护零线 PE 可靠连接，并且有震动的设备连接点不少于两处。

4. 接地与接零安全注意事项

（1）除了总配电箱外，其他各处均不得把 N 线和 PE 线连接，PE 线上不得安装开关和熔断器，也不得把大地兼作 PE 线且 PE 线不得通过工作电流。

（2）PE 线不得进入剩余电流动作保护器且必须由电源进线零线重复接地处或总剩余电流动作保护器电源侧零线处引出，线路末端的剩余电流动作保护器动作，会使前级剩余电流动作保护器动作。

（3）当施工现场与外电线路共用同一供电系统时，电气设备的接地、接零保护应与原系统保持一致。不允许对一部分设备采取保护接地，对另一部分采取保护接零。原因在于同一系统中，如果有的设备采取接地，有的设备采取接零，则当采取接地的设备发生碰壳时，零线电位将升高，而使所有接零的设备外壳都带上危险的电压。

3.3.7 防雷

1. 防雷装置的设置

（1）在土壤电阻率低于 $200\Omega\cdot m$ 区域的电杆可不另设防雷接地装置，但在配电室的架空进线或出线处应将绝缘子铁脚与配电室的接地装置相连接。

（2）施工现场内的起重机、井字架、龙门架等机械设备，以及钢脚手架和正在施工的在建工程等的金属结构，当在相邻建筑物、构筑物等设施的防雷装置接闪器的保护范围以外时，应按表 3-3-10 规定安装防雷装置。表 3-3-9 中地区年均雷暴日应按《建筑与市政工程施工现场临时用电安全技术标准》JGJ/T 46—2024 附录 A 执行。

施工现场内机械设备及高架设施需安装防雷装置的规定　　　　　　　　表 3-3-9

地区年均雷暴日/d	机械设备高度/m
≤15	≥50
>15，<40	≥32
≥40，<90	≥20
≥90	≥12

（3）当最高机械设备上避雷针（接闪器）的保护范围能覆盖其他设备，且又最后退出现场则其他设备可不设防雷装置。

（4）确定防雷装置接闪器的保护范围可采用《建筑与市政工程施工现场临时用电安全技术标准》JGJ/T 46—2024 附录 B 的滚球法。

2. 防雷装置的做法

（1）机械设备或设施的防雷引下线可利用该设备或设施的金属结构体，但应保证电气连接。

（2）机械设备上的避雷针（接闪器）长度应为 $1\sim2m$。塔式起重机可不另设避雷针（接闪器）。

（3）安装避雷针（接闪器）的机械设备，所有固定的动力、控制、照明、信号及通信线路，宜采用钢管敷设。钢管与该机械设备的金属结构体应做电气连接。

3. 防雷装置对电阻的要求

（1）施工现场内所有的防雷装置的冲击接地电阻不得大于 30Ω。

（2）做防雷接地机械上的电气设备，所连接的 PE 线必须同时做重复接地，同一台机械电气设备的重复接地和机械的防雷接地可共用同一接地体，但接地电阻应符合重复接地电阻值的要求。

（3）塔式起重机接闪器均高于相邻建筑物的防雷装置接闪器，整个施工现场都在其保护范围之内，因此施工现场不必设置其他专门的防雷装置。塔式起重机防雷接地与配电箱重复接地共用接地装置，接地电阻不大于 10Ω。塔式起重机防雷接地利用塔式起重机基础钢筋网做接地体，在塔式起重机两侧分别用 $40mm\times4mm$ 扁钢从基础钢筋网引出与塔式起重机机身连接（图 3-3-20）。

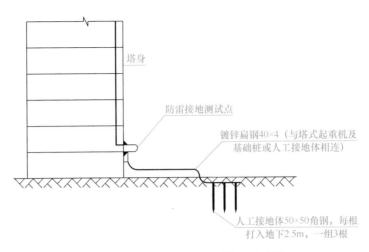

图 3-3-20　塔式起重机防雷接地示意图

3.3.8　施工照明

1. 施工照明设置场所

在夜间施工、坑洞内作业或厂房、料具堆放场、道路、仓库、办公室、食堂、宿舍等自然采光差的场所，应设一般照明、局部照明或混合照明。

在一个工作场所内，不得只装设局部照明。

停电后，操作人员需要及时撤离现场的特殊工程，必须装设自备电源的应急照明。

2. 照明供电

（1）照明灯具的选择

照明灯具应根据施工现场环境条件设计并应选用防水型、防尘型、防爆型灯具。施工现场照明应采用高光效、长寿命的照明光源。对需要大面积照明的场所，应采用高压汞灯、高压钠灯或混光用的卤钨灯。照明灯具的选择应符合下列规定：

1）一般场所宜选用额定电压为 220V 的照明器。但严禁利用额定电压 220V 的临时照明灯具作为行灯使用。

2）行灯应采用Ⅲ类灯具，采用安全特低压系统（SELV）供电的照明装置，其额定电压值不应超过 24V。

（2）行灯使用要求

使用行灯应符合下列要求：

1）灯体与手柄坚固、绝缘良好并耐热耐潮湿。

2）灯头与灯体结合牢固，灯头无开关。

3）灯泡外部有金属保护网。

4）金属网、反光罩、悬吊挂钩固定在灯具的绝缘部位上。

5）行灯变压器严禁带入金属容器或金属管道内使用。

（3）特殊场所安全用电要求

对下列特殊场所应使用安全电压照明器。

1）隧道、人防工程、高温、有导电灰尘、比较潮湿或灯具离地面高度低于 2.5m 等场所的照明，电源电压应不大于 36V。

2）在潮湿和易触及带电体场所的照明电源电压不得大于 24V。

3）在特别潮湿的场所、导电良好的地面、锅炉或金属容器内工作的照明电源电压不得大于 12V。

3. 照明装置使用

（1）照明灯具的金属外壳必须与 PE 线相连接，照明开关箱内必须装设隔离开关、短路与过载保护器和剩余电流动作保护器，并应符合规范要求。

（2）灯具与外物的距离要求

1）室外 220V 灯具距地面不得低于 3m，室内 220V 灯具不得低于 2.5m。

2）普通灯具与易燃物距离不宜小于 300mm。

3）聚光灯、碘钨灯等高热灯具与易燃物距离不宜小于 500mm，且不能直射易燃物。

4）达不到规定的安全距离时，应采取隔热措施。

3.3.9 外电线路防护

外电线路主要指不为施工现场专用的原来已经存在的高压或低压配电线路，外电线路一般为架空线路，个别现场也会遇到地下电缆。外电线路尤其是高压线路，由于周围存在的强电场的电感应所致，使附近的导体产生电感应，附近的空气也在电场中被极化，而且电压等级越高电极化就越强，所以必须保持一定安全距离，随电压等级增加，安全距离也相应加大。

施工现场作业，特别是搭设脚手架，一般立杆、大横杆钢管长 6.0m，如果距离太小，操作中的安全无法保障，所以这里的"安全距离"在施工现场就变成了"安全操作距离"，除了必要的安全距离外，还要考虑作业条件的因素，所以距离相应加大了。

1. 在外电架空线路附近作业时安全注意事项

（1）施工过程中必须与外电线路保持一定的安全距离，当受现场作业条件限制达不到安全距离时，必须采取屏护措施，防止发生因碰触而造成的触电事故。

（2）在建工程不得在外电架空线路正下方施工、搭设作业棚、建造生活设施或堆放构件、架具、材料及其他杂物等。

（3）当在架空线路一侧作业时，必须保持安全操作距离。

2. 与外电架空线路安全操作距离

（1）在建工程周边与外电架空线路最小安全操作距离

在建工程（含脚手架）的周边与外电架空线路的边线之间的最小安全操作距离应符合表 3-3-10 的规定，即与外电架空线路的边线之间必须保持的距离。

在建工程（含脚手架）的周边与外电架空线路的边线之间的最小安全操作距离

表 3-3-10

外电线路电压等级/kV	<1	1～10	35～110	220	330～500
最小安全操作距离/m	7.0	8.0	8.0	10.0	15.0

注：上、下脚手架的斜道不宜设在有外电线路的一侧。

（2）施工现场机动车道与架空线路最小垂直距离

施工现场的机动车道与外电架空线路交叉时，架空线路的最低点与路面的最小垂直距离应符合表 3-3-11 的规定。

施工现场的机动车道与架空线路交叉时的最小垂直距离　　　　表 3-3-11

外电线路电压等级/kV	<1	1~10	35
最小垂直距离/m	6.0	7.0	7.0

（3）起重机与架空线路最小安全距离

起重机严禁越过无防护设施的外电架空线路作业。在外电架空线路附近吊装时，起重机的任何部位或被吊物边缘在最大偏斜时与架空线路边线的最小安全距离应符合表 3-3-12 的规定。

起重机与架空线路边线的最小安全距离（单位：m）　　　　表 3-3-12

方向	电压/kV						
	<1	10	35	110	220	330	500
沿垂直方向	1.5	3.0	4.0	5.0	6.0	7.0	8.5
沿水平方向	1.5	2.0	3.5	4.0	6.0	7.0	8.5

（4）施工现场开挖沟槽边缘与外电埋地电缆沟槽边缘之间的距离不得小于 0.5m。

（5）施工现场道路设施与外电架空线路最小距离。

外电线路管理相关标准中，施工现场道路设施等与外电架空线路的最小距离应符合表 3-3-13 的规定。

施工现场道路设施等与外电架空线路的最小距离　　　　表 3-3-13

类别	距离	外电线路电压等级		
		10kV 以下	220kV 及以下	500kV 及以下
施工道路与外电架空线路	跨越道路时距路面最小垂直距离（m）	7.0	8.0	14.0
	沿道路边敷设时距路沿最小水平距离（m）	0.5	5.0	8.0
临时建筑物与外电架空线路	最小垂直距离（m）	5.0	8.0	14.0
	最小水平距离（m）	4.0	5.0	8.0
在建工程脚手架与外电架空线路	最小水平距离（m）	7.0	10.0	15.0
各类施工机械外缘与外电架空线路最小距离（m）		2.0	6.0	8.5

3. 绝缘隔离防护措施设置

当施工现场道路设施等与外电架空线路的最小距离达不到上述（1）～（5）条中规定的最小距离时，必须采取绝缘隔离防护措施，并悬挂醒目的警告标志。架设安全防护设施是一种绝缘隔离防护措施，宜采用木、竹或其他绝缘材料增设屏障、遮挡、围栏、保护网、防护棚等与外电线路实现强制性绝缘隔离。特殊情况下无法采用防护设施，则应与有关部门协商，采取停电、迁移外电线路或改变工程位置等措施，未采取上述措施的严禁施工。

4. 防护设施的搭设和拆除

防护设施的搭设和拆除应符合下列规定：

（1）架设防护设施时，必须经有关部门批准，采用线路暂时停电或其他可靠的安全技术措施，并应有电气工程技术人员和专职安全人员监护。

（2）防护设施应坚固、稳定，且对外电线路的隔离防护应达到 IP30 级。

（3）防护设施与外电架空线路之间的安全距离不应小于表 3-3-14 所列的数值。

防护设施与外电架空线路之间的最小安全距离　　　　表 3-3-14

外电架空线路电压等级/kV	≤10	35	110	220	330	500
防护设施与外电架空线路之间的最小安全距离/m	2.0	3.5	4.0	5.0	6.0	7.0

3.3.10 安全用电防火措施

1. 施工现场发生火灾的主要原因

（1）电气线路过负荷引起火灾

线路上的电气设备长时间超负荷使用，使用电流超过了导线的安全载流量。这时如果保护装置选择不合理，时间长了，线芯过热使绝缘层损坏燃烧，造成火灾。

（2）线路短路引起火灾

因导线安全间距不够，绝缘等级不够，经久老化、破损等或人为操作不慎等原因造成线路短路，强大的短路电流很快转换成热能，使导线严重发热，温度急剧升高，造成导线熔化，绝缘层燃烧，引起火灾。

（3）接触电阻过大引起火灾

导线接头连接不好，接线柱压接不实，开关触点接触不牢等造成接触电阻增大，随着时间增长引起局部氧化，氧化后增大了接触电阻。电流流过电阻时，会消耗电能产生热量，导致过热引起火灾。

（4）变压器、电动机等设备运行故障引起火灾

变压器长期过负荷运行或制造质量不良，造成线圈绝缘损坏，匝间短路，铁芯涡流加大引起过热，变压器绝缘油老化、击穿、发热等引起火灾或爆炸。

（5）电热设备、照灯具使用不当引起火灾

电炉等电热设备表面温度很高，如使用不当会引起火灾；大功率照明灯具等与易燃物距离过近引起火灾。

（6）电弧、电火花引起火灾

电焊机、点焊机使用时电气弧光、火花等会引燃周围物体，引起火灾。

2. 电气火灾预防措施

（1）现场用电设备防火措施

1）现场中的电动机严禁超载使用，电机周围无易燃物，发现问题及时解决，保证设备正常运转。

2）施工现场内严禁使用电炉。使用碘钨灯时，灯与易燃物间距要大于 30cm，室内不准使用功率超过 100W 的灯泡，严禁使用床头灯。

3）使用焊机时要执行动火许可制度，并有人监护，施焊周围不能存在易燃物体，并

备齐防火设备。电焊机要放在通风良好的地方。

4）施工现场的高大设备和有可能产生静电的电气设备要做好防雷接地和防静电接地，以免雷电及静电火花引起火灾。

5）存放易燃气体、易燃物仓库内的照明装置一定要采用防爆型设备，导线敷设、灯具安装、导线与设备连接均应满足有关规范要求。

6）配电箱、开关箱内严禁存放杂物及易燃物体，并派专人负责定期清扫。

7）设有消防设施的施工现场，消防泵的电源要由总箱中引出专用回路供电，而且此回路不得设置剩余电流动作保护器，当电源发生接地故障时可以设单相接地报警装置。有条件的施工现场，此回路供电应由两个电源供电，供电线路应在末端可切换。

（2）电气火灾响应机制

施工现场一旦发生电气火灾时，扑灭电气火灾应注意以下事项：

1）迅速切断电源，以免事态扩大。切断电源时应戴绝缘手套，使用有绝缘柄的工具。当火场离开关较远需剪断电线时，火线和零线应分开错位剪断，以免在钳口处造成短路，并防止电源线掉在地上造成短路使人员触电。

2）当电源线因其他原因不能及时切断时，一方面派人去供电端拉闸，另一方面灭火时，人体的各部位与带电体应保持一定充分距离，必须穿戴绝缘用品。

3）扑灭电气火灾时要用绝缘性能好的灭火剂如干粉灭火器、二氧化碳灭火器、1211灭火器或干燥砂子，严禁使用导电灭火剂进行扑救。

3.3.11　安全用电检查

施工现场临时用电工程中，除了要科学合理地编制、审核及实施临时用电方案，有效地进行外电线路的防护，要严格按规范要求采用三级配电、二级保护，坚持 TN-S 接地专用 PE 保护，坚持合格的电工从事施工现场运行维修。同时，还要建立临时用电安全技术档案，加强施工现场临时用电的安全检查和管理。

1. 用电安全管理重点检查内容

（1）电工岗位责任制、用电安全管理制度是否建立。

（2）是否有专职电工，电工是否持有效特种作业证上岗（电工证、进网电工许可证是否在有效期内）。

（3）电工防护用具和作业工具配备是否齐全并经过定期检测。

（4）电线是否外露破损或老化，线路绝缘是否良好，电气设备是否按规定进行定期维护保养和测试检验并进行登记记录。

（5）各类电气设备是否为现行的国家强制安全标准认证的合格厂家产品，是否按规定采取了绝缘、接地、接零的保护措施，是否安装了剩余电流保护装置，配电箱柜的装置容量是否与实际负荷相匹配等。

（6）是否存在违规使用电器设备、用电线路私搭乱接等不安全行为。

（7）是否按规定配备电气灭火设施、器材（图 3-3-21）。

（8）安全标志等安全设施是否齐全规范等（图 3-3-21）。

2. 施工现场临时用电安全技术档案

施工现场临时用电必须建立安全技术档案，并应包括下列内容：

（1）用电组织设计的全部资料；

(a)   (b)

图 3-3-21 安全警示标志及灭火器材设置
(a) 配电房安全警示标志设置；(b) 配电箱外安全警示标志设置

（2）修改用电组织设计的资料；

（3）用电技术交底资料；

（4）用电工程检查验收表；

（5）电气设备的试、检验凭单和调试记录；

（6）接地电阻、绝缘电阻和剩余电流动作保护器剩余电流动作参数测定记录表；

（7）定期检（复）查表；

（8）电工安装、巡检、维修、拆除工作记录。

3. 施工现场临时用电安全技术档案要求

（1）安全技术档案应由主管该现场的电气技术人员负责建立与管理。其中"电气安装、巡查、维修、拆除工作记录"可指定电工代管，每周由项目经理审核认可，并应在临时用电工程拆除后统一归档。

（2）临时用电工程应定期检查。定期检查时，应复查接地电阻和绝缘电阻值。

（3）临时用电工程定期检查应按分部、分项工程进行，对安全隐患必须及时处理，并应履行复查验收手续。

思政提升——西电东送中创造的世界第一

"西电东送"是我国西部大开发的标志性工程，也是西部大开发的重点骨干工程，是指开发贵州、云南、广西、四川、内蒙古、山西等西部省区的电力资源，将其输送到电力紧缺的广东、上海、江苏、浙江等省份和地区。

请同学们在学习本章知识后，积极检索相关文献，了解近年来我国典型的"中国建造"和超级工程，并从中体会工程从业人员的行业自豪感，树立专业发展信心。有兴趣的同学可以扫描右侧二维码，了解相关内容。

"西电东送"工程中的世界之最

3.4 建筑施工机械安全装置与管理

3.4.1 建筑施工机械使用安全技术通用要求

3.4.1.1 操作人员和施工管理人员要求

1. 对操作人员的要求

（1）操作人员应体检合格、无妨碍作业的疾病和生理缺陷，经过专业培训，并考核合格取得建设行政主管部门颁发的操作证，方可持证上岗。《建筑施工特种作业人员管理规定》（建质〔2008〕75号）规定，用人单位对于首次取得资格证书的人员，应当在其正式上岗前安排不少于3个月的实习操作。即首次上岗的学员在3个月内不能单独操作，应在专人指导下进行工作。

（2）操作人员应熟悉作业环境和施工条件，遵守现场安全管理，听从指挥，对违反规程的作业命令，操作人员在说明理由后可拒绝执行。

（3）操作人员必须按照机械设备的出厂使用说明书规定的技术性能、承载能力和使用条件，正确操作，合理使用，严禁超载作业或任意扩大使用范围。

（4）操作人员在作业过程中，应集中精力正确操作，严禁无关人员进入作业区或操作室内，并不得擅自离开工作岗位或将机械设备交给其他无证人员操作。

（5）在工作中，操作人员和配合作业人员必须按规定穿戴劳动保护用品，长发应束紧不得外露，高处作业时必须系安全带。

（6）实行多班作业的机械设备，应执行交接班制度，认真填写交接班记录；接班人员经检查确认没有问题后，方可接班上岗工作。

（7）操作人员应注意机械设备工况，遵守机械设备有关保养规定，认真及时做好各级保养工作，经常保持机械设备的完好状态。

2. 对施工管理人员的要求

（1）现场施工管理人员应为机械设备作业提供道路、水电、机棚或停机场地等必备条件，并消除妨碍机械设备作业等不安全因素，夜间作业应确保足够的照明条件。

（2）施工管理人员应向操作人员进行施工任务和安全技术措施交底。

（3）机械设备上的各种安全防护装置及监测装置、指示装置、仪表、报警装置等应完好齐全，有缺损时应及时修复，安全防护装置不完整或已失效的严禁使用。

（4）机械设备不得带病运转。

（5）运转中发现不正常时，应先停机检查，排除故障后方可使用。

（6）对强制违章作业而造成事故的施工管理人员，应追究当事人的责任。

3.4.1.2 机械设备管理要求

1. 机械设备使用与检查管理

（1）新机、经过大修或技术改造的机械，必须按出厂使用说明书的要求进行测试和试运转，并符合建筑机械磨合期的规定。

（2）机械管理人员应对磨合期负责：

1）在磨合期前，应把磨合期各项要求和注意事项向操作人员交底；

2）在磨合期间，应随时检查机械使用运转情况，详细填写机械磨合期记录；

3）磨合期届满，应由机械技术负责人审查签章，将磨合期记录归入技术档案。

（3）机械设备在寒冷季节使用时，应制定寒冷季节的施工安全技术措施，并对机械设备操作人员进行寒冷季节使用机械设备的安全教育、技术交底，同时应做好防寒防冻物资的供应工作和防寒防冻的应急预案。

（4）挖掘机、起重机、打桩机等重要作业区域，应设立安全警示标志，并采取现场安全防护措施。

（5）在机械设备产生对人体有害的气体、液体、尘埃、渣滓、放射性射线、振动、噪声等场所，必须配置相应的安全保护设备和三废处理装置；在隧道、沉井基础施工中，应采取措施，使有害物限制在规定的限度内。

（6）使用机械设备与安全生产发生矛盾时，必须首先服从安全要求。

2. 机械设备的保管和维修保养

（1）机械设备集中停放的场所应有专人看管，设置消防器材及工具，机械设备四周不得堆放易燃、易爆物品。

（2）停用一个月以上或长时间封存的机械设备，必须认真做好停用或封存前的保养工作，并应采取预防风沙、雨淋、水泡、锈蚀等的措施。

（3）机械设备使用的润滑油（脂），应符合出厂使用说明书所规定的种类和牌号，并应按时按质更换。

3.4.1.3 特种起重机械用钢丝绳的使用安全技术

《建筑起重机械安全监督管理规定》规定，建筑起重机械是指纳入特种设备目录，在房屋建筑施工现场和市政工程施工现场安装、拆卸、使用的起重机械。建筑施工现场广泛使用的塔式起重机、施工升降机、龙门架及井架等物料提升机、建筑卷扬机都属于特种建筑起重机械。钢丝绳既是起重机械的重要零件之一，是保证起重作业安全的关键。

钢丝绳由于强度高、自重轻、柔韧性好、耐冲击、安全可靠，广泛应用于起重机的各工作机构中。钢丝绳破坏前一般有预兆，总是从断丝开始，极少出现整根绳突然断裂的情形。

1. 钢丝绳的构造

钢丝绳由多层钢丝捻成股，再以绳芯为中心，由一定数量的一层或多层股捻绕成螺旋状。钢丝是碳素钢或合金钢通过冷拉或冷轧而成的圆形（或异形）丝材，具有很高的强度（抗拉强度为 1400～2000MPa）、韧性（根据耐弯折次数分为特级、Ⅰ级、Ⅱ级），并根据使用条件不同可对钢丝表面进行防腐处理（一般场合可用光面钢丝，在腐蚀条件下可用镀锌钢丝，分甲、乙、丙三级）。绳芯采用有机纤维（如麻、棉）、合成纤维、石棉芯（高温条件）或软金属等材料，用浸油的棉或麻作绳芯的钢丝绳比较柔软易弯曲，储油润滑钢丝、减轻摩擦、防止锈蚀，但不能受重压和在高温下工作；石棉芯的钢丝绳可以在较高温度下工作，但不能重压；钢芯（又称金属芯）的钢丝绳可以在较高温度下工作，且耐重压。

2. 钢丝绳的类型和使用

起重机用钢丝绳采用双捻多股圆钢丝绳，按钢丝的接触状态和丝股捻成方向分类。

（1）按钢丝的接触状态分类，可分为点接触、线接触和面接触钢丝绳（图 3-4-1）。

（2）按钢丝绳由丝捻成股的方向和由股捻成绳的方向可分以下几种：交互捻钢丝绳

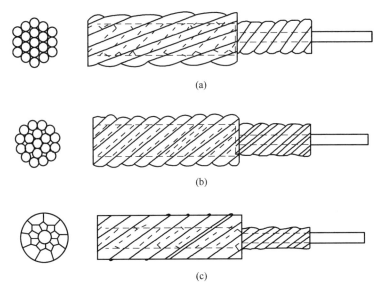

图 3-4-1　钢丝绳中丝与丝的接触状态

(a) 点接触；(b) 线接触；(c) 面接触

（也称交绕），同向捻钢丝绳（也称顺绕），不扭转钢丝绳。

3. 钢丝绳的选用与报废

（1）钢丝绳的选用采用安全系数法按工作状态下的最大静拉力计算钢丝绳的计算破断拉力总和并应满足承载能力和寿命要求。

（2）钢丝绳的连接与固定方式主要有：编排连接、楔套连接、钢丝绳夹连接、锥形套浇铸法和铝合金套压缩法等。其中钢丝绳夹连接简单、可靠、得到较为广泛的应用，采用钢丝绳夹固定时，应注意以下要求：

1）绳夹数量应满足钢丝绳直径的要求。

2）钢丝绳夹间的间距等于 6～7 倍钢丝绳直径，并按要求设置安全弯，如图 3-4-2 (a) 所示。

3）钢丝绳夹方向按图 3-4-2 (b) 所示把夹座扣在钢丝绳的工作端上，U 形螺栓扣在钢丝绳的尾端上，绳夹不得在钢丝绳上交替布置。

4）钢丝绳夹的连接强度不小于 85％钢丝绳破断拉力。

（3）钢丝绳在卷筒上通常采用压板固定，并设置安全圈（也称减载圈）。为了减小对固定压板的压力，保证取物装置下放到极限位置，在卷筒上除固定绳圈外，还应保留不小于 2 圈的钢丝绳，即安全圈。在使用中一定要注意不允许把钢丝绳放尽，必须留有安全减载圈。

（4）钢丝绳受到强大的拉应力作用，通过卷绕系统时反复弯折和挤压造成金属疲劳，并且由于运动引起与滑轮或卷筒槽摩擦，经过一段时间的使用，钢丝绳表层的钢丝首先出现缺陷，如断丝、锈蚀磨损、变形等。当钢丝绳的断丝数和变形发展到一定程度，钢丝绳无法保证正常安全工作，就应该及时报废、更新，见表 3-4-1。

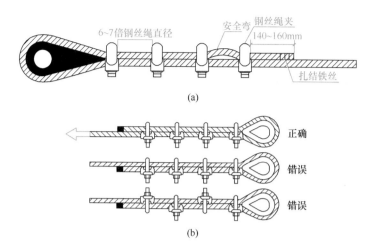

(a)

(b)

图 3-4-2 钢丝绳夹设置示意图

钢丝绳报废图示列表   表 3-4-1

序号	缺陷类型	图示	处理
1	钢丝挤出		立即报废
2	绳芯挤出		立即报废
3	绳股挤出/扭曲		立即报废
4	局部压扁		立即报废
5	笼状畸变		立即报废

序号	缺陷类型	图示	处理
6	表面断丝		一捻距内 2 处断丝 或 10% 断丝报废
7	内部绳股突出		立即报废
8	局部直径变大		直径增大 5% 立即报废
9	纽结		立即报废

3.4.2 特种建筑起重机械的安全装置与管理

建筑起重机械安装完毕后，使用单位应当组织出租、安装、监理等有关单位进行验收，或者委托具有相应资质的检验检测机构进行验收。建筑起重机械经验收合格后方可投入使用，未经验收或者验收不合格的不得使用。

建筑起重机械在验收前应当经有相应资质的检验检测机构监督检验合格，检验检测机构和检验检测人员对检验检测结果、鉴定结论依法承担法律责任。

3.4.2.1 塔式起重机

1. 塔式起重机的分类

塔式起重机又称为塔吊或塔机，主要用于向高处垂直运输材料的一种起重设备，在建筑施工中是比较常见的建筑机械之一。其金属结构由底座、底架、塔身、附着杆、起重臂、平衡臂、回转支承和小车变幅机构等组成。

塔式起重机的分类：按塔身回转方式分为上回转式和下回转式；按起重臂的构造特点分为动臂变幅和小车变幅；按能否自行搭设分为快装式和借助辅机拆装；按有无行走机构分类分为移动式和固定式；按有无塔头的结构分类分为平头式和尖头式；按塔身身高方式分为附着自升式和内爬式。

2. 塔式起重机的性能参数

塔式起重机的技术性能主要参数包括幅度、起重量、起重力矩、自由高度、最大高度等，一般参数包括各种速度、结构重量、尺寸、尾部尺寸及轨距轴距等。

（1）幅度

幅度是指从塔式起重机回转中心线至吊钩中心线的水平距离，通常称为回转半径或工作半径。

（2）起重量

起重量是吊钩能吊起的重量，该重量包括吊索、吊具、盛起吊对象的容器和起吊对象的重量，主要有最大起重量及最大幅度起重量两个参数。

塔式起重机的起重量随着幅度的增加而相应递减，各种幅度时均有额定的起重量，不同的幅度和对应起重量连接起来绘制成起重机的性能曲线图。操作人员可以根据塔机的性能曲线图迅速得出不同幅度下的额定起重量，以防止超载。

（3）起重力矩

起重量与相应幅度的乘积为起重力矩，单位为 kN·m。

额定起重力矩是塔式起重机工作能力的最重要参数，是防止塔式起重机在工作时因重心偏移而发生倾翻的关键参数。由于不同幅度的起吊重量不均衡，幅度越大，起吊重量越小，因此常以各点幅度的平均起重力矩作为塔式起重机的额定起重力矩。

（4）起升高度

起升高度也称吊钩高度，是指从塔机的混凝土基础表面（或行走轨道顶面）到吊钩的垂直距离。对小车变幅的塔式起重机，其最大起升高度是不可变的。

起升高度包括两个参数：①安装自由高度时的起升高度；②塔机附着时的最大起升高度。在安装自由高度时不需附着，一般塔式起重机的起升高度能达到 40m，能满足小高层以下建筑的使用。

（5）工作速度

塔式起重机的工作速度包括起升速度、回转速度、变幅速度、大车行走速度等。在起重作业中，起升速度是最重要的参数，特别是高层建筑中，提高起升速度就能提高工作效率；同时吊物就位时需要慢速，起升速度变化范围大是塔式起重机起吊性能优越的表现。起升速度不仅与起升机构有关，而且与吊钩滑轮组的倍率有关，2 绳的比 4 绳快 1 倍，单绳的比 2 绳快 1 倍。

（6）尾部尺寸、部件重量及外廓尺大

下回转起重机的尾部尺寸是指由回转中心至转台尾部（包括压重块）的最大回转半径。上回转起重机的尾部尺寸是指由回转中心线至平衡臂尾部（包括平衡块）的最大回转半径。塔式起重机的各部件的重量和外廓尺寸是运输、吊装、拆卸时的重要参数，其中尾部尺寸是影响安装拆卸以及回转作业的重要参数。

3. 塔式起重机的安全装置

塔式起重机的主要安全装置（图 3-4-3）包括五限位（起重量限制器、力矩限制器、起升限位器、回转限位器和幅度限位器）和四保险（吊钩防脱绳保险、小车断绳保险、小车断轴保险和防跳槽保险），另外还有其他安全装置，如风速仪、夹轨器、缓冲器和止挡装置、清轨板、顶升横梁防脱功能装置等。所有安全装置应保持灵敏有效，如发现安全装置失灵或损坏的，应及时修复或更换。经调整后的安全装置应加封（火漆或铅封）固定，严禁擅自调整。

（1）起重量限制器

● 塔吊除要设置力矩限制器外，还要有控制超高、超载、变幅、行走的限位器，限位器要经常进行检查，确保灵敏、可靠。

图 3-4-3　各安全装置位置示意图

1）塔机应安装起重量限制器（图 3-4-4），一般调整预报控制触头实施 90％额定荷载。如设有起重量显示装置，则其数值误差不应大于实际值的 ±5％。

2）当起重量大于相应挡位的额定值并小于该额定值的 110％时，起重量限制器应切断上升方向的电源，停止重物提升动作，但机构可做下降方向的动作。

（2）力矩限制器

1）塔机应安装起重力矩限制器（图 3-4-5），一般调整预报控制触头实施 90％额定荷载。如设有起重力矩显示装置，则其数值误差不应大于实标值的 ±5％。

图 3-4-4　起重量限制器

图 3-4-5　力矩限制器

2）当起重力矩大于相应工况下的额定值并小于该额定值的 110％时，应切断上升和幅度增大方向的电源，停止重物提升动作，但机构可做下降和减小幅度方向的运动。

3）起重力矩限制器控制定码变幅的触点和控制定幅变码的触点应分别设置且能分别调整。

4）对小车变幅的塔机，其最大变幅速度超过 40m/min，在小车向外运行，且起重力矩达到额定值的 80％时，变幅速度应自动转换为不大于 40m/min 运行。

（3）行程限位装置

1）行走限位装置

轨道式塔式起重机行走机构应在运行方向设置行程限位开关。在轨道上应安装限位开关碰铁，保证在与止挡装置或与同一轨道上其他起重机距离大于 1m 处能完全停住的制动行程且电缆线还有足够的长度。

2）幅度限位器

① 小车变幅的塔式起重机，应设置小车行程幅度限位开关（图 3-4-6）。

② 变幅距离端部要保证至少 20cm 距离，且在距离端部 2m 距离时应切断高速运行。

③ 动臂变幅的塔式起重机应设置臂架低位置和臂架高位置的幅度限位开关，以及防上臂架反弹后翻的装置。

(a)　　　　　　　　　　　　　　(b)

图 3-4-6　幅度限位器

(a) 幅度限位器外观；(b) 幅度限位器位置

3）起升限位器（图 3-4-7）

① 塔机应安装吊钩上极限位置的起升高度限位器。对动臂变幅的塔式起重机，当吊钩装置顶部升至起重臂下端≤800mm 时，该限位器应立即停止起升运动。对小车变幅的塔机，吊钩装置顶部至小车架下端的最小距离根据塔式起重机类型及起升钢丝绳倍率而定。

② 起升限位器在以下情况时应立即停止起升运动：上回转式塔式起重机 2 倍率时≥1000mm，4 倍率时≥700mm；下回转塔式起重机 2 倍率时≥800mm，4 倍率时≥400mm。

③ 吊钩下极限位置的限位器，可根据用户要求设置。

4）回转限位器

回转部分不设集电器的塔式起重机，应安装回转限位器（图 3-4-8），左右回转应限制在 1.5 圈，即 540°范围内。但塔式起重机回转部分在非工作状态下应能自由旋转；对有自锁作用的回转机构，应安装安全极限力矩联轴器。

图 3-4-7　起升限位器

图 3-4-8　回转限位器

（4）小车断绳保险（图 3-4-9）

小车断绳保护装置是变幅小车断绳时防止溜车的安全装置，所有小车变幅的塔式起重机变幅的双向均应设置断绳保护装置。

图 3-4-9　小车断绳保护装置

（5）小车断轴保险

小车变幅的塔式起重机，应设置变幅小车断轴保护装置，即使轮轴断裂，小车也不会掉落，以增加应急防御能力。

（6）钢丝绳防脱装置

滑轮、起升卷筒及动臂变幅卷筒均应设有钢丝绳防脱装置（图 3-4-10a），是防止钢丝绳在转动运行中跳动出槽，导致钢丝绳被卡死、拉断或磨轴，进而出现坠钩事故。该装置与滑轮或卷筒侧板最外缘的间隙不应超过钢丝绳直径的 20%。吊钩应设有防钢丝绳脱钩的装置（图 3-4-10b），以防止处于高空的滑轮钢丝绳因挡绳间隙过大，钢丝绳从吊钩中脱出，造成脱钩事故。

（7）风速仪

起重臂根部铰点高度大于 50m 的塔机，应在塔式起重机顶部的不挡风处配备风速仪（图 3-4-11）。当风速大于工作极限风速时，风速仪能发出停止作业的警报。

（8）夹轨器

轨道式塔机应安装夹轨器，使塔机在非工作状态下不能在轨道上移动。

（9）止挡装置、缓冲器

塔机行走和小车变幅的轨道行程末端均需设置止挡装置。缓冲器安装在止挡装置或塔机（变幅小车）上，当塔机（变幅小车）与止挡装置撞击时，缓冲器应使塔机（变幅小

(a)   (b)

图 3-4-10 防跳槽保险、吊钩防脱绳保险

（a）防跳槽保险；（b）吊钩防脱绳保险

车）较平稳地停车而不产生猛烈的冲击。

（10）清轨板

轨道式塔机的台车架上应安装排障清轨板，清轨板与轨道之间的间隙不应大于 5mm。

（11）顶升横梁防脱功能

自升式塔机塔身在正常加节、降节作业时，应具有防止顶升横梁从塔身支承中自行脱出的功能。

4. 塔式起重机的安装、拆卸以及安全管理

起重机的拆装必须由具有建设行政主管部门颁发的起重设备安装工程专业资质和安全生产许可证的专业安装单位进行，并应有技术和安全人员在场

图 3-4-11 风速仪

监护。塔式起重机安装、拆卸及塔身加节或降节作业时，应按说明书的有关规定及专项施工方案、相关安全技术交底进行，拆装必须进行准备工作检查、自身机构检查、结构件和高强度螺栓检查、连接插销和起重臂检查。

（1）塔式起重机的安装

1）塔机在安装、增加塔身标准节之前应对结构件和高强度螺栓进行检查，若发现下列问题应修复或更换后方可进行安装：

① 目视可见的结构件裂纹及焊缝裂纹；

② 连接件的轴、孔严重磨损；

③ 结构件母材严重锈蚀；

④ 结构件整体或局部塑性变形，销孔塑性变形。

2）塔机顶升作业过程必须听从指挥信号，应有专人指挥，专人监管电源，专人操作系统，专人安装螺栓。操纵室只允许一人操作，非作业人员不得登上顶升套架的操作平台，操纵液压系统过程绝不允许套架上的导向块脱离标准节架的主角钢。

（2）塔式起重机的验收

1）塔式起重机的轨道基础或混凝土基础应验收合格后方可使用。

2）在安装过程中，必须分阶段进行技术检验；整机安装完毕后，应进行整机技术检验和调整，填写相关记录，经技术负责人审查签章后报检、报备。

3）自检：塔式起重机安装完成之后，安装单位应及时组织单位技术人员、安全人员、安装人员对塔式起重机进行验收。

4）委托第三方检验机构进行检验：塔式起重机安装完成后必须经第三方专业检测单位检测合格并出具合格的检测报告。

5）资料审核：施工单位应对塔式起重机安装相关资料原件进行审核，审核通过后，留存加盖单位公章的复印件，并报监理单位审核。监理单位审核完成后，施工单位组织联合验收。

6）组织验收：施工单位应组织设备供应方、安装单位、使用单位、监理单位对塔式起重机安装进行联合验收。实行施工总承包的，由施工总承包单位组织验收。

（3）塔式起重机的操作使用

1）一般要求

① 建筑起重机械司机、建筑起重机械安装拆卸工、建筑起重信号司索工等应具有省级以上建设主管部门考核发放资格证书，县级以上建设行政主管部门负责监督管理工作；

② 每台作业的塔式起重机司机室内应备有一份有关操作维修内容的使用说明书；

③ 动臂式和尚未附着的自升式塔式起重机，塔身上不得悬挂标语牌，以防止大风骤起时，塔身受风压面加大而发生事故；

④ 指挥司索信号应明确，吊挂绳之间的夹角宜小于120°以免吊挂绳受力过大；指挥物体翻转时，应使其重心平稳变化，不应产生指挥意图之外的动作；进入悬吊重物下方时，应先与司机联系并设置支撑装置；多人绑挂时，应由一人负责指挥；

⑤ 起重机在无线电台、电视台或其他强电磁波发射天线附近施工时，应做好防护措施，预防由于强烈电磁波通过形成的对地高电位差，出现人体被电击或烧伤；

⑥ 在寒冷季节，应对暂停使用起重机的电动机、电器柜、变阻器箱、制动器等进行严密遮盖；

⑦ 起重机工作时，不得进行检查和维修；检修人员上塔身、起重臂、平衡臂等高空部位检查或修理时必须系好安全带，做好防护措施。

2）作业过程中的安全管理

① 开车前，必须鸣铃或振警，操作中接近人时也应给以鸣铃或振警。在正常工作情况下，应按指挥信号进行，但对特殊情况的紧急停车信号，不论何人发出都应立即执行；

② 所吊重物接近或达到额定起重能力时，吊运前应检查制动器，并用小高度、短行程起吊后，再平稳地吊运；

③ 应根据起吊重物和现场情况选择适当的工作速度，操纵各控制器时应从停止点（零点）开始，依次逐级增加速度，严禁越挡操作。在变换运转方向时，应将控制器手柄扳到零位，待电动机停转后再转向另一方向，不得直接变换运转方向、突然变速或制动；

④ 在吊钩提升、起重小车或行走大车运行到行程限位开关前均应减速缓行到停止位置，并应与行程限位开关保持一定距离，严禁采用限位装置作为停止运行的控制开关；

⑤ 动臂式起重机的起升、回转、行走可同时进行，变幅应单独进行，每次变幅后应对变幅部位进行检查；

⑥ 采用涡流制动调速系统的起重机，不得长时间使用低速挡或慢就位速度作业；

⑦ 吊运时，不得从人的上空通过，吊臂下不得有人；起吊的重物严禁自由下降，重物和吊具的总重量不得超过起重机相应幅度下规定的起重量；提升重物水平移动时，应高出其跨越的障碍物 0.5m 以上；重物就位时，可采用慢就位机构或利用制动器使之缓慢下降；

⑧ 作业中停电或电压下降时，应立即将控制器扳到零位并切断电源；在重新工作前，应检查起重机动作是否都正常。

3）作业完成后的安全管理

① 作业完毕后，起重机应停放在轨道中间位置，起重臂应转到顺风方向，并松开回转制动器，小车及平衡重应置于非工作状态，吊钩宜升到离起重臂顶端 2~3m 处；

② 停机时应将每个控制器拨回零位，依次断开各开关并关闭操纵室门窗；下机后应锁紧夹轨器，使起重机与轨道固定，断开电源总开关。

4）塔式起重机"十不吊"：

① 指挥信号不明不吊；

② 斜拉斜挂不吊；

③ 被吊物重量不明或超载不吊；

④ 散物捆扎不牢固、吊挂不牢或物料装放过满不吊；

⑤ 被吊物上有人或浮置物不吊；

⑥ 埋入地下的物件不吊；

⑦ 安全装置失灵或带病不吊；

⑧ 工作场地光线昏暗、看不清场地、被吊物和指挥信号不吊；

⑨ 重物棱角处与捆绑钢丝绳之间未加衬垫不吊；

⑩ 六级以上强风不吊。

（4）塔式起重机安拆过程的安全管理

1）安装、拆卸、加节或降节作业应在白天进行，塔式起重机的最大安装高度处的风速不应大于 13m/s，当有特殊要求时，按用户和制造厂的协议执行。当遇大风、浓雾和雨雪等恶劣天气时，应停止作业。

2）起重机拆装前，应按照使用说明书的有关规定，编制拆装作业方法、质量要求和安全技术措施，经企业技术负责人审批后作为拆装作业技术方案，并向全体作业人员交底。

3）指挥人员应熟悉拆装作业方案，遵守拆装工艺和操作规程，使用明确的指挥信号进行指挥。所有参与拆装作业的人员应听从指挥，如发现指挥信号不清或有错误时，应停止作业，待联系清楚后再进行。

4）拆装人员在进入工作现场时，应穿戴安全保护用品，高处作业时应系好安全带，熟悉并认真执行拆装工艺和操作规程。当发现异常情况或疑难问题时，应及时向技术负责人反映，不得自行其是，应防止处理不当而造成事故。

5）在拆装上回转、小车变幅的起重臂时，应根据使用说明书的拆装要求进行，并应保持起重机的平衡。这是因为上回转塔式起重机通过平衡臂与起重臂保持机身平衡，在拆装平衡臂与起重臂过程中，需要注意保持机身的平衡，避免由于不平衡而造成起重机倾翻事故。

6）采用高强度螺栓连接的结构，应使用原生产厂制造的连接螺栓，自制螺栓应有质量合格的试验证明，否则不得使用。连接螺栓时，应采用扭矩扳手或专用扳手，并应按装配技术要求拧紧。

7）在拆装作业过程中，若遇天气剧变、突然停电、机械故障等意外情况短时间不能继续作业时，必须使已拆装的部位达到稳定状态并固定牢靠，经检查确认无安全隐患后，方可停止作业。

8）塔式起重机的尾部与周围建筑物及其外围施工设施之间的安全距离不小于 6m。

9）有架空输电线的场合，塔机的任何部位与输电线路的安全距离应符合表 3-4-2 的规定。如因条件限制不能保证表中安全距离，应与有关部门协商并采取安全防护措施后方可架设。

塔式起重机的任何部位与输电线的安全距离   表 3-4-2

安全距离	电压等级/kV				
	<1	1～15	20～40	60～110	220
沿垂直方向/m	1.5	3.0	4.0	5.0	6.0
沿水平方向/m	1.0	1.5	2.0	4.0	6.0

10）多塔作业应制定专项施工方案并经过审批。两台塔式起重机之间的最小架设距离应保证处于低位塔式起重机的起重臂端部与另一台塔式起重机的塔身之间至少有 2m 的距离；处于高位塔式起重机的最低位置的部件（吊钩升至最高点或平衡重的最低部位）与低位塔式起重机中处于最高位置部件之间的垂直距离不应小于 2m。

3.4.2.2 施工升降机

1. 施工升降机概述

施工升降机，又称外用电梯、施工电梯、附壁式升降机，是一种使用工作笼（吊笼）沿导轨架作垂直（或倾斜）运动，用来运送人员或物料的机械。施工升降机按驱动方式可分为齿轮齿条驱动（SC 型）、卷扬机钢丝绳驱动（SS 型）和混合驱动（SH 型）三种。目前应用较广的是齿轮齿条驱动（SC 型）施工升降机。施工升降机主要由钢结构、传动机构、安全保护装置和电气控制系统等部分组成，如图 3-4-12 所示。

（1）钢结构

钢结构由吊笼、底笼、导轨架、对（配）重、天轮架及小起重机构、附墙架等组成。

1）吊笼：吊笼（梯笼）外形如图 3-4-13 所示。吊笼是施工升降机运载人和物料的构件，笼内有传动机构、限速器及电气箱等，外侧附有驾驶室，设置了门保险开关与门联锁的机械联锁，只有当吊笼前后两道门均关好后，吊笼才能运行。

吊笼内空净高度不得小于 2m，对于卷扬机钢丝绳式人货两用升降机（注：目前这种

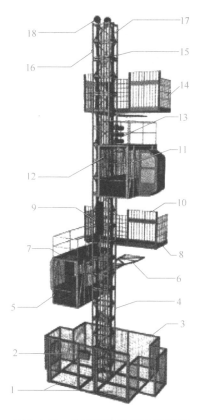

图 3-4-12　施工升降机构造示意图

1—地面防护围栏门；2—开关箱；3—地面防护围栏；4—导轨架标准节；5—吊笼门；6—附墙架；7—紧急逃离门；8—层站；9—对重；10—层门；11—吊笼；12—防坠安全器；13—传动系统；14—层站栏杆；15—对重导轨；16—导轨；17—齿条；18—天轮

图 3-4-13　吊笼

施工升降机已较少使用），提升吊笼的钢丝绳不得少于 2 根，且应是彼此独立的。钢丝绳的安全系数不得小于 12，直径不得小于 9mm。

2）底笼：底笼的底架是施工升降机与基础连接部分，主要由底盘、防护围杆及一节基础标准节等组成。底架多用槽钢焊接成平面框架，并用地脚螺栓与基础相固结，吊笼不工作时停在其上。底笼四周有钢板网护栏，底笼入口处有底笼门并装有自动开门机构，当吊笼上升时，外笼自动关闭，吊笼着地时，底笼门能自动打开。在底笼的骨架上装有多个缓冲弹簧，在吊笼坠落时起缓冲作用，并保证吊笼着地时为柔性接触。

3）导轨架：导轨架是吊笼上下运动的导轨、升降机的主体，能承受规定的各种载荷。导轨架是由若干个具有互换性的标准节，经螺栓连接而成的多支点的空间桁架，用来传递和承受荷载。标准节的截面形状有正方形、矩形和三角形，标准节的长度与齿条的模数有关，一般每节为 1.5m。

4）附墙架：立柱的稳定是靠与建筑结构的附墙进行连接来实现的。附墙架用来使导架可靠地支承在施工的建筑物上。附墙架多由型钢或钢管焊成平面桁架。

（2）驱动机构

施工用升降机的驱动机构一般有齿轮齿条式和卷扬机钢丝绳式两种。齿轮齿条式驱动机构由电动机、联轴器、减速器和安装在减速器输出轴上的齿轮等组成，采用双电机或三电机驱动，使齿轮齿条受力均匀。驱动机构安装在吊笼外或吊笼内，通过齿轮与导轨架上的齿条相啮合，使吊笼上、下运行。

（3）安全防护装置

1）防坠安全器：防坠安全器是施工升降机的重要部件，它能在限定距离内快速制动锁定坠落物体，用来防止吊笼坠落事故的发生，保证乘员的生命安全（图3-4-14）。防坠安全器分为渐进式（SC型）和瞬时式（SS型）防坠安全器，其中对于额定提升速度不超过0.63m/s的施工升降机可采用瞬时式防坠器，否则均应采用渐进式防坠器。防坠安全器应在有效的标定期限内（安全器的有效标定期限不得超过1年）。对出厂2年的防坠安全器必须送到法定的检验单位进行检测试验，以后每年检测一次。

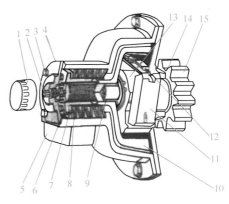

图 3-4-14　防坠安全器

1—罩盖；2—浮螺钉；3—螺钉；4—后盖；5—开关罩；6—螺母；7—防转开关压臂；8—蝶形弹簧；
9、14—轴套；10—旋转制动载；11—离心块；12—调速弹簧；13—离心座；15—齿轮

在非坠落试验的情况下，安全器动作后，吊笼应不能运行。只有当故障排除，安全器复位后吊笼才能正常运行。

2）安全开关：升降机的安全开关包括围栏门限位开关、吊笼门限位开关、顶门限位开关、极限位开关、上下限位开关、对重防断绳保护开关等，均应根据安全需要设计。

①上、下限位开关：为防止吊笼上、下时超过需停位置，或因司机误操作以及电气故障等原因继续上行或下降引发事故而设置的安全装置，安装在吊笼和导轨架上。上、下限位装置由限位碰块和限位开关构成，上限位开关设在吊笼顶部的上侧（图3-4-15），上限位碰块设在导轨架顶部（图3-4-16a），可防止冒顶；吊笼触发上限位开关后，留有的上部安全距离不得小于1.8m，上限位开关与上极限开关的越程距离为0.15m。下限位开关设在吊笼的顶部的下侧，下限位碰块设在导轨架底部（图3-4-16b）。上、下限位开关必须

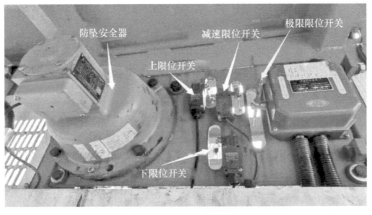

图 3-4-15　安全开关

为自动复位型。

②极限限位开关：上、下极限限位器（图3-4-15）是在上、下限位器不起作用时，当吊笼运行超过限位开关和越程后，能及时切断电源使吊笼停车。上、下极限限位装置由极限限位开关和极限限位碰块构成，极限限位开关和极限限位碰块分别安装在吊笼和导轨架上（图3-4-15，图3-4-16），属于非自动复位型，动作后只能手动复位才能使吊笼重新启动。极限开关不应与限位开关共用一个触发元件。

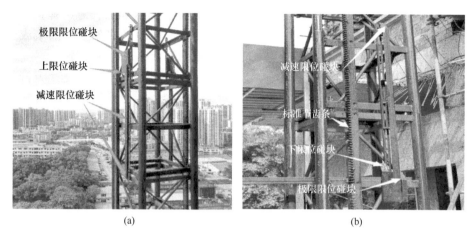

图3-4-16　限位开关碰块
（a）上限位碰块；（b）下限位碰块

③急停开关：当吊笼在运行过程中发生各种原因的紧急情况时，司机能在任何时候按下急停开关，使吊笼停止运行。急停开关必须是非自行复位的安全装置，一般安装在吊笼内电控箱上或司机操作的控制面板上。

④门限开关（图3-4-17）：吊笼门、顶门、防护围栏门均装有电器联锁限位开关，并可装设机械联锁装置，它们能有效地防止因吊笼或防护围栏门未关闭就启动运行而造成人员的物料坠落，只有当吊笼门、顶门和防护围栏完全关闭后才能启动运行。轿厢顶门安装电器联锁限位开关，能有效防止检修或逃生时，电梯电源突然通电。

图3-4-17　门限开关（吊笼门电气、机械联锁）
（a）吊笼门限位开关；（b）吊笼顶门限位开关；（c）围栏门机械联锁

图 3-4-18　缓冲弹簧

3）缓冲器：在施工升降机的底架上安装有缓冲器（缓冲弹簧，图 3-4-18），施工升降机的缓冲器是施工升降机安全的最后一道防线。当吊笼发生坠落事故时，减轻吊笼的冲击，同时保证吊笼和配重下降着地时成柔性接触，减缓吊笼和配重着地时的冲击。缓冲弹簧有圆锥卷弹簧和圆柱螺旋弹簧两种。通常，每个吊笼对应的底架上有两个或三个圆锥卷弹簧或四个圆柱螺旋弹簧。

4）安全钩：齿轮齿条式施工升降机应采用渐进式安全器，不允许采用瞬时式安全器并应设置安全钩。安全钩是在上限位开关和上极限限位开关因各种原因不能及时动作，为避免吊笼继续向上运行冲击导轨架顶部发生倾翻坠落事故时而设置的钩块，也是最后一道安全装置。它能防止防坠安全器输出端齿轮脱离齿条或使吊笼上行到导轨架安全防护设施顶部时，安全地将吊笼钩在导轨架上，防止吊笼脱离导轨架，保证吊笼不发生倾覆坠落事故。

5）超载保护装置：施工升降机应装有对吊笼内载荷、吊笼顶部载荷的超载起保护作用超载保护装置。

6）楼层停靠安全防护门：施工升降机各停靠层应设置停靠安全防护门。安全防护门的高度不小于 1.8m，且层门应有连锁装置，在吊笼未到停层位置，防护门无法打开，以保证作业人员安全。

7）基础围栏：基础围栏应装有机械连锁或电气连锁。机构连锁应使吊笼只能位于底部所规定的位置时，基础围栏门才能开启。电气连锁应使防护围栏开启后吊笼停车且不能起动。

8）齿条挡块或无齿条标节（图 3-4-19）：为避免施工升降机在运行或吊笼下坠时，防

图 3-4-19　无齿条标节

坠安全器的齿轮与齿条啮合分离，施工升降机应采用齿条背轮和齿条挡块，在齿条背轮失效后，齿条挡块就成为最终的防护装置。

2. 施工升降机的安装、拆卸与安全管理

施工升降机的安装和拆卸工作必须由取得建设行政主管部门颁发的拆装资质证书的专业安装单位负责，并必须由经过专业培训且取得操作证的作业人员进行操作和维修，并应有技术和安全人员在场监护。施工升降机属于"特种设备"，作业人员要遵守《建筑施工特种作业人员管理规定》（建质〔2008〕75号）。

（1）施工升降机的安装

1）安装前的准备工作检查

① 安全前应编制安装方案，安装方案的内容应能指导安全施工，并且有完备的审批手续；

② 安装队伍必须持有的省级以上主管部门核发的安全资格证书；

③ 针对安装人员和升降机司机的安全技术交底的资料；

④ 应有基础设计、隐蔽验收及混凝土强度报告；

⑤ 升降机使用说明书原件或复印件；

⑥ 施工升降机安装前应对各部件及附着安装设备、用具进行检查。对有可见裂纹的构件应进行修复或更换，对有严重锈蚀、严重磨损、整体或局部变形的构件必须进行更换，符合产品标准的有关规定后方能进行安装；

⑦ 安装人员的特种作业岗位证书；

⑧ 安装告知书等其他有关的安全资料。

2）施工升降机安装的安全要求

① 严格高空作业操作规范，设置警示标志，禁止非工作人员进入现场，防止高空坠物，必要时加安全防护网。

② 地基应浇制混凝土基础，地基上表面平整度允许偏差为 10mm，并应有排水设施。

③ 应保证升降机的整体稳定性，升降机导轨架的纵向中心线至建筑物外墙面的距离宜选用较小的安装尺寸，升降机附着于建筑物的距离越小，稳定性越好。

④ 导轨架垂直度有严格的要求，各项安装数据也需要符合生产厂规定。导轨架安装时，应用经纬仪对升降机在两个方面进行测量校准。其垂直度允许偏差为其高度的 0.5‰。

⑤ 导轨架顶端自由高度、导轨架与附壁距离、导轨架的两附壁连接点间距离和最低附壁点高度均不得超过生产厂规定。

⑥ 升降机的专用开关箱应设在底架附近便于操作的位置，箱内必须设短路、过载、相序、断相、零位保护等装置。

⑦ 升降机梯笼周围应设置稳固的防护栏杆，各楼层平台通道应平整牢固，不得与外脚手架连接，出入口应设防护栏杆和防护门，梯笼行程范围内不应有危害安全运行的障碍物。

⑧ 升降机安装在建筑物内部井道中时，应在全行程范围井壁四周搭设封闭屏障。装设在阴暗处或夜班作业的升降机，应确保足够的照明和明亮的楼层编号标志灯。

3）有下列情况之一的施工升降机不得安装使用：

① 属国家明令淘汰或禁止使用的；

② 超过安全技术标准或制造厂家规定使用年限的；

③ 经检验达不到安全技术标准规定的；

④ 无完整安全技术档案的；

⑤ 无齐全有效的安全保护装置的。

（2）施工升降机的验收

施工升降机安装后应经过安装单位自检、第三方专业检测单位检测合格、联合验收、登记备案等验收流程，未经验收或者验收不合格的不得使用。

检验检测合格，使用单位应当组织租赁、安装、监理单位等进行联合验收。实行总承包的，应由施工总承包单位组织验收。验收合格 30 日内，将施工升降机安装验收资料、安全管理制度、特种作业人员名单等，向工程所在地县级以上建设行政主管部门办理使用登记备案。

（3）施工升降机的操作使用

1）一般要求

① 施工升降机是载人的露天高处作业的电动机械，在大雨、大雾、六级及以上大风等恶劣天气情况下以及导轨架、电缆等结冰时，必须停止运行，并将吊笼降到底层，切断电源。

② 暴风雨后，应对雨水是否侵入施工升降机各机构（尤其是各安全装置）进行检查，确认正常后方可运行。

③ 吊笼严禁超载运行，乘人或载物应使载荷均匀分布，不得偏重。

④ 施工升降机在每班首次载重运行前，将吊笼升离地面 1～2m 时，应停机试验制动器的可靠性；当发现制动效果不良时，应调整或修复后方可运行。

⑤ 防坠安全器是保证施工升降机安全运行的关键机构。施工升降机的防坠安全器在使用中不得任意拆检调整，需要拆检调整时或每用满 1 年后，均应由生产厂或指定的认可单位进行调整、检修或鉴定。

⑥ 新安装或转移安装以及经过大修后的施工升降机，在投入使用前必须按说明书规定试验程序进行坠落试验。施工升降机在使用中每隔 3 个月，应进行一次坠落试验。当试验中吊笼坠落超过 1.2m 制动距离时，应查明原因，并应调整防坠安全器，切实保证不超过 1.2m 制动距离。试验后以及正常操作中每发生一次防坠动作，均必须对防坠安全器进行复位。

2）作业前重点检查项目

① 各部结构无变形，连接螺栓无松动；

② 齿条与齿轮、导向轮与导轨均接合正常；

③ 运行范围内无障碍。

3）作业中的安全管理

① 起动前，应检查并确认电缆、接地线完整无损，控制开关在零位。

② 电源接通后，应检查并确认电压正常，测试无剩余电流现象，并试验确认各限位装置、吊笼、围护门等的电器连锁装置良好可靠，电器仪表灵敏有效。

③ 起动后，应进行空载升降试验，测定各驱动机构制动器的效能，确认正常后，方可开始作业。

④ 在施工升降机未切断总电源开关前，操作人员不得离开操作岗位。

⑤ 当施工升降机运行中发现有异常情况时，应立即停机并采取有效措施将吊笼降到底层排除故障后方可继续运行。在运行中发现电气失控时，应立即按下急停按钮，在未排除故障前，不得打开急停按钮。

⑥ 施工升降机运行到最上层或最下层时，严禁用行程限位开关作为停止运行的控制开关，如果以限位开关代替停车按钮使用，将失去安全防护的作用而易发生事故。

⑦ 当施工升降机在运行中由于断电或其他原因而中途停止运行时，可将电动机尾端制动电磁铁手动释放拉手缓缓向外拉出，使吊笼缓慢地向下滑行。吊笼下滑时，不得超过额定运行速度。手动下降必须由专业维修人员进行操纵。

⑧ 当遇大雨、大雪、大雾、施工升降机顶部风速大于 20m/s 或导轨架、电缆表面结有冰层时，不得使用施工升降机。

4）作业后的安全管理

① 作业后应将吊笼降到底层停放，不允许将吊笼停放于其他位置；

② 操作台各控制开关拨到零位，切断吊笼电源，锁好开关箱、吊笼门和地面防护围护门。

5）施工升降机的保养维护

施工升降机应按要求进行日常检查、周期检查、定期检查、全面检查、特殊检查。

（4）施工升降机安拆过程的安全管理

1）施工升降机的安装、拆卸作业应在白天进行，不得夜间进行。

2）升降机拆装前，应按照使用说明书的有关规定，编制拆装作业方法、质量要求和安全技术措施，经企业技术负责人审批后作为拆装作业技术方案，并向全体作业人员交底。

3）安装、拆卸前应对施工升降机的关键部件进行检查，当发现问题时，应在问题解决后方能进行安卸作业。

4）应在安拆场地周围设置警戒线和醒目的安全警示标志，并应派专人监护，不得在拆安作业区域内进行与安拆无关的其他作业。

5）拆装人员在进入工作现场时，应穿戴安全保护用品，高处作业时应系好安全带，熟悉并认真执行拆装工艺和操作规程。当发现异常情况或疑难问题时，应及时向技术负责人反映，不得自行其是，应防止处理不当而造成事故。

6）拆卸附墙架时，施工升降机导轨架的自由端高度应始终满足使用说明书的要求，应确保与基础相连的导轨架在最后一个附墙架拆除后，仍能保持各方向的稳定性。

7）吊笼安装后或未拆除之前，非安拆作业人员不得在地面防护围栏内、施工升降机运行通道内、导轨架内以及附墙架上等区域活动。

8）施工升降机安卸应连续作业，当安拆作业不能连续完成时，应采取相应的安全措施。在拆装作业过程中，若遇天气剧变、突然停电、机械故障等意外情况短时间不能继续作业时，必须使已拆装的部位达到稳定状态并固定牢靠，经检查确认无隐患后，方可停止作业。

3.4.2.3 物料提升机

1. 物料提升机概述

物料提升机是建筑施工现场中常用的一种垂直输送材料和工具器具的简易垂直运输设施，其结构设计和制造必须符合《龙门架及井架物料提升机安全技术规范》JGJ 88—2010。

（1）物料提升机分类

1）按物料提升高度分为高、低架物料提升机。提升高度 30m 以下（含 30m）为低架物料提升机，提升高度 30～150m 为高架物料提升机。

2）按结构主要可分为龙门架和井架两种（图 3-4-20）。

① 龙门架物料提升机由两根立柱、天梁和地梁构成门形式架体，吊笼在两立柱中间沿轨道作垂直运动。龙门架因其刚度和稳定性较差，提升高度一般在 30m 以下。

(a)   (b)

图 3-4-20　物料提升机

（a）龙门架；（b）井架

② 井架物料提升机由立杆、水平杆和斜杆型钢组成井字形架体，井架物料提升机稳定性好，配以附墙装置，可在150m以下的高度使用，是建筑施工现场常用的垂直运输设施之一。适用于较小载荷的场合，额定重量一般在1000kg以下。

（2）物料提升机的基本构造

物料提升机由立柱、导轨、缆风绳、附着锚固装置、天轮、转向地滑轮和卷扬机等组成。

1）立柱为主要结构件，可支撑和引导吊笼做垂直运动。龙门架有两根立柱，吊笼位于两根立柱中间，根据强度和刚度的设计，立柱横断面可以为三角形、矩形或正方形；井架的横断面一般为正方形，吊笼位于立柱内框之中。

2）导轨是为吊笼运行提供导向的部件，一般垂直安装在立柱上，也可直接用立柱主肢作为导轨，供吊笼作垂直升降运动。

3）缆风绳是为保证龙门架或井架架体稳定而在架体四个方向设置的拉结钢丝绳索，缆风绳直径不小于9.3mm，安全系数不小于3.5。提升高度在20m（含20m）以下时，缆风绳不少于1组；提升高度在20～30m时不少于2组；提升高度超过30m时（即高架物料提升机）在任何情况下不得采用缆风绳。

4）附着锚固装置件是为提升机架体稳固牢靠，与建筑物主体结构锚固点牢固可靠连接的装置，高架物料提升机的架体稳定由附着锚固装置件提供。

5）天轮、地轮都是钢丝绳的导向滑轮，天轮装设于天梁上，转向地滑轮装设于立柱根部。

6）卷扬机是提升机的动力装置，可分为可逆式和摩擦式。建筑施工现场不得使用摩擦式卷扬机。

2. 物料提升机的安全装置

建筑施工现场的龙门架、井架必须具有下列安全装置：

（1）上料口防护棚

防护棚应设在提升机架体地面进料口上方，可以采用木脚手板或采用中间悬空的两层竹笆板铺设，以缓冲落物的冲击，宽度应大于提升机的最外部尺寸。

（2）层楼安全门、吊笼安全门、首层防护门

1）层楼安全门：吊笼在各楼层的通道口处应设置常闭的层楼安全门，为防止随意打开，层楼安全门应采用连锁装置控制，即当吊笼运行时，所有层楼安全门都不能打开，仅当吊笼运行到位不再升降时方可开启。

2）吊笼安全门：吊笼的上料口处应设置连锁开启装置的安全门，吊笼落地，门自动开启，吊笼提升，门自动落下关闭，升降运行时安全门封闭吊笼的上料口，防止物料从吊笼中滚落。

3）首层防护门：物料提升机首层应设置完好无缺、高度不小于1.8m的防护围栏及围栏门，围栏门应装有电气联锁开关，吊笼应在围栏门关闭后方可启动。

（3）安全停靠装置或断绳保护装置、防坠装置

1）安全停靠装置用于吊笼运行到位时，将吊笼定位并能使吊笼稳妥地支靠在架体上的装置，防止钢丝绳突然断裂或卷扬机抱闸失灵时吊笼坠落，其装置有制动和手动两种。该装置应能可靠地承担吊笼自重、额定载荷及运料人员和装卸物料时的工作荷载。

2）断绳保护装置是当吊笼悬挂或运行中发生断绳时，断绳保护装置能可靠地将吊笼停住并固定在架体上，保证在吊笼满载时滑落行程，最大制动滑落距离不得超过1m。

物料提升机在上下运行中禁止载人，但在吊笼运行到位时，允许操作人员进入吊笼内将物料运进或运出。物料提升机应设置安全停靠装置，注意该装置不能防止吊笼运行中因断绳可能发生的事故，断绳保护装置则可以起到双重作用。操作人员进入只装设断绳保护装置的吊笼装卸物料时，吊笼会出现较大的晃动和下沉，其稳定性不及安全停靠装置。我国南方地区多采用断绳保护装置，北方地区多采用安全停靠装置。

（4）载重量限制器（超载限制器）

当提升机荷载达到额定荷载的90％时，载重量限制器（超载限制器）应能发出报警信号，提醒操作人员不超载使用；荷载超过额定荷载100％～110％时应能自动切断起升电源。

（5）上、下极限限位器

1）上极限限位器应安装在吊笼允许提升的最高工作位置，当吊笼上升达到限定高度时，限位器即行动作切断电源。吊笼的越程（指从吊笼的最高点与天梁最低点的距离）应不小于3m。

2）下极限限位器的安装位置应满足在吊笼碰到缓冲器之前限位器能够动作，当吊笼下降达到最低限定位置时，限位器自动切断电源，使吊笼停止下降。

（6）紧急断电开关、短路保护、过电流保护、剩余电流保护

1）紧急断电开关应设在便于司机操作的位置，在紧急情况下，应能及时切断提升机的总控制电源。

2）提升机的开关箱应设置有断路器或熔断器，并应设置符合要求的专用剩余电流动作保护器。

（7）信号装置

1）信号装置是由司机控制的一种音频或视频装置，其音量或视频应能使司机可以清晰听到或看见各楼层使用提升机装卸物料人员。

2）当司机不能清楚地看到操作人员和信号指挥人员时，必须加装通信装置。通信装

置必须是一个闭路的双向电气通信系统,司机应能听到每一站的讲话声音,并能向每一站讲话。

(8)缓冲器

缓冲器在架体的底坑里应设置弹簧或弹性实体的缓冲器,当吊笼以额定荷载和规定的速度作用到缓冲器上时,应能承受相应的冲击力。

3.物料提升机的安装、拆卸与安全管理

(1)物料提升机的安装

物料提升机的安装、拆除单位应具有起重机械安拆资质及安全生产许可证;安装、拆除作业人员必须经专门培训,取得特种作业资格证。

1)安装前装备

① 安装与拆除作业前,应根据现场工作条件及设备情况编制作业方案,且应经安装、拆除单位技术负责人审批后实施。

② 对作业人员进行安全、技术等各方面工作前交底,确定指挥人员,划定安全警戒区域并设置监护人员,排除作业障碍。

③ 辅助安装起重设备及工具经检验检测,并符合要求。

④ 安装作业前检查物料提升机的结构、零部件和安全装置经出厂检验并符合要求:金属结构的成套性和完好性;提升机构完整良好;电气设备齐全可靠;基础已验收并符合要求;地锚的位置、附墙架连接埋件的位置正确和可靠;物料提升机的架体和缆风绳的位置不得靠近或跨越架空输电线路,当必须靠近时,应保证安全距离并应采取安全防护措施。

2)物料提升机安装

物料提升机的安装必须由专业人员安装,安装严格按照安装方案进行。安装完后在吊笼进料口上方悬挂"限制载重量标识牌""禁止乘人""禁止攀登架体"和"禁止从架体下穿越"等警示标识牌。

(2)物料提升机的验收

物料提升机安装完毕后,安装单位先进行自检,自检合格后,由使用单位报特种设备检测机构进行检测,出具检测合格报告书。

检验合格后,在投入使用前,应由项目负责人组织安装单位、使用单位、租赁单位和监理单位等对物料提升机安装质量按照《龙门架及井架物料提升机安全技术规范》JGJ 88—2010 的规定进行验收。

物料提升机安装完成后的检查验收主要包括以下内容:

1)架体有无开焊和明显变形,安装精度是否符合要求,各节点连接螺栓是否紧固;

2)附墙架、缆风绳、地锚位置和安装情况;

3)安全防护装置是否符合要求,起重机的制动器应灵活可靠。平台的四角与井架不得互相擦碰,平台固定销和吊钩应可靠,并应有防坠落、防冒顶等保险装置;

4)卷扬机的位置是否合埋,钢丝绳、滑轮组的固接情况;

5)电气设备及操作系统的可靠性,信号及通信装置的使用效果,是否良好清晰;

6)提升机与输电线路的安全距离及防护情况;

7)龙门架或井架不得和脚手架相连为一体。

验收合格后由安拆单位向使用单位进行移交和安全使用交底，并由使用单位向当地建设工程质量安全监督管理部门办理备案后方可使用。

（3）物料提升机的使用

1）使用前的安全管理

① 应对操作司机、作业人员进行安全技术工作交底，不准酒后上岗、不得带病作业、疲劳作业，严禁人员攀登、穿越物料提升机架体和乘吊笼上下。操作司机必须经培训持证上岗，严禁无证人员进行操作。

② 使用单位应建立施工升降机安全使用管理制度，项目经理对起重机械使用安全负全责，项目安全员对使用过程进行监督检查，机械管理员对设备做好日常检查、维护、保养管理。

③ 操作司机应在班前对物料提升机的状况观察检查，首先空载提升吊笼做 1 次上下运行，检查碰撞限位器和观察安全门是否完好有效，并在额定荷载下将吊笼提升至离地面 1～2m 高度停机，检查制动器的可靠性和架体的稳定性，在确认物料提升机正常时，方可投入作业。

2）使用中的安全管理

① 严禁超载使用，物料在吊笼内应均匀分布，不得超出吊笼；当长料在吊笼中立放时，应采取防滚落措施；散料应装箱或装笼。

② 闭合主电源前或作业中突然断电时，应将所有开关扳回零位。重新恢复作业时，应在确认物料提升机动作正常后方可继续使用。

③ 不得使用吊笼载人，吊笼下方不得有人员停留或通过，在作业中不论任何人发出紧急停车信号，都应立即执行。

④ 物料提升机不得随意使用安全装置的极限限位装置，发现安全装置、通信装置失灵时，应立即停机修复。

⑤ 使用过程中要经常检查钢丝绳、滑轮、滑轮轴和导轨等工作情况，及时更换达到报废条件的钢丝绳、滑轮等设施配件。

⑥ 在使用过程中，需要顶升加节、增设置附墙时，必须由原安拆单位编制加高方案，经使用单位、监理单位审批合格后方可进行施工，施工完毕后必须经过验收合格方可使用。

⑦ 运行过程中吊笼的四角与井架不得互相擦碰，吊笼各构件连接应牢固可靠。

⑧ 停靠装置必须与吊笼安全门联动，吊笼安全门提起时停靠装置启动。

⑨ 楼层平台防护门必须与卷扬机联动，防护门未关闭到位卷扬机无法工作，防护门未关闭到位卷扬机无法工作，该楼层的警示灯同时亮起。

3）使用后的安全管理

① 作业后，应检查钢丝绳、滑轮、滑轮轴和导轨等，发现异常磨损，应及时修理或更换。

② 下班前，应将吊笼降低到最低位置，各控制开关置于零位，切断电源，锁好开关箱。

（4）物料提升机的保养维护

物料提升机应建立维修保养制度，对物料提升机进行经常性维修保养和定期维修保养。保养应按要求进行断电、设置警示标识、委派专人监控监护等措施。使用过程中还要做好日常检查和定期检查，日常检查由司机在每班前进行，物料提升机使用期间应每月进行不少于1次定期检查。

（5）物料提升机的拆卸

1）拆除作业前，应根据现场工作条件及设备情况编制作业方案，且应经拆除单位技术负责人审批后实施。

2）对作业人员进行安全、技术等各方面工作前交底，确定指挥人员，划定安全警戒区域并设监护人员，排除作业障碍。

3）辅助安装起重设备及工具经检验检测，并符合要求。

4）拆除作业前检查以下内容：

① 物料提升机与建筑物及脚手架的连接情况；

② 查看物料提升机架体有无其他牵拉物；

③ 临时附墙架、缆风绳及地锚的设置情况；

④ 地梁与基础的连接情况。

5）拆除作业宜在白天进行，若夜间作业应有良好的照明，严禁从高处向下抛掷物件。

6）在拆除缆风绳或附墙架前，应先设置临时缆风绳或支撑，确保架体的自由高度不得大于2个标准节（一般不大于8m）。

7）拆除龙门架的天梁前，应先分别对两立柱采取稳固措施，保证单柱的稳定。

8）因故中断作业时，应采取临时稳固措施。

3.4.3 一般建筑机械的安全装置与管理

3.4.3.1 混凝土输送设备

1. 混凝土机械设备概述

混凝土机械主要有混凝土搅拌机、混凝土搅拌运输车、混凝土输送泵、混凝土泵车、混凝土振捣器、混凝土喷射机、混凝土布料机。本节仅就混凝土输送泵等输送设备的安全管理进行叙述。

2. 混凝土输送泵

目前国内外均普遍采用装设于拖车上的液压活塞式混凝土泵。其主要由料斗、混凝土缸、分配阀、输送管和液压系统等组成，是通过液压控制系统使分配阀交替启闭，液压缸活塞杆的往复运动以及分配阀的协同动作，使两个混凝土缸轮流交替完成吸入与排出混凝土的工作过程。它可以同时完成混凝土的水平和垂直输送。

（1）混凝土输送泵的布置与固定

混凝土输送管道尽可能直线敷设，以减少混凝土在管道中通过时的阻力；向下倾斜或垂直管道需要一定阻力来缓冲和排气，泵送混凝土通过管道时会产生冲击振动。因此，泵送管道的敷设应符合下列要求：

1）水平泵送管道宜直线敷设。

2）垂直泵送管道不得直接装接在泵的输出口上，应在垂直管前端加装长度不小于20m的水平管，并在水平管近泵处加装逆止阀。

3）向下敷设倾斜的管道时，应在输出口上加装一段水平管，其长度不应小于倾斜管高。斜度较大时，应在坡度上端装设排气活阀。

4）泵送管道应有支承固定，在管道和固定物之间应设置木垫作缓冲，不得直接与钢筋或模板相连,管道与管道间应连接牢靠;管道接头和卡箍应扣牢密封,不得漏浆;不得将已磨损管道装在后端高压区。

5)泵送管道敷设后,应进行耐压试验。

(2)混凝土输送泵作业前的管理要求

1)作业前应进行检查和做准备工作,以保证泵机在作业中的正常运行。

2)检查并确认泵机各部螺栓紧固,防护装置齐全可靠,各部位操纵开关、调整手柄、手轮、控制杆、旋塞等均在正确位置,液压系统正常无泄漏,液压油符合规定,搅拌斗内无杂物,斗上方的保护格网完好无损并盖严。

3)输送管道的管壁厚度应与泵送压力匹配,近泵处应选用优质管子,管道接头、密封圈及弯头等应完好无损。高温烈日下应采用湿麻袋或湿草袋遮盖管路,并应及时浇水降温,寒冷季节应采取保温措施。

4)应配备清洗管、清洗用品、接球器及有关装置。

5)开泵前,无关人员应离开管道周围。

(3)混凝土输送泵作业中的管理要求

1)起动后,应空载运转,观察各仪表的指示值,检查泵和搅拌装置的运转情况,确定一切正常后,方可作业。泵送混凝土前应向料斗加入 10L 清水和 $0.3m^3$ 的水泥砂浆润滑泵及管道。

2)泵送作业中,料斗中的混凝土平面应保持在搅拌轴线以上,以保证泵送中混凝土不中断。料斗格网上不得堆积混凝土,应控制供料流量,及时清除超粒径的骨料及异物,使之能保持筛选作用;不得随意移动格网。应防止管道堵塞,当出现输送管堵塞时,应进行反泵运转,使混凝土返回料斗。当反泵几次仍不能消除堵塞,应在泵机卸载情况下,拆管排除堵塞。

3)泵送混凝土应搅拌均匀,控制好坍落度。当进入料斗的混凝土有离析现象时应停泵,待搅拌均匀后再泵送。

4)泵送混凝土应连续作业,不得中途停泵。因供料中断被迫暂停时,停机时间不得超过 30min,暂停期间应每隔 5～10min(冬季 3～5min)做 2～3 个冲程反泵-正泵运动,以使混凝土处于流动状态,防止凝结;再次投料泵送前应先将料搅拌。当停泵时间超限时,应排空管道。

5)垂直向上泵送中断后再次泵送时,应先进行反向推送,使分配阀内混凝土吸回料斗,经搅拌后再正向泵送,以防止混凝土因停泵而产生离析。

6)泵机运转时,严禁将手或铁锹伸入料斗或用手抓握分配阀。当需要在料斗或分配阀上工作时,应先关闭电动机和消除蓄能器压力。

7)不得随意调整液压控制系统压力。当油温超过 70℃时,液压控制系统性能将下降,液压油变质,密封件老化失效,应停止泵送,但仍应使搅拌叶片和风机运转,待降温后再继续运行。

8)水箱内应贮满清水(注意混凝土或液压油喷出会造成人身伤害)。

9)作业中,应观察泵送设备和管路,发现隐患及时处理,对磨损超过规定的管卡箍、密封圈等应及时更换。

3. 混凝土输送泵车

混凝土输送泵车是由在汽车底盘上安装一套混凝土输送液压驱动设备，再装备可伸缩或曲折的布料杆组成（工程上也称天泵）。混凝土输送泵车由于输送混凝土方便灵活，因此广泛应用建筑施工现场。使用混凝土输送泵车时，应注意如下安全事项：

（1）泵车就位地点应平坦坚实，周围无障碍物，上空无高压输电线，不得停放在斜坡上。

（2）泵车就位后，为保证泵车的水平和稳定性，应支起支腿并保持机身的水平稳定，并显示停车灯，避免碰撞。当用布料杆送料时，机身倾斜度不得大于规定限值。

（3）伸展布料杆应按使用说明书的顺序进行，布料杆升离支架后方可回转。布料杆全部伸出时，泵车的稳定性降低，不能再移动，更不能用布料杆起吊或拖拉物件。

（4）作业中需要移动车身时，应将上段布料杆折叠固定，移动速度不得超过10km/h。

（5）不得在地面上拖拉布料杆前端软管，严禁延长布料配管和布料杆。当风力在 6 级及以上时，不得使用布料杆输送混凝土。

（6）泵送时应检查泵和搅拌装置的运转情况，监视各仪表和指示灯，发现异常应及时停机处理。

3.4.3.2 木工加工机械

1. 木工加工机械概述

木工机械是指在木材加工工艺中，将木材加工的半成品加工成为木制品的一类机床。主要有带锯机、圆盘锯、平面刨、压刨床、木工车床、木工铣床、开榫机、打眼机、锉锯机、磨光机等。在建筑工程中最常用的是圆盘锯和平面刨。

2. 木工加工机械的安全管理

（1）木工圆盘锯

1）木工圆盘锯上的旋转锯片必须设置可靠的安全防护罩。

2）操作前应进行检查，锯片应与轴同心，螺栓应紧固，锯片锯齿尖锐，不得有裂口、断齿现象。开锯前应先空转一分钟，查看锯片有无摇摆，是否需用调整加固。

3）现场严禁吸烟和明火，严禁戴手套作业。操作时要佩戴防护眼镜，站在锯片一侧，禁止站在与锯片同一直线上，以防木料弹出伤人。工作中如需清理锯末等杂物时，必须停锯，严禁在运转中清理。

4）进料不得用力过猛，手臂不得跨越锯片。锯线走偏时需逐渐修正，不得猛扳以免损坏锯片；短窄料应用推棍或木板推送，禁止用手直接推送料；接料应使用刨钩；超过锯片半径的木料禁止上锯。

5）加工旧木料时，要检查木料上有无铁钉，确认没有后方可进行加工作过程中，如发现异常响动及其他不正常现象，要立即停锯检查。

6）工作完毕后要切断电源、清理现场锯末，关闭开关箱方可离开现场。在关闭电源时，锯片在惯性作用下继续转动，操作者必须等锯片停止转动，才允许离开现场，严禁用木料或者其他手段强行制动。

（2）木工平面刨

1）平刨机严禁戴手套操作，安全挡板防护装置必须齐全有效，否则禁止使用。

2）刨料时两腿前后叉开，保身体稳定，双手持料。刨大面时，手应按在料上面；刨小料时，可以按在料的上半部，但手指必须离开刨口 50mm 以上，严禁用手在料后推送和跨越刨口进行刨削。

3）被刨木料的厚度小于 30mm 或长度小于 400mm 时，应用压板或推棍推送。厚度在 15mm 或长度在 250mm 以下的木料，不得在平刨上加工。

4）被刨材料长度超过 2m 时，必须有两人操作，接料后不准猛拉；每次刨削量不得超过 1.5mm，按在料上的手用力要轻，进料速度保持均匀，禁止在刨刃上方回料。

5）刨旧料前，必须将料上的钉子、杂物清除干净；遇木槿、节疤要缓慢送料；木料如有裂破、硬节等缺陷时，必须处理后再施刨；严禁将手按在节疤上送料。

6）刀片和刀片螺丝的厚度、重量应一致，刀架与夹板应平整贴紧，合金刀片焊缝的不得有裂缝或高度不得超过刀头；刀片紧固螺丝应嵌入刀片槽内，槽端离刀背不得小于 10mm。

7）换刀片或调整切削量时，必须切断电源和停止运转，严禁在运动中进行调整，以防台面和刨刃接触造成飞刀事故。

8）机械运转时，不得将手伸进安全挡板里侧移动挡板。禁止拆除进行刨削。

3.4.3.3　钢筋加工机械

1. 钢筋加工机械概述

钢筋加工机械是以电动机、液压为动力的机械。主要有钢筋调直切断机、钢筋切断机、钢筋弯曲机、钢筋冷拉机等，其他还有预应力钢筋螺纹成型机、钢筋除锈机、钢筋冷拔机等。

钢筋加工机械应安装坚实稳固，保持水平位置，安装完成后应履行验收手续方可使用。采用手持式钢筋加工机械作业时应佩戴绝缘手套等防护用品。加工较长的钢筋应有专人帮扶，并听从机械操作人员的指挥，不得任意推拉。

2. 钢筋调直切断机

钢筋调直切断机（图 3-4-21）具有同时调直和按下料尺寸切断钢筋的功能，广泛应用于小规格的钢筋加工。操作钢筋调直切断机应注意如下安全事项：

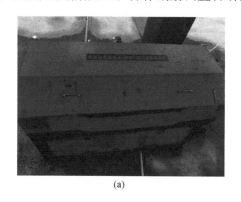
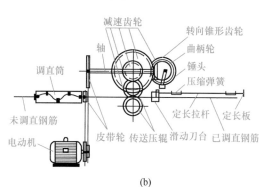

(a)　　　　　　　　　　　　　(b)

图 3-4-21　钢筋调直切断机

（a）钢筋调直切断机实物；（b）钢筋调直切断机的工作原理

（1）料架、料槽应安装平直，并对准导向筒（置于调直筒前）、调直筒和传送压辊下切刀口的中心线。

（2）应用手转动飞轮检查传动机构和工作装置，调整间隙，紧固螺栓，确认正常后，先起动空载运转，检查轴承无异响，齿轮啮合良好，运转正常后，方可作业。

（3）应按调直钢筋的直径，选用适当的调直块及传动速度。调直块的孔径应比钢筋直径大 2~5mm，传动速度应根据钢筋直径选用，直径大的宜选用慢速，经调试合格，方可送料。

（4）在调直块未固定、防护罩未盖好前不得送料。作业中严禁打开各部防护罩和调整间隙。

（5）当钢筋送入后，手与传动机构应保持一定的距离，不得接近。

（6）调直筒内一般设有五个调直块，第 1 个和第 5 个放在中心线上，中间三个偏离中心线共有 3mm 左右的偏移量，经过调直后的钢筋如仍有慢弯，可逐渐加大调直块的偏移量，直到调直为止。

（7）钢筋调直时应严格遵循以下操作要求：

1）作业人员必须做好安全防护，戴安全帽、手套、穿胶底鞋。

2）作业前应检查电线、配电箱、开关箱是否完好，接零保护是否可靠。

3）在施工区域要设安全警示标识，禁止通过，还要设置防护挡板护拦。

4）钢筋调直加工时，应在夹具夹牢后，方可开动机器。

5）调直工作时，无关人员不得站在调直机械附近，当料盘上的钢筋快完时，要严防钢筋端头伤人。

3. 钢筋切断机

钢筋切断机（图 3-4-22）仅具有切断钢筋的功能，可以适用于各种规格的钢筋加工，一般用于大规格钢筋的切断。操作钢筋切断机应注意如下安全事项：

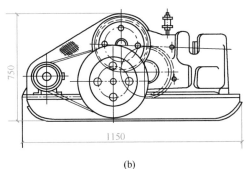

（a）   （b）

图 3-4-22　钢筋切断机

（a）钢筋切断机实物；（b）钢筋切断机的工作原理

（1）接送料的工作台面应和切刀下部保持水平，工作台的长度可根据加工材料长度确定。

（2）起动前，应检查并确认切刀无裂纹，刀架螺栓紧固，防护罩牢靠，然后用手转动皮带轮，检查齿轮咬合间隙，调整切刀间隙。

（3）起动后，应先空运转，检查各传动部分及轴承，均运转正常方可作业，并遵循以下操作原则：

1）机械未达到正常转速时不得切料。

2）切料时，应使用切刀的中、下部位，紧握钢筋对准刃口迅速投入。

3）钢筋切断时，其切断的一端会向切断一侧弹出，因此，操作人员应站在固定刀片的一侧用力压住钢筋，防止钢筋末端弹出伤人。

4）严禁用两手分在刀片两边握住钢筋俯身送料。

5）不得剪切直径及强度超过机械铭牌规定的钢筋和烧红的钢筋。一次切断多根钢筋时，其总截面积应在规定范围内。

6）切断短料时，手和切刀之间的距离应保持在150mm以上。当手握钢筋端小于400mm时，应采用套管或夹具将钢筋短头压住或夹牢。

7）运转中，严禁用手直接清除切刀附近的断头和杂物。摆动的钢筋周围和切刀周围，非操作人员不得停留。

8）当发现机械运转不正常、有异常响声或切刀歪斜时应立即停机检修。

（4）作业后，应切断电源，用钢刷清除切刀间的杂物，进行整机清洁润滑。

（5）剪切低合金钢筋时，应更换高硬度切刀，剪切直径应符合机械铭牌规定。

（6）液压传动式切断机作业前，应检查并确认液压油位及电动机旋转方向符合要求。起动后，应空载运转，松开放油阀，排净液压缸体内的空气，方可进行切筋。

（7）手动液压式切断机使用前，应将放油阀按顺时针方向旋紧，切割完毕后，应立即按逆时针方向旋松。作业中，手应持稳切断机，并戴好绝缘手套。

4. 钢筋弯曲机

钢筋弯曲机（图3-4-23）具有将钢筋弯曲加工成各种形状的功能，可以适用于各种规格的钢筋的弯曲加工。操作钢筋弯曲机应注意如下安全事项：

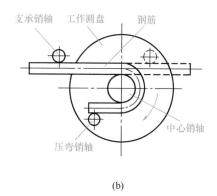

(a)   (b)

图 3-4-23 钢筋弯曲机

（a）钢筋弯曲机实物；（b）钢筋弯曲机的工作原理

（1）工作台和弯曲机台面应保持水平，作业前应准备好各种芯轴及工具。

（2）根据待加工钢筋的直径和弯曲半径，装好相应规格的芯轴（中心销轴）和成型轴（压弯销轴）、挡铁轴。芯轴直径应为钢筋直径的2.5倍，挡铁轴要有轴套，以消除钢筋弯曲时与挡铁轴的摩擦。

（3）挡铁轴的直径和强度不得小于被弯钢筋的直径和强度。

（4）应检查并确认芯轴、挡铁轴、转盘等无裂纹和损伤，防护罩坚固可靠，空载运转正常后，方可作业。

（5）作业时，应将钢筋弯曲加工一端插入转盘固定销的间隙内，另一端紧靠机身固定销，并用手压紧；应检查机身固定销并确认安放在挡住钢筋的一侧无误后，方可开动。在弯曲钢筋的作业半径内和机身不设固定销的一侧严禁站人。

（6）作业中，严禁更换轴芯、销子和变换角度及调速，也不得进行清扫和加油；转盘换向时，应待停稳后进行。在弯曲未经冷拉或带有锈皮的钢筋时，会有小片破裂锈皮弹出，应佩戴防护镜，防止伤害眼睛。弯曲好的半成品，应堆放整齐，弯钩不得朝上。

（7）严禁弯曲超过机械铭牌规定直径的钢筋，以免机械超载而受损；弯曲高强度或低合金钢筋时，应按机械铭牌规定换算最大允许直径并应调换相应的芯轴。

（8）作业后，应及时清除转盘及插入座孔内的铁锈、杂物等。

3.5　施工过程的安全管理

3.5.1　基础工程施工阶段安全管理

3.5.1.1　建筑基坑土方开挖的安全管理

土方开挖，必须遵循开槽支撑，先撑后挖，分层开挖，严禁超挖。

1. 开挖前安全管理

（1）土方开挖前按要求编制土方开挖专项施工方案，并按方案施工。

（2）场地做好排水措施，如果地下水位较高时还需进行降水处理。

（3）编制基坑监测方案，按要求做好基坑监测记录。

2. 机械开挖安全管理

（1）机械开挖时，严禁人员在机械作业范围内停留。土方开挖不设支撑时，必须满足边坡坡度的要求。

（2）采用机械开挖方式时，应预留 0.2～0.3m 厚不挖，由人工挖至设计标高，并及时组织地基验槽并进行混凝土垫层施工，防止暴晒和雨水的侵蚀。

（3）多台机械开挖，挖土机间距应大于 10m。

（4）机械挖土时，严禁挖土机械碰撞内支撑立柱、工程桩（基桩）、井点管和围护墙。

3. 人工开挖安全管理

（1）人工开挖时，安全操作间距应保持 2～3m，并应自上而下逐层开挖，禁止采用先挖除坡脚的开挖方式。

（2）人员上下基坑要走安全通道，严禁踩踏土壁上下。

（3）挖土前对周围环境要认真检查，不能在危险岩石或建筑物下面作业。

4. 周边环境的安全管理

（1）在靠近高压电缆、管道燃气、城市供水排水管道施工时，要有专门的安全防护措施。

（2）考虑土方升挖对邻近建筑物的影响，并制定相应的防护措施。

（3）采用井点降水时（图 3-5-1），要考虑降水影响范围内的建筑物和构筑物可能产生的地基沉降、位移，定期进行沉降变形和水位观测，发现问题，及时采取措施。

5. 土方开挖与基坑支护结构施工之间的安全协调管理

（1）施工方案要充分考虑土方开挖与基坑支护结构施工之间的施工顺序，编制科学合理的施工进度计划。

（2）土方开挖过程中，应采取措施，防止碰撞支护结构和支撑结构。

（3）土方开挖时要对基坑支护结构和周围环境进行监测，控制支护结构的最大位移。

6. 其他安全管理注意事项

（1）开挖危险地段，应设明显的安全警告标志，并安排专人指挥。

（2）当采用多级平台分层开挖时，每组平台的宽度不宜小于1.5m。

（3）载重汽车在施工区域要慢速行驶，避免伤人事故。

图 3-5-1　基坑井点降水图片

（4）施工中遇到险情，要立即停止施工，将人机撤到安全地带，解除险情后方可继续施工。

（5）要编制应急预案，落实人员、材料的准备，发生应急事件时及时按预案处理。

3.5.1.2　基坑支护安全管理

1. 基坑坑边安全管理

（1）基坑周边要设置安全栏杆和安全标志（图 3-5-2），栏杆高度不低于1.2m。

图 3-5-2　基坑临边防护图片

（2）要沿基坑周边设置排水沟。

（3）坑边不宜堆放建筑材料及土方，如避免不了，必须距离基坑边缘不小于1m且弃土高度不超过1.5m。

2. 支护结构体的安全管理

（1）采用锚杆支护结构形式时，必须在锚杆张拉锁定后才能进行下一层土方开挖。

（2）锚杆的实际抗拉拔力应在现场试验后确定。

（3）应合理布置锚杆的角度与间距，锚杆上下间距不宜小于2m，水平间距不宜小于1.5m，锚杆倾角宜为15°～25°，且不应大于45°。最上一道锚杆覆土厚度不得小于4m。

（4）如采用悬臂式支护结构的基坑开挖深度不宜大于6m。

（5）支撑的安装和拆除顺序必须与设计工况相符合，并以土方开挖和主体工程的施工顺序相配合，支撑拆除前应采取换撑措施，防止边坡失稳。

3.5.1.3　人工挖孔桩安全管理

1. 施工前的安全管理

（1）人工挖孔桩开挖要编制专项施工方案。

（2）井下作业人员事先检查身体，有高血压、心脏病的人不能参加井下作业。

（3）施工前要对作业人员进行安全技术交代。

2. 施工过程的安全管理

（1）人工挖孔桩的开挖，应从上往下逐层开挖，每次只能开挖一节护壁的深度，并及时浇灌混凝土护壁，待护壁混凝土强度达到设计强度要求后才能开挖下一节护壁的土方。第一节混凝土护壁应高出地面 200～300mm。

（2）每次下井作业前要先检测井内空气的有害性，并按规定用鼓风机向井底送风不少于 10min 后，才能下井工作。

（3）井内照明要采用 12V 的安全电压，并安装剩余电流保护装置。

（4）井下人员必须戴安全帽，井上有配合人员，且配合人员不得擅离职守。

（5）井下作业人员连续工作时间不宜超过 4h。

（6）提升吊桶的机械传动部分必须牢固，人员不得搭乘吊桶上下。

（7）人工挖孔桩井孔上下要设置可靠的通话联系方式。

（8）井孔内要设置供人员安全上下的安全软爬梯。

（9）为减少水的渗透和滑移，人工挖孔桩开挖顺序，应采取跳孔挖孔方法。

3. 施工后的安全管理

（1）孔内挖出的土石料应堆放在离井口以外的地方，并及时清理出场，孔口周边 1m 范围内不允许堆放杂物。

（2）距离孔口周边 1m 搭设安全围栏，孔口要设置设安全盖板（图 3-5-3）。

图 3-5-3　人工挖孔桩孔口防护

3.5.1.4　机械成孔灌注桩安全管理

1. 施工前安全管理

（1）机械成孔桩的开挖要编制专项施工方案。

（2）施工场地应平整、坚实；现场应划定作业区，非施工人员禁止入内。

（3）施工现场附近有电力架空线路时，应有足够的安全距离，施工中应设专人监护。

2. 施工过程的安全管理

（1）灌注桩成孔前必须埋设护筒，护筒高出地面不小于 150mm，护筒埋设到位后，用黏土将护筒周围填充密实。

（2）施工场地的地基承载力必须满足机械成孔施工的稳定性要求，否则应对施工场地增加碎砖垫层或设置钢垫板。

（3）钻机运行中作业人员应位于安全位置，严禁人员靠近钻机和触摸钻杆。钻具悬空时严禁下方有人。

（4）钻孔过程中，应经常检查钻渣并与地质剖面图核对，发现不符合时应及时采取安全技术措施。

（5）钻孔应连续作业，不宜中途停钻，以避免塌孔。成孔过程应建立交接班制，并形成记录文件。

（6）钻孔过程中应加强对桩位、成孔情况的检查工作。终孔时应对桩位、孔径、形状、深度、倾斜度及孔底土质等情况进行检验，合格后立即清孔，吊放钢筋笼后应再次清孔，清孔完后及时组织灌注混凝土。

（7）钻孔作业中发生坍塌和护筒周围冒浆等故障时，必须立即停钻；钻机有倒塌危险时，必须立即将人员和钻机撤至安全位置，经技术处理并确认安全后，方可继续作业。

（8）施工过程中严禁人员进入孔内作业。

3. 施工后安全管理

（1）成孔后应将钻具提至孔外置于地面上，关机、断电并保持孔内护壁措施有效。

（2）孔口应采取防护措施，并在周围设置明显警示标识。

3.5.1.5 预制桩锤击沉桩安全管理

1. 施工前安全管理

施工前应对所有施工人员进行安全技术操作规程、有关安全法规及安全制度的学习教育，经考核合格后才能进入施工现场。

2. 施工过程安全管理

（1）利用桩机吊桩时，桩与桩架的垂直方向距离不应大于4m。偏吊距离不应大于2.5m，吊桩时要慢起，桩身应在两个以上不同方向系上缆索，由人工控制使桩身稳定。

（2）吊桩前应将桩锤提升到一定位置固定牢靠，防止吊桩时桩锤坠落。

（3）起吊时吊点必须正确，起吊速度要均匀，桩身要平稳，必要时桩架应设缆风绳。

（4）打桩时应采取与桩型、桩架和桩锤相适应的桩帽及衬垫，发现损坏应及时修整和更换。

（5）锤击不宜偏心，开始落距要小。如遇贯入度突然增大，桩身突然倾斜、位移、桩头严重损坏、桩身断裂、桩锤严重回弹等应停止锤击，经查明原因并采取措施后方可继续作业。

（6）熬制硫磺胶泥要穿好防护用品。工作棚应通风良好，注意防火；容器不准用锡焊，防止熔穿泄露，胶泥浇注后，上节应缓慢放下，防止胶泥飞溅。

3.5.1.6 基坑监测

1. 一般规定

（1）基坑工程的现场监测应采用仪器监测与巡视检查相结合的方法。

（2）基坑工程现场监测的对象

1）支护结构；

2）地下水状况；

3）基坑底部及周边土体；

4）周边建筑；

5）周边管线及设备；

6）周边重要的道路；

7）其他应监测的对象。

（3）基坑工程的监测项目应与基坑工程设计、施工方案和现场周边环境相匹配。应针对监测对象的关键部位，既要做到重点观测，又要形成有效的、完整的监测系统。

2. 监测内容

具体监测内容要符合设计图纸要求和施工现场周边环境要求，在以下监测内容中进行合理确定：

（1）水平位移监测；

（2）竖向位移监测；

（3）倾斜监测；

（4）裂缝监测；

（5）支护结构内力监测；

（6）土压力监测；

（7）孔隙水压力监测；

（8）地下水位监测；

（9）锚杆及土钉内力监测；

（10）土体分层竖向位移监测。

3. 监测点布置

（1）监测点设置原则

1）基坑工程监测点的布置应能反映监测对象的实际状态及其变化趋势，监测点应布置在内力及变形关键特征点上，并应满足监控要求（图 3-5-4a）。

(a)   (b)

图 3-5-4 基坑监测点设置

（a）基坑监测点设置；（b）基坑监测

2）基坑工程监测点的布置应不妨碍监测对象的正常工作，并应减少对施工作业的不利影响。

3）监测标志应稳固、明显、结构合理，监测点的位置应避免开障碍物，便于观测。

（2）监测点设置要求

1）围护墙或基坑边坡顶部的水平和竖向位移监测点的应沿基坑周边布置，基坑周边中部、阳角处应布置监测点。监测点水平间距不宜大于20m，每边监测点数目不宜少于3个。水平和竖向位移监测宜为共用点，监测点宜设置在围护墙顶或基坑坡顶上。

2）用测斜仪观测深层水平位移时，当测斜管埋设在围护墙体内，测斜管长度不宜小于围护墙的深度；当侧斜管埋设在土体中，测斜管长度不宜小于基坑开挖深度的1.5倍，并应大于围护墙的深度。以测斜管底为固定起算点时，管底应嵌入稳定的土体中。

3）围护墙内力监测点应布置在受力、变化较大且有代表性的部位。监测点数量和水平间距视具体情况而定。竖直方向监测点应布置在弯矩极值处，竖向间距宜为2～4m。

4）对于内支撑的立柱竖向位移监测点宜布置在基坑中部、多根支撑交汇处、地质条件复杂处的立柱。

5）锚杆的内力监测点应选择在受力较大且有代表性的位置，基坑每边中部、阳角处和地质条件复杂的区段宜布置监测点。每层锚杆的内力监测点数量应为该层锚杆总数的1‰～3‰并不应少于3根。各层监测点位置在竖向位置宜保持一致。每根杆体上的测试点宜设置在锚头附近和受力有代表性的位置。

6）土钉的内力监测点应选择在受力较大且有代表性的位置，基坑每边中部、阳角处和地质条件复杂的区段宜布置监测点。监测点数量和间距应视具体情况而定，各层监测点位置在竖向位置宜保持一致。每根土钉杆体上的测试点应设置在有代表性的受力位置。

7）孔隙水压力监测点宜布置在基坑受力、变形较大或有代表性的部位。

8）地下水位监测点的布置应符合下列要求：基坑内地下水位当采用深井降水时，水位监测点宜布置在基坑中央和两相邻降水井的中间部位；当采用轻型井点、喷射井点降水时，水位监测点宜布置在基坑中央和周边拐角处，监测点数量应视具体情况确定。

9）基坑周边环境布置应符合下列要求：从基坑边缘以外1～3倍基坑开挖深度范围内需要保护的周边环境应作为监测对象。

4. 监测频率

（1）基坑工程监测频率应满足能系统反映监测对象所测项目的重要变化过程而又不遗漏其变化时刻的要求（图3-5-4b）。

（2）基坑工程监测工作应贯穿于基坑工程和地下工程施工全过程。监测期从基坑工程施工前开始，直至地下工程完成为止。对有特殊要求的基坑周边环境的监测应根据需要延长至变形趋于稳定后结束。

（3）监测项目的监测频率应综合考虑基坑类别、基坑及地下工程的不同施工阶段以及周边环境、自然条件的变化和当地经验而确定。当监测值相对稳定时，可适当降低监测频率。

（4）当出现下列情况之一时，应提高监测频率：

1）监测数据达到报警值；

2）监测数据变化较大或者速率加快；

3）存在勘察未发现的不良地质；

4）超深、超长开挖或未及时加撑等违反设计工况施工；

5）基坑及周边大量积水、长时间连续降雨、市政管道出现泄漏；

6）基坑附近地面荷载突然增大或超过设计限制；

7）支护结构出现开裂；

8）周边地面突发较大沉降或出现严重开裂；

9）邻近建筑突发较大沉降、不均匀沉降或出现严重开裂；

10）基坑底部、侧壁出现管涌、渗漏或流砂等现象；

11）基坑工程发生事故后重新组织施工；

12）出现其他影响基坑及周边环境安全的异常情况。

（5）有危险事故征兆时，应实时跟踪监测。

5. 监测报警

基坑工程监测必须确定监测报警值，基坑工程监测报警值应由监测项目的累计变化量和变化速率值共同控制。监测报警值应满足基坑工程设计、地下结构设计以及周边环境中被保护对象的控制要求。监测报警值应由基坑工程设计方确定。

（1）基坑及支护结构监测报警值

基坑及支护结构监测报警值应根据土质特征、设计结果及当地经验等因素确定；当无当地经验时，可根据土质特征、设计结果确定（表3-5-1）。

基坑变形监控值（单位：mm）　　　　　　　　　　表 3-5-1

基坑类别	围护结构墙顶位移监控值	围护结构墙体最大位移监控值	地面最大沉降监控值
一级基坑	30	50	30
二级基坑	60	80	60
三级基坑	80	100	100

注：1. 符合下列情况之一，为一级基坑：

1）重要工程或支护结构做主体结构的一部分；

2）开挖深度大于10m；

3）与邻近建筑物、重要设施的距离在开挖深度以内的基坑；

4）基坑范围内有历史文物、近代优秀建筑、重要管线等需严加保护的基坑。

2. 三级基坑为开挖深度小于7m，且周围环境无特别要求时的基坑。

3. 除一级和三级以外的基坑属二级基层。

4. 当周围已有的设施有特殊要求时，尚应符合这些要求。

（2）基坑周边环境监测报警值

基坑周边环境监测报警值应根据主管部门的要求确定。

（3）基坑周边建筑、管线的报警值

基坑周边建筑、管线的报警值除考虑基坑开挖造成的变形外，尚应考虑其原有变形的影响。

（4）基坑内、外地层位移控制应符合下列要求：

1）不得导致基坑的失稳；

2）不得影响地下结构的尺寸、形状和地下工程的正常施工；

3）对周边已有建筑引起的变形不得超过有关技术规范的要求或影响其正常使用；

4）不得影响周边道路、管线、设施等正常使用；

5）满足特殊环境的技术要求。

（5）当出现下列情况之一时，必须立即进行危险报警，并应对基坑支护结构和周边环境中的保护对象采用应急措施。

1）监测数据达到监测报警值的累计值；

2）基坑支护结构或周边土体的位移值突然明显增大或基坑出现流砂、管涌、隆起、陷落或较严重的渗漏等；

3）基坑支护结构的支撑或锚杆体系出现过大变化、压屈、断裂、松弛或拔出的迹象；

4）周边建筑的结构部分、周边地面出现较严重的突发裂缝或危害结构的变形裂缝；

5）周边管线变形突然明显增长或出现在裂缝、泄漏等；

6）根据当地工程经验判断，出现其他必须进行危险报警的情况。

3.5.2 主体结构工程施工阶段安全管理

3.5.2.1 木模板施工安全管理

1. 模板安装的安全管理

（1）模板安装前的安全管理

1）模板施工前，必须按要求编制模板安装拆除施工方案，而且方案要有齐全的审批手续。

2）模板操作班组应熟悉设计图纸及施工说明书，并在施工前接受全面的安全技术交底，对采用爬模、飞模等特殊模板施工时，作业工人还要经过专门技术培训，考核合格才能上岗。

（2）模板安装过程的安全管理

1）安装模板及其支架时，必须做临时固定措施，防止倾覆。

2）立杆底部要设垫木，顶部要设支撑头。

3）U型托座与楞梁间的空隙，必须塞紧，螺杆伸出钢管顶部不得大于300mm，插入钢管深度不小于150mm（图3-5-5），螺杆外径与钢管内径的间隙不得大于3mm。

图3-5-5 螺杆外径与钢管内径的间隙不得大于3mm

4）在距离地面200mm高处设置纵向扫地杆，按照纵下横上方式设置，横向扫地杆设置纵向扫地杆下面。在立杆顶部设置纵横向的水平拉杆，在扫地杆与顶部水平拉杆之间按设计方案的步距要求设置纵横向水平杆。对于高大模板，当层高在8～20m时，在最顶步距两步水平拉杆中间加设一道水平拉杆；当层高大于20m时，在最顶两步距水平拉杆中间分别加设一道水平拉杆。所有水平拉杆的端部均应和周边建筑物顶紧，无处可顶时，要在水平拉杆端部和中部沿竖向设置连续式剪刀撑。为了增加高大模板支撑系统的整体稳定性，可以将支撑系统与框架柱抱在一起（图 3-5-6）。

图 3-5-6　高大模板支撑系统固定在框架柱

5）钢管立杆的扫地杆、水平拉杆、剪刀撑要用扣件和立杆扣牢，采用搭接时搭接长度不小于 1000mm，并应采用不少于 2 个旋转扣件分别在离杆端不小于 100mm 处进行固定。

6）立杆的连接应采用对接扣件连接，接头位置要错开，错开的距离不宜小于 500mm。

7）支模过程中，如需中途停歇，应将支撑、柱头板等连接牢固。拆模间歇时，应将已活动的模板、支撑等拆除运走并妥善放置，以防踏空导致事故。

8）模板上如有预留孔（洞），安装完毕后应将孔（洞）口盖好。

9）现浇钢筋混凝土梁板的跨度大于 4m 时，模板应起拱，当设计无具体要求的时候。起拱高度一般为全跨长度的 1‰～3‰。

10）当模板安装高度超过 3m 时，必须搭设脚手架安装，脚手架下面不得站非操作人员。

11）安装模板所需的各种配件应放在工具箱或工具袋内，严禁散放在模板脚手架上。模板安装作业人员要佩戴工具袋，以防安装工具掉落。

（3）模板安装的其他安全管理

1）吊装模板时要有专人指挥，统一信号，密切配合。吊运大块或整体模板时竖向吊运不应少于两个吊点，水平吊运不应少于四个吊点。调运必须使用卡环连接，吊运过程做到稳起稳落，待模板就位并连接牢固后摘除卡环。

2）出现 5 级风以上时，必须停止一切吊运作业。

3）模板要有足够的强度、刚度、稳定性，能承受混凝土及模板的自重及施工过程中产生的各类荷载。

4）对模板支架所用的钢管、扣件，进场后应进行检测，合格后才能使用。

5）模板验收时必须核实设计说明书中的荷载、计算方法、节点构造是否与现场一致，如有出入，要按实际情况重新核算，确保模板施工安全。

2. 模板拆除的安全管理

（1）一般规定

1）模板拆除时，混凝土的强度应符合设计方案和相关施工技术规范要求（表3-5-2），混凝土强度采用同条件养护的混凝土立方体试件进行判定。

底模拆除前混凝土强度表 表3-5-2

构件类型	构件跨度/m	达到设计的混凝土立方体抗压强度标准值的百分率/%
板	≤2	≥50
	>2，≤8	≥75
	>8	≥100
梁、拱、壳	≤8	≥75
	>8	≥100
悬臂构件	—	≥100

2）模板拆除前必须有拆模申请，并经项目技术负责人和现场监理同意后方可拆模。

3）模板的拆除顺序应采取先支的后拆，后支的先拆，先拆除非承重模板，后拆承重模板的顺序，并应从上而下依次进行拆除。

（2）模板拆除过程的安全管理

1）对于拆除跨度大于4m的梁下模板支撑立杆时，应从跨中开始，对称地向两边拆除。

2）对于不承重的侧模板，在混凝土强度能保证其表面及棱角不因拆除模板而受损坏时方可拆除，一般混凝土的强度不低于1.5MPa。

3）后张拉预应力混凝土结构或构件模板的拆除，侧模在张拉前拆除，底模必须在预应力张拉完毕时方能拆除。

4）拆模区域要设置警戒线禁止闲杂人员进入。

5）模板拆除后要分类堆放，随拆随清理，避免钉子扎脚和阻碍通行。

6）高处拆模时，应有专人指挥，并标出危险区，设置安全警戒线，暂停交通。

7）堆放模板周边要注意防火安全，要配备灭火器材。

3.5.2.2 铝合金模板施工安全管理

1. 铝合金模板安装安全管理

（1）铝合金模板施工前，必须按要求编制模板专项施工方案，且方案要有齐全的审批手续。

（2）铝合金模板第一次安装前，应对加工和购进的构配件及材料等进行全面的检查验收。检查验收内容包括：模板型材的规格和尺寸，配件结构尺寸，模板焊缝检查，支撑构件规格和尺寸等，符合设计要求后，方可使用。

（3）铝合金型材表面应清洁、无裂纹或腐蚀斑点。表面的起皮、气泡、粗糙度和局部机械损伤的深度不得超过所在部位壁厚公称尺寸的8%。

（4）首次使用前必须涂刷油性脱模剂，每施工20层均需要涂刷油性脱模剂；浇筑混凝土前不能浇水，尤其在涂刷水性脱模剂的情形（图3-5-7）。

图 3-5-7　铝合金模板涂刷脱模剂

（5）保持模板本身的整洁及配套设备零件的齐全，吊运时应防止碰撞墙体，堆放合理，保持板面不变形。冬期施工时大模板背面的保温措施应保持完好。

（6）预组拼的模板要有存放场地，场地要平整夯实。模板平放时，要有木方垫架。立放时，要搭设分类模板架，模板触地处要垫木方，以此保证模板不扭曲不变形。不可乱堆乱放或在组拼的模板上堆放分散模板和配件。

（7）工作面已安装完毕的平面模板，不可超载使用，以保证支架的稳定，防止平面模板标高和平整度产生偏差。

（8）在模板体系安装完成后应进行验收，并应在验收合格后方可使用。铝合金模板施工质量应符合下列规定：

1）所用材料、构配件和设备质量应经现场检验合格；

2）搭设场地、支承结构件固定应具有足够的承载能力和满足稳定性的要求（图 3-5-8）；

(a)　　　　　　　　　　　(b)

图 3-5-8　铝合金模板支撑

（a）板底早拆头及钢立柱支撑；（b）剪力墙斜撑

3) 阶段施工质量应检查合格，符合铝合金模板有关现行国家及行业标准、专项施工方案的要求；

4) 观感质量检查应符合要求；

5) 专项施工方案、产品合格证及型式检验报告、检查记录、测试记录等技术资料应完整。

2. 模板拆除的安全管理

（1）一般规定

1) 拆除模板时，必须使用专用工具拆除，以免模板和混凝土的外形、内部受到损坏。

2) 模板拆除的顺序和方法，应严格按照模板专项方案要求进行。铝合金模板拆除程序是：先拆非承重部位，后拆承重部位。由于铝合金模板属于早拆模系统，拆除梁、板模板时，梁、板早拆头不能拆，应继续保留其支撑以维持其对梁板局部支撑的作用。拆模时必须使用专用工具。

3) 支承件和连接件应逐件拆卸，模板应逐块拆卸传递，拆除时不得损伤模板和混凝土构件。

4) 拆下的模板和配件不得抛扔，拆除的墙柱模板就地斜靠在相应构件上，梁板模板均应就近分类堆放整齐，附件应放在工具箱内。

5) 冬期施工采取保温覆盖等方式防止混凝土受冻。

（2）墙柱模板拆除

1) 拆除背楞时应把上面的水泥浆清理干净并堆放在该房间的中间，堆放距离至少离墙 500mm，有些转角形的背楞应平放地上，不可使其尖角朝上，对拉螺栓规范放置，螺母、垫片放置在专用器皿中。

2) 拆墙柱模板时先把所拆墙面的插销全部拆除，并放置在胶桶中，散落地面的插销及时收拾干净。

3) 凹形墙面，凹槽内首块模板拆除较难，应用专用工具从墙中部拆除，后向两边延拆。严禁使用撬棍、铁锤狠撬猛砸，损坏模板。

4) 每块模板拆除后应及时清理板面、背面，用钢刷清理模板的边框，按每面墙的区域摆放稳当，等待上传。

5) 外墙模板因不能放置在脚手架上，一般是随装随拆。外墙模板可用塔式起重机整体吊装。

（3）梁模板拆除

1) 墙板上传后，就可进行梁模板的拆除。拆梁底板时应有两人协同作业，撬松时两人托住梁底板，轻放地上，不可让其自由落下使模板受损，梁底早拆头及其支撑不可松动和拆除。

2) 梁底拆除后清理干净放置在梁的下方，梁与墙连接的阴角模和梁底阳角等小块模板如拆除或松动应及时连接牢固。

3) 拆梁侧模或墙头板时，操作平台不可放置在模板的正下方，应偏离 200～300mm，撬动模板时，一只手抓住模板的中部，不使其落下损坏，拆下并清理后放置在原位置的正下方，以免混杂。

（4）板模板拆除

1) 顶板模板拆除前应先将已拆除背楞、对拉螺栓、墙柱梁模板等上传，地面杂物清理堆放在墙边，不影响操作平台的移动。拆除时，应先拆顶板面积较大的房间。

2）拆顶板模板应从第一排的中部开始，先拆除与此块模板相连的龙骨组件，再拆除其余三方插销，使用撬棍撬松拆除，再向两边延拆，需两人协作，不可让其自由落下受损。

3）拆顶板模板时严禁一次性拆除大面积模板的插销，必须做到拆哪块板才松动哪块板的连接插销，禁止撬落大面积模板，避免发生安全事故和损坏模板。

4）阴角模第一块较难拆，先用铁锤轻敲振动，使其与混凝土表面脱离，再用专用长撬棍插入阴角模孔内撬动，使其完整拆除。

3．其他安全管理规定

操作平面模板施工时，必须提前安装施工层周边外防护体系，保证高出操作面 1.0m 以上。如外防护体系为作业脚手架的，操作层必须满铺脚手板，楼层外侧应有防止高空坠物伤人的防护措施。

安装模板时应在楼面上设置移动操作平台。

作业时，脚手架和操作平台上临时堆放的模板不宜超过 3 层。配件必须放在箱盒或工具袋中，扳手等各类工具必须系挂在身上或置放于工具袋内，以防掉落。作业人员严禁攀登模板、斜支撑、拉条、绳索或可调钢支柱上下，也不得在高处的墙顶、独立梁或在其模板上行走。

铝合金模板装拆时，上下应有人接应，模板应放平放稳，严防滑落。铝合金模板及构、配件应随装拆随转运，严禁抛、掷、踩、撞。若安装中途停歇，应将已就位模板或支撑结构构件连接稳固，不得浮搁或悬空。

铝合金模板传递时，上下层操作人员应保持有效联络；

在大风地区或大风季节施工时，铝合金模板应有抗风的临时加固措施。当遇大雨、大雾、沙尘、大雪或 6 级以上大风等恶劣天气时，应停止露天高处作业。

施工用的临时照明和行灯的电压不得超过 12V；照明行灯及机电设备的移动线路应采用绝缘橡胶套电缆线，且不得直接固定在铝合金模板及可调钢支柱等构件上。

邻近建筑物、构筑物不能提供有效避雷保护时，应安设避雷设施，避雷设施的接地电阻不得大于 10Ω。

思政提升——科学施工，规范管理，履职到位

建筑工程项目施工由于形式多样、技术复杂、露天和高处作业多等特点，容易发生各种质量事故和安全事故。因此要加强施工过程的管理，各参建单位均要认真履职，科学规范施工，避免因组织管理不当发生质量安全事故。

科学施工，规范管理，履职到位

请同学们在学习本节知识后，积极检索相关文献，了解因管理不当造成的质量、安全事故，并深入思考在未来的工作中如何防止、减少类似事故。有兴趣的同学可以扫描右侧二维码，了解相关内容。

3.5.2.3 钢筋工程安全管理

1．钢筋加工使用的夹具台座等设备安全管理

（1）钢筋加工设备上方按要求设置防护棚（图 3-5-9），防护棚周边的场地要满足堆放原材料，半成品的要求。

图 3-5-9　钢筋加工防护棚

（2）机械设备的安装必须牢固。

（3）各类钢筋成品，半成品要分类堆放整齐，并设置相应标识，保持场地整洁。

（4）作业完成后下班前要切断电源，锁好电箱。

2. 钢筋焊接的安全管理

（1）电焊机必须按要求接地，保证操作人员安全。对于焊接导线及焊钳接导处，要可靠绝缘。

（2）在对焊机闪光区域，必须设置铁皮等隔挡保护，焊接时严禁其他人员停留，以防火花烫伤。

（3）在焊机工作范围内严禁堆放易燃易爆物品，避免引起火灾。

（4）焊接工作时，注意观察变压器的负荷情况，变压器升温不应超过 60℃。

（5）工人进行电焊操作时必须按要求穿戴好安全防护用品，按操作规程要求进行操作（图 3-5-10）。

图 3-5-10　电焊作业防护

3. 钢筋安装安全管理

（1）钢筋安装安全管理

1）钢筋搬运过程中必须注意周边情况，防止触电。

2）垂直吊运钢筋长度 3m 以上时，要合理选择吊点并绑扎牢固，吊运时要单独吊运并保持好平衡，不允许和其他物件混同吊运。

3）绑扎墙柱钢筋时，不得站在钢筋骨架上操作和攀登骨架上下，高度超过 3m 时，必须搭设正式操作平台，墙柱骨架应用临时支撑拉牢，防止倾覆。

4）绑扎边梁、边柱、边墙及圈梁等外沿构件钢筋时，应搭设外脚手架或悬挑架并做好安全网防护，防护高度不宜小于 1.5m。

5）起吊钢筋骨架应有专人指挥，骨架下方严禁站人，待骨架降到距离模板 1m 以内才准靠近扶住就位，做好支撑后方可摘钩。

（2）预应力钢筋的安全管理

1）钢筋张拉前应先检查制动器电源线路、张拉设备以及接头，对焊强度必须安全可靠，操作中如发生故障，应立即切断电源并进行检修。

2）张拉区要设明显警示标识，张拉钢筋时两侧必须设安全防护挡板。钢筋张拉后，要加强保护，四周不允许有人停留或在台座上行走。浇筑混凝土时要防止振捣器冲击预应力钢筋。

3）钢筋张拉要严格按照规定的应力值和拉伸率进行，不得随意改变。

4）采用先张法施工时可在横梁内侧每根钢筋的端头加一焊帽或帮条，防止拉断钢筋。

5）套筒螺丝及螺母必须有足够的长度，各种夹具有足够的夹紧能力，防止锚固不良部件滑出。

6）在拼装过程中，张拉主筋时严禁在梁架纵轴方向两端行走。张拉结束后，在混凝土凝固之前，桁架两端需做好防护，以防钢筋突然断裂。

3.5.2.4 混凝土工程施工安全管理

1. 混凝土搅拌机的安全管理规定

1）搅拌机运转中不得用手或工具等物体伸入搅拌筒内扒料或出料。

2）起升料斗时，严禁在其下方工作或穿行。

3）作业中如发生故障不能继续运转时，应立即切断电源，将筒内的混凝土清除干净，然后进行检修。

4）当有人员要进入筒内清理混凝土时，开关箱处必须挂有"严禁合闸"字样，并派专人看守，以防有人突然启动机器造成伤人事故。

2. 混凝土振捣器的安全管理

1）振捣器使用前要进行试振，维修或作业间断时要切断电源。

2）插入式振捣器软轴的弯曲半径不得小于 500mm，并不多于两个弯，操作时振动棒应自然垂直地沉入混凝土，不得用力硬插、斜推或使钢筋夹住棒头，也不得全部插入混凝土中。

3）操作人员必须穿绝缘靴，戴绝缘手套。

4）振捣器用电安全必须按照一机一闸一漏一箱来设置。

5）作业转移时，电动机的导线应保持有足够的长度和松度，严禁用电源线拖拉振捣器。

6) 平板式振动器的振捣器与平板要保持紧固，电源线必须固定在平板上，电器开关应安装在手把上。

7) 对同时使用几台附着式振捣器工作时，所有振捣器的频率必须相同。

8) 作业后，振捣器要及时做好清洗保养，放置在干燥处保存。

3. 其他安全管理

1) 混凝土作业前必须先检查操作平台和道路，确认安全可靠后方可作业。

2) 浇筑混凝土时应经常检查吊斗、钢丝绳和卡具，如发现问题要及时处理，并设专人指挥。进行框架梁、柱作业时，必须站在内侧进行操作，如需站在外侧作业应搭设脚手架或作业平台，并设高 1.2m 的防护栏杆。

3) 浇筑离地面 2m 以上的混凝土结构构件时，不准站在搭头上操作，如无可靠的安全设备时，必须佩戴好安全带并扣好保险钩。

4) 用塔式起重机起吊料斗浇筑混凝土时，指挥扶斗人员与塔式起重机驾驶员应密切配合。当塔式起重机放下料斗时，操作人员应主动避让，应随时注意料斗碰头，并应站立稳当，防止漏斗碰人坠落。

5) 用手推车运送混凝土时用力不得过猛，不准撒把。车道板单车行走不小于 1.4m 宽，双车来回不小于 2.8m 宽。

6) 采用布料机浇筑楼面混凝土时，布料机应尽量布置楼面纵向中间部位，布料机撑脚应垫实撑牢，支撑部位的模板支撑要加固（图 3-5-11）。

图 3-5-11　混凝土布料机

7) 采用井架运输时，井架吊篮起吊或放下时，必须关好井架安全门，头、手不准伸入井架内，小车车把不得伸出笼外。

8) 对作业场所和运输道路必须保证有足够的照明亮度。

3.5.2.5　钢结构工程施工安全管理

1. 钢结构制作安全管理

（1）制作前的安全管理

1) 根据钢结构母材的化学成分，力学性能，焊接性能并结合结构的特点、使用条件及焊接方法综合考虑选用焊接材料。

2）钢结构制作施工人员必须熟悉图纸、钢结构制作工艺及安全规定。

3）焊工必须持证上岗，并按规定穿戴防护用品。

4）各类机具必须固定牢固并按操作规程操作。

5）砂轮机必须安装防护罩。

6）电焊场地不允许有易燃易爆物品。

（2）制作过程的安全管理

1）除锈时喷嘴不准对人。

2）使用型钢调直机调直型钢时，应安放平稳，手放在外侧。

3）氧气瓶、乙炔瓶与明火距离不小于10m，氧气瓶与乙炔瓶之间距离不小于5m，乙炔瓶不允许倾倒使用。

4）电缆必须绝缘良好，雷雨天时必须停止露天焊接作业。

2. 焊接、氧割作业安全管理

（1）焊工操作时必须遵守安全操作规程和安全生产纪律。

（2）电焊、气割作业，严格遵守"十不烧"规程操作。

1）焊工必须持证上岗。无证人员不准进行电焊、氧割作业。

2）必须执行动火审批手续才能进行电焊、氧割作业。

3）焊工不了解焊割现场情况，不得进行电焊、氧割。

4）焊工不了解焊件内部是否安全时，不得进行电焊、氧割。

5）安装过可燃气体，易燃液体和有毒物质的容器，未经彻底清洗排除危险之前，不准进行氧割。

6）用可燃材料作为保温层、冷却层隔热设备的部位或是火星能飞溅到的地方，在未采取切实可靠的安全措施之前，不准进行电焊、氧割作业。

7）有压力或密闭的管道，容器不准进行电焊、氧割作业。

8）在电焊、氧割部位附近有易燃易爆物品，在未做清理或采取有效的安全措施之前，不准进行电焊、氧割作业。

9）附近有与明火作业相抵触的工种，在作业时不准电焊、氧割。

10）与外单位相连的部位，在没有弄清有无险情或明知存在危险而未采取有效的措施之前，不准进行电焊、氧割作业。

（3）雷雨、大雾、大雪或5级以上大风的时候，应停止露天焊接作业。

（4）电焊机的变压器不得超负荷，温升不得超过60℃，机壳上不准覆盖易燃物品。

（5）电焊机等设备金属外壳应有安全可靠接地。

3. 吊装安装安全管理

（1）吊装前的安全管理

1）吊装作业范围内要做好安全警示带，并有专人值守，闲杂人等严禁进入施工现场。

2）吊装前要进行试吊，检查机械夹具，吊坏等是否符合要求。

3）进入施工现场必须戴好安全帽，并正确使用个人劳动防护用品。

4）吊机起重荷载必须在容许范围内，吊机机械性能要正常。

5）在上下屋面间要设置安全通道，在适当的位置放置安全梯，并保持通道顺畅稳定。

（2）吊装过程的安全管理

1）吊物吊装时要绑扎牢固，吊物上不能有活动的物料，必须符合安全吊装要求，防止吊装过程中发生高空坠物伤人安全事故（图3-5-12）。

2）吊装时站位要安全，不要站在重物冲击方向，防止发生吊物撞击安全事故。

3）不允许超负荷将构件直接堆放在结构楼层面上。

4）安装屋面板时，在屋脊和檐口处挂安全钢丝绳，两绳之间再设安全绳连接，工人在屋面作业时，安全带挂在此绳上，沿盖板方向前进。

5）吊装时必须统一指挥信号。建立一个系统完整的安装管理体系，层层把关落实到人。

6）大雨、大雾、大风或6级以上阵风等恶劣气候，必须立即停止作业。

图3-5-12 钢结构吊装

3.5.2.6 砌筑工程施工的安全管理

（1）砌筑前的安全管理

1）在砌筑施工前，必须检查施工现场各项准备工作是否符合安全要求，如道路是否通畅，机具是否完好牢固，安全设施防护用品是否齐全，经检查符合要求后才可施工。

2）砌筑高度1.2m以上时，应搭设脚手架。

3）脚手架上堆放材料不得超过规定荷载。堆砖高度不得超过单行三皮砖，同一块脚手板上的操作人员不应超过两人。

4）脚手架搭设后要经验收合格方准使用。

（2）砌筑过程的安全管理

1）不准站在墙顶上做划线、刮缝、清扫墙面及检查大角垂直等工作。

2）砍砖时应面向墙面，工作完毕，应将脚手架和砖墙上的碎砖、灰缝清扫干净，防止脱落伤人，不准在刚砌筑好的墙上行走。

3）吊装砌块时严禁将砌块停留在操作人员的上空或在空中停顿，砌块吊装时不得在下一层楼面上进行其他任何工作。

4）砌块堆放不能过于集中，不得超过楼板的承重能力。砌块吊装就位时，应待砌块放稳后方可松开夹具。

5）堆放砌块的地方应平整、无杂物、无块状物体，以防止砌块在夹具松开后倒下伤人。

6）下班前要对砂浆搅拌机拉闸，切断电源，锁好开关箱。

3.5.2.7 高处作业安全管理

（1）作业前的安全管理

1）作业人员上岗前应做好施工准备工作，检查登高平台和所用的工具、设施、安全用具等的安全性，按规定穿戴好防护用品，不准穿光滑底、硬底鞋。

2）登高平台应铺设牢固的脚手板并加以固定，脚手板上要有防滑措施。

3）高处作业与其他作业存在立体交叉作业时，上下垂直作业面的工作应错开时间分别作业，若必须同时进行作业时，须采取安全可靠的隔离措施。

4）进行高处焊接、动火作业时，必须事先清除火星飞溅范围的易燃可燃品。

（2）作业过程中的安全管理

1）高处作业所使用的工具、材料、零件等必须装入工具袋，上下时手中不得持物；不准投掷工具、材料及其他物品；易滑动、易滚动的工具、材料堆放在登高平台或作业面平台上时，应采取有效措施防止坠落。

2）使用梯子登高作业，梯子不得缺档，不得垫高使用，如需接长使用，应有可靠的连接措施，且接头不得超过一处。梯子横档间距以 300mm 为宜，使用时上端要固定牢固，下端应有防滑措施。

3）单面梯工作角度以 75°±5° 为宜；人字梯上部夹角以 35°～45° 为宜，使用时第一档或第三档之间应设置拉撑。禁止两人同时在梯子上作业。在通道处使用梯子，应有人监护或设置围栏。登高平台上禁止使用梯子登高作业。

4）在采取地（零）电位或等（同）电位作业方式进行带电高处作业时，必须使用绝缘工具或穿绝缘服。

5）高处作业人员必须按要求佩戴安全带，并设立专门监护人对高处作业人员进行现场监护，监护人应坚守岗位，切实负起监护责任。

6）遇有恶劣气候（如风力在 6 级以上）影响作业安全时，应禁止进行露天高处及登高架设作业。

3.6 安 全 标 志

安全标志是向工作人员警示工作场所或周围环境的危险状况，指导人们采取合理行为的标志。安全标志能够提醒工作人员预防危险，从而避免事故发生；当危险发生时，能够指示人们尽快逃离，或者指示人们采取正确、有效、得力的措施，对危害加以遏制。在《安全标志及其使用导则》GB 2894—2008 中，对安全标志及其使用、管理维护做了详细说明。

1. 安全标志组成

根据规范定义，安全标志是用以表达特定安全信息的标志，由图形符号、几何形状（边框）或文字构成（图 3-6-1）。

2. 安全标志分类

安全标志的分类为禁止标志、警告标志、指令标志和提示标志四大类型（表 3-6-1）。安全标志底色分别对应国家规定的红、黄、蓝、绿四种安全色，分别传递不同的信号：红色传递禁止、停止、危险或提示消防设备、设施的信息；黄色传递注意、警告的信息；蓝色传递必须遵守规定

图 3-6-1　安全标志组成示意图

1—图形符号；2—安全色；3—几何形状（边框）；4—文字

的指令性信息；绿色传递安全的提示性信息。

安全标志分类

表 3-6-1

标志类型	标志底色	图形颜色	边框基本形式	标志作用
禁止标志	红	黑	带斜杠的圆	禁止人们不安全行为
警告标志	黄	黑	正三角形	提醒人们对周围环境引起注意，以避免可能发生危险
指令标志	蓝	白	圆形	强制人们必须做出某种动作或采用防范措施
提示标志	绿	白	正方形	向人们提供某种信息（如标明安全设施或场所等）

3. 施工现场常用安全标志

安全标志的类型要与所警示的内容相吻合，且设置位置要正确合理，否则难以真正充分发挥其警示作用。表 3-6-2 列举了建筑施工现场常用的四大类型安全标志及其设置部位（表 3-6-2～表 3-6-5）。

禁止标志及其设置部位表

表 3-6-2

编号	图形标志	名称	设置的范围和地点
1		禁止吸烟	有甲、乙、丙类火灾危险物质的场所和禁止吸烟的公共场所，如：木工车间、油漆车间等
2		禁止用水灭火	生产、储运、使用中有不准用水灭火的物质的场所，如：变电室、各种油库等
3		禁止堆放	消防器材存放处、消防通道等
4		禁止乘人	乘人易造成伤害的设施，如：室外运输吊篮、物料提升机

编号	图形标志	名称	设置的范围和地点
5		禁止靠近	不允许靠近的危险区域，如：高压线、输变电站设备的附近
6		禁止攀爬	不允许攀爬的危险地点，如有坍塌危险的建筑物、构筑物、设备（塔式起重机）旁
7		禁止抛物	抛物易伤人的地点，如：高处作业现场、深基坑等
8		禁止戴手套	戴手套易造成手部伤害的作业地点，如：旋转的机械加工设备（搅拌机、钢筋调直机）附近

警告标志及其设置部位表   表 3-6-3

编号	图形标志	名称	设置的范围和地点
1		注意安全	易造成人员伤害的场所及设备等
2		当心火灾	易发生火灾的危险场所，如：施工现场可燃性物质的储运、使用等地点

编号	图形标志	名称	设置的范围和地点
3		当心机械伤人	易发生机械卷入、轧压、碾压、剪切等机械伤害的作业地点
4		当心塌方	有塌方危险的区域，如：土方作业的基坑、边坡等
5		当心落物	易发生落物危险的地点，如：高处作业、立体交叉作业的下方等
6		当心吊物	有吊装设备作业的场所，如：施工现场的塔式起重机下等
7		当心坠落	易发生坠落事故的作业地点，如：脚手架、高处作业平台、基坑边等

指令标志及其设置部位表　　　　　　　表 3-6-4

编号	图形标志	名称	设置的范围和地点
1		必须戴安全帽	头部易受外力伤害的作业场所
2		必须系安全带	易发生坠落危险的作业场所，如外架搭设、起重机械安拆、修理等地点

续表

编号	图形标志	名称	设置的范围和地点
3		必须接地	防雷、防静电场所
4		必须戴防护手套	易伤害手部的作业场所，如施工现场配电安装工作场所

提示标志及其设置部位表   表 3-6-5

编号	图形标志	名称	设置的范围和地点
1		紧急出口	便于安全疏散的紧急出口处，与方向箭头结合设在通向紧急出口的通道、楼梯口等处
2		可动火区	经有关部门划定的可使用明火的地点

4. 安全标志制作

（1）颜色

安全标志所用的颜色应符合《安全色》GB 2893—2008 规定的颜色，具体色号可由项目所属企业总部相关部门做统一要求。

（2）尺寸

安全标志的尺寸应根据标志的观察距离和标志形状参数进行设定（表 3-6-6、表 3-6-7）。

安全标志牌的常用尺寸一览表（单位：m）　　　　　　　表 3-6-6

型号	观察距离	圆形标志外径	三角形标志外边长	正方形标志边长
1	$0<L\leqslant2.5$	0.070	0.088	0.063
2	$2.5<L\leqslant4.0$	0.110	0.140	0.100
3	$4.0<L\leqslant6.3$	0.175	0.220	0.160
4	$6.3<L\leqslant10.0$	0.280	0.350	0.250
5	$10.0<L\leqslant16.0$	0.450	0.560	0.400
6	$16.0<L\leqslant25.0$	0.700	0.880	0.630
7	$25.0<L\leqslant40.0$	0.110	0.400	1.000

注：允许有 3% 的误差。

安全标志牌尺寸标准　　　　　　　　表 3-6-7

禁止标志尺寸标准	指令标志尺寸标准	警告标志尺寸标准	提示标志尺寸标准
外径 $d_1=0.25L$； 内径 $d_2=0.800d_1$； 斜杆宽 $c=0.080d_1$； 斜杆与水平线的夹角 $\alpha=45°$ L 为观察距离	直径 $d=0.025L$ L 为观察距离	外边 $a_1=0.034L$； 内边 $a_2=0.700a_1$； 边框外角圆弧半径 $r=0.080a_1$ L 为观察距离	边长 $a=0.025L$ L 为观察距离

（3）衬边

安全标志牌要有衬边。除警告标志边框用黄色勾边外，其余全部用白色将边框勾一窄边，即为安全标志的衬边，衬边宽度为标志边长或直径的 0.025 倍。

（4）文字辅助标志

为使安全标志含义表达更加清晰，可添加文字辅助标志，对安全标志进行补充说明，以防误解。文字辅助标志的基本形式是矩形边框，分为横写和竖写两种。横写时，写在标志的下方，可以和标志连在一起，也可以分开（图 3-6-2）；竖写时，文字辅助标志写在标志杆上部（图 3-6-3）。

图 3-6-2　横写的文字辅助标志　　　　　图 3-6-3　竖写在标志杆上部的文字辅助标志

167

（5）材质

安全标志牌应采用坚固耐用的材料制作，不宜使用遇水变形、变质或易燃的材料。有触电危险的作业场所应使用绝缘材料。

5. 安全标志的悬挂及使用要求

安全标志的悬挂及使用要求如下：

安全标志

（1）安全标志要安装、悬挂牢固，未经许可不得随意拆除或变换位置。

（2）多个标志牌在一起设置时，应按警告、禁止、指令、提示类型的顺序，先左后右、先上后下地排列。

（3）标志牌的设置高度应尽量与人眼的视线高度相一致。一般以距地 1.5m 以上 2.5m 以下较适宜，太低不符合人的视觉习惯，太高标志不易察觉或看清楚。标志牌的平面与视线夹角应接近 90°，观察者位于最大观察距离时，最小夹角不低于 75°。

（4）标志牌应设在与安全有关的醒目地方，并使现场施工人员看见后，有足够的时间来注意它所表示的内容。标志牌提示危险和警告标志应设置在危险源前方足够远处，以保证观察者在首次看到标志及注意到此危险时有充足的时间，这一距离随不同情况而变化。例如，警告不要接触开关或其他电气设备的标志应设置在它们近旁，而工地面积大的项目或场内运输道路上的标志，应设置于危险区域前方足够远的位置，以保证在到达危险区之前就可观察到此种警告，从而有所准备。

（5）安全标志不应设置于移动物体上，例如门、窗上，物体位置的任何变化会对标志识读产生影响。

（6）安全标志设置不应流于形式，而应经常性地、有针对性地教育施工管理人员正确使用安全标志及安全色，特别是须要遵守预防措施的人员，教育工人懂得安全标志及安全色的含义和作用，提高全体施工人员的安全生产意识，发挥安全标志的真正作用。当设立一个新安全标志或变更现存标志的位置时，应提前通告员工，并且解释其设置或变更的原因，从而使员工心中有数，只有综合考虑了这些问题，设置的安全标志才有可能有效地发挥安全警示的作用。

6. 管理与维护

为了有效地发挥标志的作用，应对其定期检查，定期清洗。发现有变形、损坏、变色、图形符号脱落、亮度老化等现象存在时，应立即予以更换或修理，从而使安全标志保持良好状况。尤其是施工现场水溅、泥污的部位，安全色要保持清洁、醒目。安全管理部门应做好监督检查工作，发现问题，及时纠正。

3.7 安全检查评定

1. 安全检查评定内容

安全检查是减少隐患、防止事故、改善劳动条件的重要手段，是企业安全生产管理工作的一项重要内容。通过现场安全检查可以发现现场施工过程中的危险因素，以便有针对性地采取相应措施，保证安全施工。

（1）安全检查评定主要内容

根据《建筑施工安全检查标准》JGJ 59—2011，安全检查内容主要有安全管理、文明施工、脚手架、基坑工程、模板支架、高处作业、施工用电、物料提升机与施工升降机、塔式起重机与起重吊装和施工机具等 10 大项，可大致分为安全资料和现场安全管理两个方面。

1）安全资料方面，主要检查各级管理人员对安全施工规章制度的建立与落实。规章制度内容包括安全生产责任制、岗位责任制、安全教育制度、安全检查制度等。

2）现场安全管理方面，主要检查安全技术措施实施、施工现场安全组织、设备安全、安全技术交底落实、个人防护、安全用电、现场防火和安全标志牌等。

安全检查的内容较多，项目应根据施工过程特点和安全进行阶段性重点检查。检查组可通过"听""看""量""测"和"现场操作"等方式进行安全检查（详见本教材 1.5 节）。

（2）检查评定要求

1）根据检查评定内容配备力量，抽调专业人员，确定检查负责人，明确分工。

2）检查评定组应分别对安全资料和施工现场安全进行检查。

3）应有明确的检查目的和检查项目、内容及检查标准、重点、关键部位。对面积大或数量多的项目可采取系统的观察检查和一定数量的测点相结合的检查方法。检查时尽量采用检测工具，并做好检查记录。

4）对现场管理人员和操作工人不仅要检查是否有违章指挥和违章作业行为，还应进行"应知应会"的抽查询问，以便了解管理人员及操作工人的安全素质和安全意识。对于违章指挥、违章作业行为，检查人员可以当场指出、进行纠正。

5）认真、详细做好检查记录，特别是对隐患的记录必须具体，包括隐患的部位、危险性程度及处理意见等。采用安全检查评分表的，应记录每项扣分的原因。

6）尽可能系统、定量地做出检查结论、进行安全评价，便于受检单位根据安全评价研究对策、进行整改、加强后续管理。

7）检查后应对隐患整改情况进行跟踪复查，查被检单位是否按"三定"（定人、定时、定措施）原则落实整改，经复查整改合格后，进行销案。

2. 施工现场安全检查评定

施工现场安全检查评定也是安全检查中重要的一环。《建筑施工安全检查标准》JGJ 59—2011 给出了系统的评价方式，使建筑工程安全检查由传统的定性评价上升到定量评价，使安全检查进一步规范化、标准化。该标准适用于项目经理部内部自检、公司对项目的检查、上级安全行政主管部门对项目的层级检查等。

《建筑施工安全检查标准》JGJ 59—2011 的安全检查评分系统，由汇总表和检查评分表组成（图 3-7-1）。项目组检查完成后，填写相应的分项《检查评分表》，在《汇总表》汇总并计算得分。

（1）检查评分表

分项评分表包含 10 大类检查内容，但部分检查分项对应不止一张评分表，所以共有 19 张评分表（具体可参考《建筑施工安全检查标准》JGJ 59—2011），检查人员依据现场实际检查内容选择对应的评分表进行打分。每张检查评分表满分均为 100 分，除《高处作业检查评分表》和《施工机具检查评分表》未列出保证项目外，其余 17 个表格的检查项目分为保证项目和一般项目两类，保证项目满分为 60 分，一般项目满分为 40 分。如《安全管理检查评分表》的检查项目、分值占比、扣分标准、应得分数、扣减分数和实得分数等（表 3-7-1）。

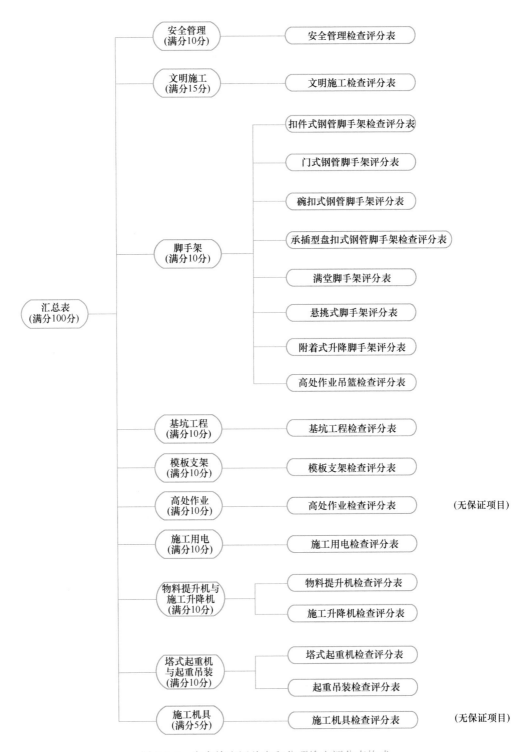

图 3-7-1　安全检查汇总表和分项检查评分表构成

安全管理检查评分表　　　　　　　　　　　　　　　　　表 3-7-1

序号	检查项目		扣分标准	应得分数	扣减分数	实得分数
1	保证项目	安全生产责任制	未建立安全生产责任制，扣 10 分 安全生产责任制未经责任人签字确认，扣 3 分 未制定各工种安全技术操作规程，扣 2~10 分 未按规定配备专职安全员，扣 2~10 分 工程项目部承包合同中未明确安全生产考核指标，扣 5 分 未制定安全资金保障制度，扣 5 分 未编制安全资金使用计划及实施，扣 2~5 分 未制定伤亡控制、安全达标、文明施工等安全生产管理目标，扣 5 分 未进行安全责任目标分解的，扣 5 分 未建立安全生产责任制、责任目标考核制度，扣 5 分 未按考核制度对管理人员定期考核，扣 2~5 分	10		
2		施工组织设计及专项施工方案	施工组织设计中未制定安全技术措施，扣 10 分 危险性较大的分部分项工程未编制安全专项施工方案，扣 10 分 未按规定对超过一定规模危险性较大的分部分项工程专项方案进行专家论证，扣 10 分 施工组织设计、专项方案未经审批，扣 10 分 安全措施、专项方案无针对性或缺少设计计算，扣 2~8 分 未按施工组织设计、专项施工方案组织实施，扣 2~10 分	10		
3		安全技术交底	未采取书面安全技术交底，扣 10 分 未按分部分项进行交底，扣 5 分 交底内容不全面或针对性不强，扣 2~5 分 交底未履行签字手续，扣 4 分	10		
4		安全检查	未建立安全检查（定期、季节性）制度，扣 10 分 未留有定期、季节性安全检查记录，扣 5 分 事故隐患的整改未做到定人、定时间、定措施，扣 2~6 分 对重大事故隐患整改通知书所列项目未按期整改和复查，扣 5~10 分	10		
5		安全教育	未建立安全培训、教育制度，扣 10 分 新入场工人未进行三级安全教育和考核，扣 5 分 未明确具体安全教育内容，扣 2~8 分 变换工种或采用新技术、新工艺、新设备、新材料施工时未进行安全教育，扣 5 分 施工管理人员、专职安全员未按规定进行年度培训考核，扣 2 分	10		

序号	检查项目		扣分标准	应得分数	扣减分数	实得分数
6	保证项目	应急救援	未制定安全生产应急预案，扣10分 未建立应急救援组织、配备救援人员，扣2～6分 未定期进行应急救援演练，扣5分 未配置应急救援器材和设备，扣5分	10		
		小　计		60		
7	一般项目	分包单位安全管理	分包单位资质、资格、分包手续不全或失效，扣10分 未签订安全生产协议书，扣5分 分包合同、安全协议书，签字盖章手续不全，扣2～6分 分包单位未按规定建立安全机构、配备安全员，扣2～6分	10		
8		持证上岗	未经培训从事施工、安全管理和特种作业，扣5分 项目经理、专职安全员和特种作业人员未持证上岗，每人扣2分	10		
9		生产安全事故处理	生产安全事故未按规定报告扣，10分 生产安全事故未按规定进行调查分析处理、制定防范措施，扣10分 未依法为施工人员办理工伤保险，扣5分	10		
10		安全标志	主要施工区域、危险部位、设施未按规定悬挂安全标志，扣2～6分 未绘制现场安全标志布置总平面图，扣3分 未按部位和现场设施的改变调整安全标志设置，扣2～6分 未设置重大危险源公示牌，扣5分	10		
		小计		40		
	检查项目合计			100		

（2）汇总表

汇总表是对10个分项表检查结果的汇总，汇总得分可对项目安全生产进行量化评价。汇总表满分为100分，其中文明施工满分为15分，施工机具满分为5分，其余各分项均为10分（表3-7-2）。各分项的检查评分表得分需经过分数折算，才能填入到汇总表的相应得分中。

（3）评分分值的计算方法

1）检查评分表分值计算

① 评分表无缺项时，则该评分表得分为表中各项检查得分之和；

② 评分表遇缺项时，评分表得分应按下式计算：

建筑施工安全检查评分汇总表

表 3-7-2

企业名称：

单位工程（施工现场）名称：　　　资质等级：　　　　　　　　　　　　　　　　年　月　日

单位工程（施工现场）名称	建筑面积/m²	结构类型	总计得分（满分100分）	项目名称及分值								
				安全管理（满分10分）	文明施工（满分15分）	脚手架（满分10分）	基坑工程（满分10分）	模板支架（满分10分）	高处作业（满分10分）	施工用电（满分10分）	物料提升机与施工升降机（满分10分）	塔式起重机与起重吊装（满分10分）	施工机具（满分5分）

评语：

检查单位		负责人	受检项目		项目经理

$$遇缺项时评分表得分 = \frac{表中各项实得分之和}{100 - 表中缺项分值之和} \times 100$$

③ 在有保证项目的评分表中，若其保证项目有任何一项检查评定为零分或其保证项目总得分低于 40 分时，该评分表直接判定得零分。保证项目可以有缺项，但是按缺项情况折算后保证项目得分不能低于 40 分，否则该评分表得分也为零分，折算公式如下：

$$保证项目遇缺项时折算值 = \frac{表中其余各保证项目得分之和 \times 60}{60 - 缺项保证项目分值之和}$$

当折算值≥40 分时，按上述第②项计算该评分表得分。

【例 3-7-1】《基坑工程检查评分表》中，保证项目中"降排水"缺项（项目地下水位低，无需降水，该项的满分为 10 分），其余保证项目检查后总实得分为 37 分，一般项目无缺项且实得分为 35 分，试计算该评分表得分。

解：

$$保证项目遇缺项时折算值 = \frac{表中其余各保证项目得分之和 \times 60}{60 - 缺项保证项目分值之和}$$

$$= \frac{37 \times 60}{60 - 10} = 44.4 \text{ 分}$$

则该评分表可得分。

$$该评分表得分 = \frac{37 + 35}{100 - 10} \times 100 = 80 \text{ 分}$$

④ 脚手架、物料提升机与施工升降机、塔式起重机与起重吊装项目的实得分值，应为所对应专业的分项检查评分表实得分值的算术平均值。

检查评分表换算至汇总表分值，各分项的检查评分表得分需经过分数折算，才能填入到汇总表的相应得分中。

$$汇总表填入的各分项分值 = 该分项检查评分表得分 \times \frac{该项在汇总表中的满分值}{100}$$

【例 3-7-2】《文明施工检查评分表》得分 80 分，换算到汇总表中"文明施工"分项实得分为多少分？

解：

$$汇总表中文明施工分项得分 = 80 \times \frac{15}{100} = 12 \text{ 分}$$

2）汇总表总分计算

① 汇总表无缺项时，则该汇总表得分为表中各分项得分之和；

② 汇总表遇缺项时，汇总表得分应按下式计算：

$$遇缺项时汇总表得分 = \frac{表中各分项实得分之和}{100 - 汇总表中缺项分值之和} \times 100$$

【例 3-7-3】项目进行到主体施工阶段，无基坑工程施工（"基坑工程"分项在汇总表中满分为 10 分），其余分项检查在汇总表中的得分合计 72 分，计算该工地汇总表得分为多少分。

解：

$$遇缺项时汇总表得分 = \frac{表中各分项实得分之和}{100 - 汇总表中缺项分值之和} \times 100$$

$$= \frac{72}{100 - 10} \times 100 = 80 分$$

（4）等级评定

施工安全检查的评定结论分为优良、合格、不合格三个等级，不仅仅依据汇总表的总得分，还应依据保证项目的达标情况。

建筑施工安全检查评定的等级划分应符合下列规定：

1）优良

分项检查评分表无零分，汇总表得分值应在 80 分及以上。

2）合格

分项检查评分表无零分，汇总表得分值应在 80 分以下，70 分及以上。

3）不合格

① 当汇总表得分值不足 70 分时；

② 当有一分项检查评分表为零时。

当建筑施工安全检查评定的等级为不合格时，必须限期整改达到合格。

【例 3-7-4】 公司对所属项目进行了安全检查，并进行了评价。其中《安全管理检查评分表》《文明施工检查评分表》《扣件式干管脚手架检查评分表》《高处作业吊篮检查评分表》得分分别为 76 分、60 分、86 分、82 分，其余各分项检查表均得分且在汇总表中的总得分合计为 42 分，汇总表无缺项，试计算该项目得分并评价安全等级。

解： "安全管理"得分 $= 76 \times \dfrac{10}{100} = 7.6$ 分

"文明施工"得分 $= 60 \times \dfrac{15}{100} = 9$ 分

"脚手架"在汇总表中得分 $= \dfrac{86 + 82}{2} \times \dfrac{10}{100} = 8.4$ 分（注：一个工地存在 2 种及以上脚手架时，该工地脚手架的检查得分为各不同脚手架检查得分的算术平均值。其他各项检查表存在类似情况的照此处理，如一个工地有多台塔式起重机，有多种模板支架体系等。）

$$汇总表得分 = 7.6 + 9 + 8.4 + 42 = 67 分 < 70 分$$

该项目安全等级评价为"不合格"（表 3-7-3）。

表 3-7-3

建筑施工安全检查评分汇总表

企业名称：×××建筑工程有限责任公司 资质等级：建筑工程施工总承包一级 ××年×××月×××日

单位工程（施工现场）名称	建筑面积/m²	结构类型	总计得分（满分100分）	检查项目名称及分值										
				安全管理（满分10分）	文明施工（满分15分）	脚手架（满分10分）	基坑工程（满分10分）	模板支架（满分10分）	高处作业（满分10分）	施工用电（满分10分）	物料提升机与施工升降机（满分10分）	塔式起重机与起重吊装（满分10分）	施工机具（满分5分）
××项目	10000	框架-剪力墙	67	7.6	9	8.4	7	6	6	7	7	6	3

评语：

经检查，符合《建筑施工安全检查标准》JGJ 59—2011 要求。

应得分为：100 分；实得分为：67 分；得分率＝ × / × ＝   ，评定为：不合格   。

检查单位	负责人	受检项目	项目经理

知识与技能训练题

危险源的识别、种类和管理

一、单项选择题

1. "可能造成人员伤亡或疾病、财产损失、工作环境破损的根源或状态"是以下哪个名词的解释(　　)。

A. 风险　　　　　　　　　　　B. 危险源

C. 隐患　　　　　　　　　　　D. 不安全行为

2. "作业条件危险性评价法"根据事故发生的可能性、暴露于危险环境的频繁程度和事故发生后的后果严重程度进行综合评分,来确定风险等级,若风险值为152,属于(　　)。

A. 特别重大风险　　　　　　　B. 一般风险

C. 低风险　　　　　　　　　　D. 重大风险

3. 根据《建设工程安全生产管理条例》,对于达到一定规模的危险性较大的分部分项工程的专项施工方案,必须经(　　)签字同意后才能实施。

A. 安全员、监理员　　　　　　B. 项目技术负责人、总监理工程师

C. 项目负责人、总监理工程师　D. 施工单位技术负责人、总监理工程师

4. 根据《企业职工伤亡事故分类》GB 6441—1986,下列伤害属于高空坠落伤害的是(　　)。

A. 起重机的电线老化,作业时造成触电伤害

B. 员工在起重作业时不慎坠落

C. 起重机由于地基不稳突然倒塌造成的伤害

D. 起重机的吊物坠落造成的伤害

5. 目前,我国建筑业伤亡事故的主要类型是(　　)。

A. 高处坠落、坍塌、物体打击、机械伤害、触电

B. 高处坠落、中毒、坍塌、触电、火灾事故

C. 坍塌、粉尘、高处坠落、触电、塔式起重机事故

D. 坍塌、物体打击、机械伤害、触电、火灾事故

6. 用人单位违反职业病防治法规定,造成重大职业病危害事故或者其他严重后果,构成犯罪的,对直接的主管人员和(　　),依法追究刑事责任。

A. 直接责任人员　　　　　　　B. 责任人员

C. 管理人员　　　　　　　　　D. 法人代表

7. 根据《危险性较大的分部分项工程安全管理规定》,超过一定规模的危险性较大的分部分项工程专项方案应当由(　　)组织召开专家论证会。

A. 建设单位　　　　　　　　　B. 施工单位

C. 监理单位　　　　　　　　　D. 政府建设主管部门

8. 建筑施工事故中,所占比例最高的是(　　)。

A. 高处坠落事故　　　　　　　B. 各类坍塌事故

C. 物体打击事故   D. 起重伤害事故

9. 下列哪项不属于风险管理中事前预控过程内容（   ）。

A. 危险源辨识   B. 危险源分级分类

C. 风险预控   D. 事故调查

10. 现场指挥的不安全性（指挥失误、违章指挥）属于下列哪类危险源（   ）。

A. 人   B. 机

C. 环   D. 管理

二、多项选择题

1. 对于按规定需要验收的危险性较大的分部分项工程，（   ）应当组织有关人员进行验收。

A. 建设单位   B. 设计单位

C. 勘察单位   D. 施工单位

E. 监理单位

2. 下列属于建筑施工伤亡事故主要类型的有（   ）。

A. 高处坠落事故   B. 施工坍塌事故

C. 物体打击事故   D. 机具伤害事故

E. 火灾事故

3. 依据《中华人民共和国安全生产法》，经营单位对重大危险源应当登记建档，进行定期（   ）。

A. 检查   B. 检测

C. 评估   D. 监控

E. 监察

4. 危险源的控制措施包括（   ）。

A. 工程技术措施   B. 个体防护措施

C. 应急处置措施   D. 培训教育措施

E. 风险预防措施

5. 危险源辨识的方法很多，常用的方法有（   ）。

A. 专家调查法   B. 头脑风暴法

C. 工作任务分析法   D. 关联图法

E. 安全检查法

6. 从事（   ）的人员应配备防止身体、手足、眼部等受到伤害的劳动防护用品。

A. 基础施工   B. 主体结构

C. 屋面施工   D. 装饰装修

E. 企业行政管理

7. 根据《中华人民共和国安全生产法》，生产经营单位生产安全事故应急救援预案，说法正确的有（   ）。

A. 应当制定本单位生产安全事故应急救援预案

B. 应当对生产安全事故应急救援预案定期组织演练

C. 应当对生产安全事故应急救援预案不定期组织演练

D. 本单位的生产安全事故应急救援预案应当与所在地县级以上地方人民政府组织制定的生产安全事故应急救援预案相衔接

E. 本单位的生产安全事故应急救援预案无需与所在地县级以上地方人民政府组织制定的生产安全事故应急救援预案相衔接

8. 造成人的不安全行为和物的不安全状态主要原因有(　　)。

A. 预防原因　　　　　　　　　　　B. 技术原因

C. 教育原因　　　　　　　　　　　D. 管理原因

E. 身体和态度原因

9. 下列属于人员不安全因素的是(　　)。

A. 操作不安全性　　　　　　　　　B. 现场指挥的不安全性

C. 未按规定配备设备　　　　　　　D. 决策失误

E. 身体状况不佳的情况下工作

10. 危险源辨识的范围,应覆盖建筑施工现场所有的作业活动,包括建筑施工现场的(　　)。

A. 办公区　　　　　　　　　　　　B. 所在市区

C. 作业区　　　　　　　　　　　　D. 周边建筑物

E. 其他设施

三、判断题

1. 危险源可以导致或诱发事故的发生。　　　　　　　　　　　　　　　(　　)

2. 隐患一定是危险源。　　　　　　　　　　　　　　　　　　　　　(　　)

3. 危险源辨识等同于隐患排查。　　　　　　　　　　　　　　　　　(　　)

4. 供电线路布置不合理属于环境方面危险源。　　　　　　　　　　　(　　)

5. 职工安全教育、岗位培训不到位属于人员方面的危险源。　　　　　(　　)

安全防护设施的设置要求与管理

一、单项选择题

1. 依据《建筑施工高处作业安全技术规范》JGJ 80—2016,当临边的外侧面临街道时,除防护栏杆外,敞口立面必须采取(　　)安全网或其他可靠措施做全封闭处理。

A. 双层　　　　　　　　　　　　　B. 密目

C. 抗拉　　　　　　　　　　　　　D. 满挂

2. 依据《建筑施工高处作业安全技术规范》JGJ 80—2016,移动式操作平台的面积不应超过(　　)m²,高度不应超过 5m;还应进行稳定验算,并采用措施减少立柱的长细比。

A. 15　　　　　　　　　　　　　　B. 12

C. 10　　　　　　　　　　　　　　D. 8

3. 纵向水平杆(大横杆)的对接扣件应符合的规定是(　　)。

A. 各接头中心距最近的主节点的距离不大于纵距的 1/3

B. 两根相邻杆的接头,应在同一步和同一跨内布置

C. 两根相邻杆的接头,可在同一个竖向平面内

D. 两根相邻杆的接头,在水平方向的接头可在 700mm 以内

4. 搭设脚手架或者模板支架作业时，必须设（　　）、警戒标志，并应派专人看守，严禁非作业人员入内。

A. 警戒线　　　　　　　　　　　　　B. 安全区域

C. 封闭区域　　　　　　　　　　　　D. 围挡

5. 根据《建设工程安全生产管理条例》，应当向作业人员提供安全防护用具和安全防护服装的是（　　）。

A. 施工单位　　　　　　　　　　　　B. 监理单位

C. 建设单位　　　　　　　　　　　　D. 安全监督管理机构

6. 竖向剪刀撑斜杆与地面的夹角应在一定范围内，至少应覆盖（　　）根立杆。

A. 2　　　　　　　B. 3　　　　　　　C. 5　　　　　　　D. 6

7. 根据《建筑施工人员个人劳动保护用品使用管理暂行办法》，下列说法错误的是（　　）。

A. 企业应保证施工作业人员正确使用劳动保护用品

B. 劳动保护用品可以以货币形式发放

C. 坚持"谁用工、谁负责"的原则

D. 企业应建立劳动保护用品管理台账

8. 依据《建筑施工扣件式钢管脚手架安全技术规范》JGJ 130—2011，型钢悬挑梁悬挑端应设置能使脚手架立杆与钢梁可靠固定的定位点，定位点离悬挑梁端部不应小于（　　）mm。

A. 80　　　　　　　B. 100　　　　　　　C. 150　　　　　　　D. 200

9. 模板拆除时，拆下的模板、构配件（　　）向下抛掷。

A. 捆绑后　　　　　B. 整理后　　　　　C. 部分　　　　　D. 严禁

10. 剪刀撑的设置宽度（　　）

A. 不应小于 4 跨，且不应小于 6m　　　　B. 不应小于 3 跨，且不应小于 4.5m

C. 不应小于 3 跨，且不应小于 5m　　　　D. 不应小于 4 跨，且不应大于 6m

二、多项选择题

1. 建筑施工企业不得采购和使用（　　）的劳动防护用品。

A. 无厂家名称　　　　　　　　　　　B. 无产品合格证

C. 无安全标志　　　　　　　　　　　D. 廉价

E. 价格昂贵

2. 下列关于劳动防护用品坠落类有（　　）。

A. 安全带　　　　　　　　　　　　　B. 安全绳

C. 安全帽　　　　　　　　　　　　　D. 防滑鞋

E. 防护眼镜

3. 建筑工程中的"三宝"是指（　　）。

A. 安全帽　　　　　　　　　　　　　B. 安全带

C. 安全网　　　　　　　　　　　　　D. 安全锁

E. 安全鞋

4. 根据《建筑施工人员个人劳动保护用品使用管理暂行规定》，施工作业人员所在企业必须按国家规定( )劳动保护用品。

    A. 免费发放   B. 更换已损坏的

    C. 更换已到使用年限的   D. 收取一定费用的发放

    E. 继续发放已到使用年限的

5. 根据《建筑施工高处作业安全技术规范》JGJ 80—2016，下列关于悬空作业的基本规定正确的有( )。

    A. 悬空作业应设有牢固的立足点，并应配置登高和防坠落的设施

    B. 钢结构吊装时，作业层下方不需设置水平安全网

    C. 吊装钢筋混凝土屋架、梁、柱等大型构件前，应在构件上预先设置登高通道、操作立足点等安全设施

    D. 在高空安装模板时，应站在作业平台上操作

    E. 当吊装作业利用吊车梁等构件作为水平通道时，临空面的一侧应设置连续的栏杆等防护措施

6. 下列选项中，属于脚手架构配件自重的有( )。

    A. 剪刀撑   B. 扣件

    C. 脚手板   D. 挡脚板

    E. 安全网

7. 扣件式钢管脚手架拆除时，应检查( )是否符合构造要求。

    A. 扣件连接   B. 脚手板连接

    C. 连墙件   D. 支撑体系

    E. 安全网

8. 对脚手架纵向水平杆构造描述正确的有( )。

    A. 应设置在立杆外侧   B. 应设置在立杆内侧

    C. 应采用焊接方式接长   D. 单根长度不应小于2跨

    E. 单根长度不应小于3跨

9. 脚手架连墙件的间距除应满足计算要求外，还应满足( )。

    A. 脚手架高度不大于50m时，竖向不大于3步距，横向不大于3跨距

    B. 脚手架高度不大于50m时，竖向不大于4步距，横向不大于4跨距

    C. 脚手架高度大于50m时，竖向不大于2步距，横向不大于3跨距

    D. 脚手架高度大于50m时，竖向不大于2步距，横向不大于4跨距

    E. 无特别要求

10. 根据《建筑施工高处作业安全技术规范》JGJ 80—2016，下列关于洞口作业要求正确的有( )。

    A. 电梯井口应设置防护门，其高度不应小于1.2m

    B. 电梯井内的施工层上部，应设置隔离防护设施

    C. 当垂直洞口短边边长小于500mm时，应采取封堵措施

    D. 当垂直洞口短边边长大于或等于500mm时，应在临空一侧设置高度不小于1m的防护栏杆

    E. 施工现场通道附近的洞口、坑沟、槽、高处临边等危险作业处，除应悬挂安全警

示标志外，夜间应设灯光警示

三、判断题

1. 电梯井口必须设防护栏杆或固定栅门，电梯井内应每隔三层并最多隔 12m 设置一道安全网。　　　　　　　　　　　　　　　　　　　　　　　　（　　）

2. 脚手架及其地基基础应在每搭设完 6~8m 高度后进行检查与验收。（　　）

3. 扣件式钢管支架外围应在外侧立面整个长度和高度上连续设置剪刀撑。（　　）

4. 扣件式钢管脚手架支架立杆纵向扫地杆距离底座不应大于 300mm。（　　）

5. 各类杆件端头伸出扣件盖板边缘的长度，不应小于 100mm。（　　）

施工现场临时用电安全管理

一、单项选择题

1. 绝缘颜色为绿/黄双色的电线指（　　）。

A. PE 线　　　　　B. 相线　　　　　C. N 线　　　　　D. 零线

2. 系统中的保护零线除必须在配电室或总配电箱处做重复接地外，还必须在配电系统的（　　）做重复接地。

A. 首端处　　　　B. 中间处　　　　C. 末端处　　　　D. 中间处和末端处

3.《建筑与市政工程施工现场临时用电安全技术标准》JGJ/T 46—2024 规定，凡用电设备台数或总容量在（　　）以上者，应编制用电组织设计。

A. 5 台或 50kW　　B. 3 台或 30kW　　C. 8 台或 80kW　　D. 10 台或 100kW

4. 10kV 的外电架空线路与施工现场机动车道交叉时，架空线路的最低点与路面的最小垂直距离不得小于（　　）。

A. 6m　　　　　　B. 7m　　　　　　C. 8m　　　　　　D. 10m

5. 总配电箱中剩余电流动作保护器的额定剩余动作电流应大于（　　），额定剩余电流动作时间应大于（　　），但其额定剩余动作电流与额定剩余电流动作时间的乘积不应大于（　　）。

A. 30mA；0.1s；30mA·s　　　　　　　B. 50mA；0.12s；50mA·s

C. 75mA；0.1s；70mA·s　　　　　　　D. 100mA；0.12s；50mA·s

6. 工作接地电阻值不得大于（　　）；重复接地电阻值不得大于（　　）；防雷接地电阻值不得大于（　　）。

A. 4Ω；10Ω；30Ω　　　　　　　　　B. 10Ω；10Ω；30Ω

C. 10Ω；4Ω；10Ω　　　　　　　　　D. 4Ω；4Ω；10Ω

7. 分配电箱与开关箱的距离不得超过（　　）。

A. 20m　　　　　B. 30m　　　　　C. 40m　　　　　D. 50m

8. 建筑施工现场临时用电工程专用的电源中性点直接接地的 220/380V 三相五线制低压电力系统，必须采用（　　）。

A. 三级配电二级剩余电流保护系统　　　B. 两级配电三级剩余电流保护系统

C. 三级配电三级剩余电流保护系统　　　D. 三级配电一级剩余电流保护系统

9. 在潮湿和易触及带电体场所的照明电源电压不得大于（　　）。

A. 12V　　　　　B. 24V　　　　　C. 36V　　　　　D. 48V

10. 在正常情况下，送电操作顺序为（　　）。

A. 分配电箱→总配电箱→开关箱　　　B. 总配电箱→分配电箱→开关箱

C. 开关箱→分配电箱→总配电箱　　　D. 开关箱→总配电箱→分配电箱

二、多项选择题

1. 总配电箱的电器应具备电源隔离，正常接通与分断电路，以及短路、过载、剩余电流动作保护功能。电器设置应遵循的原则有（　　）。

A. 当总路设置总剩余电流动作保护器时，还应装设总隔离开关、分路隔离开关以及总断路器、分路断路器或总熔断器、分路熔断器

B. 当所设总剩余电流动作保护器是同时具备短路、过载、剩余电流动作保护功能的剩余电流动作断路器时，应设总断路器或总熔断器

C. 当各分路设置分路剩余电流动作保护器时，还应装设总隔离开关、分路隔离开关以及总断路器、分路断路器或总熔断器、分路熔断器

D. 当分路所设剩余电流动作保护器是同时具备短路、过载、剩余电流动作保护功能的剩余电流动作断路器时，应设分路断路器或分路熔断器

E. 当分路所设剩余电流动作保护器是同时具备短路、过载、剩余电流动作保护功能的剩余电流动作断路器时，可不设分路断路器或分路熔断器

2. 建筑施工现场临时电接地的类别有（　　）。

A. 工作接地　　　　　　　　　　　B. 重复接地

C. 保护接地　　　　　　　　　　　D. 统一接地

E. 防雷接地

3. 配电箱、开关箱应装设在干燥、通风及常温场所，不得装设在有严重损伤作用的（　　）及其他有害介质中。

A. 蒸汽　　　　　　　　　　　　　B. 瓦斯

C. 烟气　　　　　　　　　　　　　D. 水气

E. 潮气

4. 开关箱必须装设（　　）。当剩余电流动作保护器是同时具有短路、过载、剩余电流动作保护功能的剩余电流动作断路器时，可不装设断路或熔断器。

A. 隔离开关、断路器或熔断器　　　B. 隔离开关、空气开关

C. 剩余电流动作保护器　　　　　　D. 空气开关、断路器

E. 空气开关、剩余电流动作保护器

5. 下列照明器中，可以用于大面积场所照明的有（　　）。

A. 碘钨灯　　　　　　　　　　　　B. 高压汞灯

C. 高压钠灯　　　　　　　　　　　D. 镝灯

E. 混光用的卤钨灯

6. 下列材料中，可以作为垂直接地体材料的有（　　）。

A. 圆钢　　　　　　　　　　　　　B. 角钢

C. 螺纹钢　　　　　　　　　　　　D. 钢管

E. 铝板

7. 剩余电流动作保护器应装设在（　　）靠近负荷的一侧，且不得用于启动电气设备的操作。

A. 分配电箱 　　　　　　　　　　B. 总配电箱

C. 开关箱 　　　　　　　　　　　D. 断路器

E. 熔断器

8. 根据《建筑与市政工程施工现场临时用电安全技术标准》JGJ/T 46—2024，为了使配电层次清楚，既便于管理及查找故障，配电箱应作分级设置，以下分级设置正确的有( )。

A. 总配电箱下设分配电箱 　　　　B. 分配电箱以下分配用电设备

C. 总配电箱下设分配用电设备 　　D. 分配电箱以下设开关箱

E. 开关箱以下就是用电设备

9. 架设安全防护设施是一种绝缘隔离防护措施，宜采用( )增设屏障、遮栏、围栏、保护网、防护棚等与外电线路实现强制性绝缘隔离。

A. 木质材料 　　　B. 竹质材料 　　　C. 角钢 　　　　　D. 钢筋

E. 绝缘材料

10. 以下灭火剂中，可以用于扑灭电气火灾的有( )。

A. 干粉灭火器 　　　　　　　　　B. 二氧化碳灭火器

C. 1211 灭火器 　　　　　　　　 D. 干燥砂子

E. 水

三、判断题

1. PE 线上严禁装设开关或熔断器，严禁通过工作电流，且严禁断线。 　　　　( )

2. 五芯电缆必须包含蓝、绿/黄两种颜色绝缘芯线。 　　　　　　　　　　　( )

3. 电缆线路应采用埋地或架空敷设，严禁沿地面明设，并应避免机械损伤和介质腐蚀。 　　　　　　　　　　　　　　　　　　　　　　　　　　　　　　　　　( )

4. 配电箱、开关箱的电源进线端采用插头和插座做活动连接。 　　　　　　　( )

5. 对配电箱、开关箱进行定期维修、检查时，必须将其前一级相应的电源隔离开关分闸断电，并悬挂"禁止合闸、有人工作"停电标志牌，严禁带电作业。 　　　　( )

机械设备安全管理

一、单项选择题

1. 塔式起重机的主参数是( )。

A. 起重量 　　　B. 公称起重力矩 　　　C. 起升高度 　　　D. 起重力矩

2. 下列对起重力矩限制器主要作用的叙述，正确的是( )。

A. 限制塔机回转半径 　　　　　　B. 限制塔机起升速度

C. 防止塔机超载 　　　　　　　　D. 防止塔机出轨

3. 塔式起重机的拆装作业必须在( )进行。

A. 暖季节 　　　　　　　　　　　B. 白天

C. 晴天 　　　　　　　　　　　　D. 良好的照明条件的夜间

4. 能够防止塔机超载、避免因严重超载而引起塔机的倾覆或折臂等恶性事故的安全装置是( )。

A. 力矩限制器 　　　　　　　　　B. 吊钩保险

C. 行程限制器 　　　　　　　　　D. 幅度限制器

5. 塔式起重机工作时，风速应低于( )级。

A. 4 B. 5 C. 6 D. 7

6. 风速仪应安装在起重机顶部至吊具的( )位置。

A. 中间部位 B. 最高的位置间的不挡风处

C. 最高的位置间的挡风处 D. 最高位置

7. 能够防止钢丝绳在传动过程中脱离滑轮槽而造成钢丝绳卡死和损伤的安全装置是( )。

A. 力矩限制器 B. 超高限制器

C. 吊钩保险 D. 钢丝绳防脱槽装置

8. 能防止起吊钢丝绳由于角度过大或挂钩不妥时，造成起吊钢丝绳脱钩的安全装置是( )。

A. 力矩限制器 B. 超高限制器

C. 吊钩保险 D. 钢丝绳防脱槽装置

9. 塔式起重机拆装工艺由( )审定。

A. 企业负责人 B. 检验机构负责人

C. 企业技术负责人 D. 验收单位负责人

10. 塔机顶升作业，必须使( )和平衡臂处于平衡状态。

A. 配重臂 B. 起重臂 C. 配重 D. 小车

二、多项选择题

1. 防坠安全器的形式有( )。

A. 渐进式 B. 瞬时式

C. 弹簧式 D. 压缩式

E. 阻尼式

2. 施工升降机门限开关包括( )。

A. 上限位开关 B. 吊笼门限位开关

C. 顶门限位开关 D. 防护围栏门限位开关

E. 极限限位开关

3. 关于塔式起重机描述正确的有( )。

A. 动臂式塔式起重机，塔身上不得悬挂标语牌

B. 司机接班时应对制动器、吊钩、钢丝绳和安全装置进行检查，发现性能不正常的，应在操作后排除故障

C. 特殊情况的紧急停车信号，只听从信号工发出的信号执行

D. 起重机工作时，不得进行检查和维修

E. 采用涡流制动调速系统的起重机，不得长时间使用低速挡或慢就位速度作业

4. 施工升降机不得安装使用的情况有( )。

A. 属国家明令淘汰或禁止使用的

B. 超过安全技术标准或制造厂家规定使用年限的

C. 经检验达不到安全技术标准规定的

D. 无完整安全技术档案的

E. 没有定期维护保养的

5. 关于施工升降机操作使用描述正确的有( )。

A. 5 级及以上大风等恶劣天气情况下，必须停止运行

B. 吊笼严禁超载运行，乘人或载物应使载荷均匀分布，不得偏重

C. 新安装或转移安装以及经过大修后的施工升降机，在投入使用前必须按说明书规定试验程序进行坠落试验

D. 施工升降机在使用中每隔半年，应进行一次坠落试验

E. 施工升降机在每班首次载重运行前，将吊笼升离地面 0.5m 时，应停机试验制动器的可靠性

6. 施工升降机应按要求进行哪些检查( )。

A. 日常检查   B. 周期检查

C. 定期检查   D. 专项检查

E. 全面检查

7. 下列关于混凝土输送泵的布置与固定说法正确的是( )。

A. 垂直泵送管道不得直接装接在泵的输出口上，应在垂直管前端加装长度不小于 15m 的水平管

B. 水平泵送管道宜直线敷设

C. 泵送管道应有支承固定，在管道和固定物之间应设置木垫作缓冲

D. 泵送管道敷设后，应进行耐压试验

E. 管道接头和卡箍应扣牢密封，不得漏浆

8. 关于圆盘锯安全管理说法正确的是( )。

A. 木工圆盘锯上的旋转锯片必须设置可靠的安全防护罩

B. 应佩戴手套、防护眼镜作业

C. 工作中如需清理锯末等杂物时，必须停锯，严禁在运转中清理

D. 开锯前应先空转一分钟，查看锯片有无摇摆，是否需用调整加固

E. 作业时，操作人员应站在与锯片同一直线上

9. 钢筋调直时应遵循的操作要求正确的有( )。

A. 做好安全防护，戴安全帽、穿胶底鞋、禁止戴手套作业

B. 作业前应检查电线、配电箱、开关箱是否完好，接零保护是否可靠

C. 在施工区域要设安全警示标识，禁止通过，还要设置防护挡板拦护

D. 钢筋调直加工时，应在夹具夹牢后，方可开动机器

E. 调直工作时，无关人员不得站在调直机械附近，当料盘上的钢筋至末端时，要严防钢筋端头伤人

10. 在建筑机械使用方面，对施工管理人员的要求有( )。

A. 应向操作人员进行施工任务和安全技术措施交底

B. 运转中发现不正常时，应先停机检查，排除故障后方可使用

C. 应注意机械设备工况，遵守机械设备有关保养规定

D. 按照机械设备的出厂使用说明书规定的技术性能、承载能力和使用条件，正确操作，合理使用

E. 遵守现场安全管理，听从指挥，对违反规程的作业命令，在说明理由后可拒绝
执行

三、判断题

1. 在无载荷情况下，塔身和基础平面的垂直度允许偏差为 4‰。　　　　（　　）
2. 塔式起重机顶升时可以回转臂杆。　　　　　　　　　　　　　　　　（　　）
3. 在吊装构件时，任何人都不得停留在吊物的下面。　　　　　　　　　（　　）
4. 当发现塔式起重机路基有沉陷、溜坡、裂缝等情况，应立即停止使用。（　　）
5. 塔式起重机在危险区域施工应设有警戒线或警告牌等明显警告标志。（　　）

施工过程的安全管理

3.5.1　基础工程施工阶段安全管理

一、单项选择题

1. 人工开挖土方时，两人的操作间距应保持（　　）。
A. 1m　　　　　　B. 1～2m　　　　　　C. 2～3m　　　　　　D. 4～5m

2. 在临边堆放弃土，当土质良好时，要距坑边多远（　　）。
A. 0.5m 以外，高度不超 0.5m　　　　　B. 1m 以外高度不超 1.5m
C. 1m 以外高度不超 1m　　　　　　　　D. 1.5m 以外，高度不超 2m

3. 人工挖掘土方必须遵守（　　）顺序放坡进行开挖。
A. 自上而下　　　B. 自下而上　　　C. 自左至右　　　D. 自右至左

4. 机械开挖时，为保证基土原状结构，应预留（　　）原土层由人工挖掘修整。
A. 100～250mm　　　　　　　　　　　B. 150～300mm
C. 200～350mm　　　　　　　　　　　D. 300～400mm

5. 基坑开挖时，土方机械禁止在离电缆（　　）距离内作业。
A. 0.5m　　　　　　B. 1.0m　　　　　　C. 1.5m　　　　　　D. 2.0m

6. 人工挖孔桩孔口周边（　　）范围内不得有任何杂物。
A. 0.5m　　　　　　B. 1.0m　　　　　　C. 1.5m　　　　　　D. 2.0m

7. 多台机械开挖基坑时，挖土机间距应大于（　　）。
A. 5m　　　　　　B. 10m　　　　　　C. 15m　　　　　　D. 20m

8. 基坑周边设防护栏杆，防护栏杆高度不应低于（　　）。
A. 0.5m　　　　　　B. 0.9m　　　　　　C. 1.2m　　　　　　D. 1.5m

9. 采用人工挖孔桩挖土时，挖孔截面的尺寸允许误差不超过（　　）。
A. 20mm　　　　　　B. 30mm　　　　　　C. 40mm　　　　　　D. 50mm

10. 人工挖孔桩井下作业人员连续作业工作时间不宜超过（　　）。
A. 3h　　　　　　B. 4h　　　　　　C. 5h　　　　　　D. 6h

二、多项选择题

1. 在不良地质地段开挖作业，必须遵守以下相关规定的有（　　）。
A. 在分段开挖的同时，应分段修建支挡工程
B. 滑坡地段开挖作业应从滑坡体中部向两侧自上而下进行
C. 在落石地段施工，应先清理危石和设置拦截措施后方可开挖
D. 岩溶地区施工，应先认真处理好岩溶水的涌出，以免导致突发坍塌事故

187

E. 在淤泥地段施工，宜先行排水引流，并视情况采取防陷没的安全措施

2. 根据土方工程的（　　），选择机械开挖或人工开挖方案。

A. 开挖深度　　　　　　　　　　B. 工程量大小

C. 土的类型　　　　　　　　　　D. 地理位置

E. 面积大小

3. 下列关于人工挖孔桩施工安全要求，说法正确的有（　　）。

A. 参加挖孔的工人事先必须检查身体，凡有高血压、心脏病的人不能参加施工

B. 每天上班前及施工过程中，要随时注意检查绳、挂钩、保险装置等的完好，发现有破损，要及时更换

C. 正在开挖的井孔，每天上班工作前应对井壁、空气检查，发现异常要采取安全措施后方可继续施工

D. 现场施工时，孔口边 2m 范围内不得有任何杂物，堆土应离孔口边 3m 以外

E. 井孔上下应设可靠的电话联系，如对讲机等

4. 下列关于基坑开挖的安全措施中，说法正确的有（　　）。

A. 挖土方前，对周围环境要认真检查，不能在危险岩石或建筑物下面作业

B. 深基坑四周设防护栏杆，人员上下要有专用爬梯

C. 人工挖基坑时，操作人员之间要保持安全距离，一般大于 1.5m

D. 机械挖土应严格控制开挖面坡度和分层厚度，防止边坡和挖土机下的土体滑动

E. 为防止基坑浸泡，除做好排水沟外，还要在坑四周做挡水堤，防止地面水流入坑内

5. 下列做法中，对土方边坡稳定有利的有（　　）。

A. 堆物靠近坡顶　　　　　　　　B. 坡顶设挡水措施

C. 坡顶设置振动设备　　　　　　D. 尽量缩短边坡的留置时间

E. 重型机械在坑边作业

6. 基础土方工程施工方案应包含（　　）内容。

A. 地质勘察　　　　　　　　　　B. 降水排水设计

C. 土方开挖方法和方式　　　　　D. 支付结构体系的选择和设计

E. 基础类型的设计

7. 下列关于机械开挖正确的是（　　）。

A. 机械挖土时，挖土机作业半径内不得有人进入

B. 禁止在离电缆 0.5m 距离内作业

C. 配合挖土机的清坡清底工人不准在机械回转半径下作业

D. 运土汽车不宜靠近基坑平行行驶，防止塌方翻车

E. 若基底超挖，应用原土回填至设计标高即可

8. 开挖低于地下水位的基坑、管沟和其他挖土应根据（　　）选用集水坑或井点降水。

A. 当地工程地质资料　　　　　　B. 挖方的深度

C. 挖方的尺寸　　　　　　　　　D. 基础类型

E. 季节

9. 基坑的排水方法可分为(　　　)。

A. 集水井法 　　　　　　　　　　B. 排水沟法

C. 集水井抽水法 　　　　　　　　D. 明排水法

E. 人工降低地下水位法

10. 当出现下列情况之一时，应提高监测的频率(　　　)。

A. 监测数据达到报警值 　　　　　B. 监测数据变化较大或者速率加快

C. 存在勘察未发现的不良地质 　　D. 监测数据稳定

E. 监测数据接近报警值

三、判断题

1. 为确保安全生产，基坑开挖前和开挖中必须做好排水工作，保证土体的干燥，才能保证安全，挖至设计深度后，经检查验收后可停止排水。　　　　　　　(　　)

2. 在城市市区的建设工程，施工单位应当对施工现场实行封闭围挡。　　(　　)

3. 降水井的深度应根据降水深度，含水层的埋藏分布和降水井的出水能力确定，设计降水深度在基坑范围内不宜小于基坑底面以下 0.5m。　　　　　　　(　　)

4. 2m 高的基坑周边没有必要设防护栏杆。　　　　　　　　　　　　　(　　)

5. 人工挖土时，两人间的安全操作距离要有 2m 以上。　　　　　　　　(　　)

6. 人员上下基坑要走安全通道，严禁踩踏土壁上下。　　　　　　　　　(　　)

7. 人工挖孔桩井下照明可采用 220V 的电压。　　　　　　　　　　　　(　　)

8. 当支护结构出现开裂时，应提高监测频率。　　　　　　　　　　　　(　　)

9. 开挖深度大于 10m 的基坑为一级基坑。　　　　　　　　　　　　　(　　)

10. 基坑工程的现场监测应采用仪器监测与巡视检查相结合的方法。　　(　　)

3.5.2　主体结构工程施工阶段安全管理

一、单项选择题

1. 砌筑高度超过地坪(　　　)，应搭设脚手架。

A. 1m 　　　　B. 1.2m 　　　　C. 1.4m 　　　　D. 1.6m

2. 砌筑脚手架上堆砖高度不得超过(　　　)侧砖。

A. 两皮 　　　　B. 三皮 　　　　C. 四皮 　　　　D. 五皮

3. 对有部分破裂和脱落危险的砌块，(　　　)起吊。

A. 建议 　　　　B. 允许 　　　　C. 严禁 　　　　D. 特殊情况可以

4. 砂浆搅拌机开关箱离操作位置不大于(　　　)。

A. 1m 　　　　B. 2m 　　　　C. 3m 　　　　D. 4m

5. 模板安装作业高度超过(　　　)，必须搭设脚手架或平台。

A. 2m 　　　　B. 3m 　　　　C. 4m 　　　　D. 5m

6. 起吊钢筋骨架，必须待骨架降到距模板(　　　)以下才准靠近。

A. 0.5m 　　　　B. 1m 　　　　C. 1.5m 　　　　D. 2m

7. 水平吊运整体模板时不少于(　　　)个吊点。

A. 1 　　　　B. 2 　　　　C. 4 　　　　D. 6

8. 现浇钢筋混凝土梁的跨度大于(　　　)，模板应起拱。

A. 3m   B. 4m   C. 5m   D. 6m

9. 泵送混凝土前必须先用按规定配置的（   ）润滑管道。

A. 清水   B. 清洁剂   C. 混凝土   D. 水泥砂浆

10. 关于模板施工的安全技术，下面说法错误的是（   ）。

A. 模板安装前应进行全面的安全技术交底

B. 当层间高度大于 5m 时，应选用桁架支模或钢管立柱支模

C. 安装高度 2m 以上的竖向模板，不得站在下层模板上拼装上层模板

D. 木料应堆放在下风口，离火源不得小于 20m，且料场四周要设置灭火器材

二、多项选择题

1. 模板应具有足够的（   ），保证承受新浇混凝土的自重和侧压力，以及施工过程中的荷载。

A. 承载能力   B. 光洁度

C. 刚度   D. 稳定性

E. 厚度

2. 吊运散装或小块模板时，必须符合下列要求（   ）。

A. 放置于运料平台上   B. 码放整齐

C. 必须使用卡环连接   D. 待捆绑牢固后方可起吊

E. 有防碰撞措施

3. 防止高空落物伤人的措施，正确的有（   ）。

A. 地面操作人员必须戴安全帽

B. 高空作业人员的工具可以随意向下丢掷

C. 地面操作人员尽量避免在危险地带停留或通过

D. 构件安装后即可立即松钩或拆除临时固定工具

E. 构件现场周围应设置临时栏杆，禁止非工作人员入内

4. 各类模板拆除的顺序和方法应根据模板设计的规定进行，如果设计没规定时，应符合下列哪些规定？（   ）

A. 先支后拆，后支先拆   B. 先支先拆，后支后拆

C. 先拆非承重的模板，后拆承重的模板   D. 先拆承重的模板

E. 后拆非承重的模板

5. 扣件式钢管脚手架的钢管规格、间距、扣件应符合设计要求，每根立杆底部应设置（   ）。

A. 底座   B. 垫板

C. 砖块   D. 石板

E. 水泥块

6. 遇有 6 级以上强风的恶劣气候，不得进行下列工作的有（   ）。

A. 悬空高处作业   B. 高处作业

C. 露天作业   D. 露天攀登

E. 内装修作业

7. 起重吊装作业中使用的吊钩吊环，其表面不得有(　　)等缺陷。

A. 剥裂　　　　　　　　　　　　B. 刻痕

C. 锐角　　　　　　　　　　　　D. 接缝

E. 光滑

8. 下列施工单位的作业人员中，属于特种作业人员的有(　　)。

A. 架子工　　　　　　　　　　　B. 钢筋工

C. 电工　　　　　　　　　　　　D. 瓦工

E. 电焊工

9. 脚手架底部的构造应符合的规定要求有(　　)。

A. 每根立杆底端应设底座或垫板，且应设纵横向水平杆

B. 纵向扫地杆距底座上皮不大于200mm，并采用直角扣件与立柱固定

C. 纵向扫地杆距底座上皮不大于1000mm，并采用直角扣件与立柱固定

D. 横向扫地杆应采用直角扣件固定在紧靠纵向扫地杆下方的立柱上

E. 横向扫地杆设在距底面上0.8m处

10. 下列防护棚搭设与拆除行为中，符合规定的有(　　)。

A. 严禁上下同时拆除　　　　　　B. 设防护栏杆

C. 设警戒区　　　　　　　　　　D. 派专人监护

E. 设标示牌

三、判断题

1. 拆除脚手架时，严禁先将连墙件整层或数层拆除，再拆脚手架。　　(　　)

2. 连墙件距离主节点的距离不大于300mm。　　(　　)

3. 风力六级以上不能进行外脚手架搭设工作。　　(　　)

4. 脚手架水平杆采用搭接接长时搭接长度不小于500mm。　　(　　)

5. 脚手架的铺设要满铺、铺平不得有悬挑板。　　(　　)

6. 为防止起重机倾翻不吊装重量不明的重大构件设备。　　(　　)

7. 脚手架外侧挂设的立网上边缘应高出作业面1m。　　(　　)

8. 吊运大块模板时，竖向吊运不少于六个吊点。　　(　　)

9. 作业后要对混凝土振捣器做好清洗保养工作，并将振捣器放在干燥处。　　(　　)

10. 基础砌筑完成后，可以站在砌好的墙上做划线、刮缝、吊线等工作。　　(　　)

安全标志的设置

一、单项选择题

1. 下面标识中，序号①是安全标志的(　　)。

A. 图形符号   B. 安全色

C. 几何形状（边框）   D. 文字

2. 指令标志用( )颜色表示。

A. 红色   B. 蓝色   C. 黄色   D. 绿色

3. 禁止标志边框的基本形式为( )。

A. 圆形   B. 正三角形

C. 正方形   D. 带斜杆的圆

4. 以下标志的含义是( )。

A. 防护手套   B. 禁止触摸

C. 当心伤手   D. 必须戴防护手套

5. 以下标志一般放置于( )。

A. 配电房   B. 盥洗间

C. 钢筋调直机附近   D. 油漆车间

6. 以下标志的含义是( )。

A. 安全帽   B. 请戴安全帽

C. 必须戴安全帽   D. 禁止戴安全帽

7. ( )向人们提供某种信息；( )强制人们必须做出某种动作或采用防范措施；( )禁止人们不安全行为；( )提醒人们对周围环境引起注意，以避免可能发生危险。

①禁止标志 ②警告标志 ③指令标志 ④提示标志，以下排列正确的是( )。

A. ①②③④   B. ①④②③   C. ④②③①   D. ④③①②

8. 施工现场同一位置必须同时设置不同类型、多个安全标志牌时,( )标志应排在前面。

A. 禁止   B. 警告   C. 指令   D. 提示

9. 标志牌一般以距地( )m 以上 2.5m 以下较适宜。

A. 0.9   B. 1.2   C. 1.5   D. 1

10. 标志牌的平面与视线夹角应接近( )。

A. 75°   B. 80°   C. 90°   D. 60°

二、多项选择题

1. 国家规定的安全色有( )。

A. 红   B. 橙

C. 黄   D. 绿

E. 蓝

2. 在国家规定的安全色中,红色传递( )信息。

A. 禁止   B. 停止

C. 危险   D. 提示消防设备、设施

E. 警告

3. 安全标志分为( )。

A. 禁止标志   B. 警告标志

C. 指示标志   D. 指令标志

E. 提示标志

4. 施工现场设置安全标志的主要目的是( )。

A. 提醒工作人员预防危险,从而避免事故发生

B. 当危险发生时,能够指示人们尽快逃离

C. 当危险发生时,指示人们采取正确、有效、得力的措施,对危害加以遏制

D. 放置于施工现场,满足现场检查需要

E. 布置现场,使现场美观

5. 安全标志可设置在( )。

A. 门上   B. 柱子上

C. 窗上   D. 墙上

E. 准备使用的建筑材料上

三、判断题

1. 警告标志牌采用黄底圆形制作。   ( )

2. 安全标志应采用固定尺寸制作。   ( )

3. 安全标志所用的颜色应符合《安全色》GB 2893—2008 规定的颜色,项目所属企业总部相关部门不能调整其具体色号。   ( )

4. 安全标志牌应采用坚固耐用的材料制作,不宜使用遇水变形、变质或易燃的材料。

    ( )

5. 文字辅助标志横写时,应写在标志的下方并和标志连在一起。   ( )

安 全 检 查 评 定

一、单项选择题

1. "检查评分表缺项"中"缺项"是指被检查工地（　　）。

A. 无此项检查内容　　　　　　　　　　B. 有此项检查内容

C. 该项检查得零分　　　　　　　　　　D. 该项检查不合格

2. 在安全检查评分汇总表中占 15 分的项目是（　　）。

A. 脚手架　　　　B. 文明施工　　　　C. 施工用电　　　　D. 施工机具

3. 分保证项目和一般项目的检查评分表，保证项目满分是（　　）分。

A. 40　　　　　　B. 50　　　　　　C. 60　　　　　　D. 70

4. 当保证项目中有一项未得分或保证项目小计得分不足（　　）分，此分项检查评分表不应得分。

A. 40　　　　　　B. 50　　　　　　C. 60　　　　　　D. 70

5. "安全管理"检查评分表实得 80 分，换算在汇总表中"安全管理"分项实得分为（　　）分。

A. 12　　　　　　B. 4　　　　　　C. 8　　　　　　D. 10

6. 某工地没有塔式起重机，则塔式起重机在汇总表中缺项，其他各分项检查在汇总表的实得分为 72 分，则该工地汇总表总得分为（　　）分。

A. 72　　　　　　B. 80　　　　　　C. 85　　　　　　D. 90

7. 在"施工用电"检查评分表中，外电防护这一保证项目缺项（该项应得分值为 20 分），其他各项检查实得分为 56 分，则该评分表实得（　　）分。

A. 56　　　　　　B. 64　　　　　　C. 70　　　　　　D. 80

8. 在"施工用电"检查表中，外电防护这一保证项目缺项（该项 20 分），其余"保证项目"检查实得分合计为 30 分（应得分值为 40 分），该分项检查评分表得（　　）分。

A. 50　　　　　　B. 40　　　　　　C. 60　　　　　　D. 0

9. 某工地有三种脚手架，落地式脚手架实得分为 80 分，悬挑式脚手架实得分为 90 分，吊篮式脚手架实得分为 70 分，则汇总表中脚手架实得分为（　　）分。

A. 80　　　　　　B. 8　　　　　　C. 90　　　　　　D. 9

10. 下列哪项属于建筑施工安全检查评定为不合格的条件（　　）。

A. 汇总表得分值在 80 分以上　　　　　B. 汇总表得分值在 80 分以下，70 分以上

C. 汇总表得分值在 85 分以上　　　　　D. 汇总表得分值不足 70 分

二、判断题

1. 安全检查是减少隐患、防止事故、改善劳动条件的重要手段，是企业安全生产管理工作的一项重要内容。　　　　　　　　　　　　　　　　　　　　　　　　（　　）

2. 安全检查是指项目对现场安全管理的检查。　　　　　　　　　　　　（　　）

3. 安全检查的方式主要有"测""量""吊""靠"。　　　　　　　　　　　（　　）

4. 每张安全检查评分表包含保证项目和一般项目。　　　　　　　　　　（　　）

5. 被检单位按"三定"原则，即定人、定时、定岗落实整改。　　　　　（　　）

三、技能训练题

1. 将一个班按 5～6 人分为 1 组，提供钢管、扣件、密目网、50mm 宽红色胶带和白

色胶带、各类安全标识、扳手、手套、安全帽以及相应的安全技术规范等。先认真阅读教材中相应的知识内容，在开阔的场地模拟弹出建筑物的外边线及柱墙结构构件，同时模拟弹出楼板洞口。

技能（1）：组织每组学生用 50mm 宽红色胶带和白色胶带将搭设的防护栏杆缠出规范的安全色标，一般每种颜色宽 300mm；

技能（2）：组织每组同学搭设临边安全防护栏杆和洞口的盖板，要求立柱固定要牢固，栏杆能够承受从任何一个方向 1kN 的力，整个防护栏杆和洞口防护体系规范，符合相应的安全技术规范要求。盖板要求固定牢固，能承受不小于 1kN 的集中荷载和不小于 $2kN/m^2$。

技能（3）：组织每组选择出相应的安全标识，模拟施工现场，将安全标识正确地悬挂在防护栏杆等相应部位。

2. 搭设进出通道防护棚搭设，搭设一个建筑物高度 30m 的施工进出建筑物通道，按《建筑施工高处作业安全技术规范》JGJ 80—2016 的规定，其坠落半径为 5m，因此搭设的通道长为 6m；通道宽要求为 3.5m，防护棚采用胶合板模板或竹笆板或竹串片脚手板等材料，防护棚为两层，两层防护的间距不应小于 700mm，为搭设方便及安全考虑，模拟搭设的防护棚高度为 1.8m（规范要求安全防护棚高度不小于 4m）；进出通道两侧采用安全密目网密封。

3. 寻找实训场地里的安全隐患：将一个班按 5～6 人分为 1 组，先认真阅读教材中相应的知识内容，并为每一组提供一套脚手架安全技术规范，组织每组同学参观学校的实训场地中的脚手架（如果有此条件）。

技能（1）：找出脚手架中搭设比较规范及不够规范的部位，并做好拍照和相应的记录；

技能（2）：对不规范的部位发出整改通知书，整改通知书要求有发送对象、整改部位、整改原因、整改完成时间等内容。

4. 寻找实训场地里的安全隐患：将一个班按 5～6 人分为 1 组，除了脚手架以外，每个组对学校的实训大棚里的其他实训设备和场景中进行检查。

技能（1）：每个组对学校的实训大棚里的其他实训设备和场景进行检查，如防护栏杆、起吊装置、起吊作业、安全标志、电箱中电气设备安装及安全装置等。哪些做的严谨、规范，做好拍照和相应的记录；哪些部位存在的安全隐患，做好拍照和相应的记录；

技能（2）：各组将检查出的安全隐患进行分析，并明确指出其违反了我国已出台的哪一本安全技术规范/标准中的哪一条？

5. 组织学生参观施工项目现场"三级配电、两级保护"的具体设置，施工升降机的安全装置等。

4 文明施工实务

4.1 文明施工概述

1. 文明施工含义与作用

文明施工是指在工程建设实施过程中，加强施工现场管理、保持施工现场良好作业环境和工作秩序、改善城乡风貌和环境卫生、维护作业人员身体健康，并减少对周边环境影响而实施的规范、标准、整洁、有序、科学的建设施工生产活动。它既是建筑施工企业自身发展的需要，也是作为社会的一员履行社会责任，减少或避免对自然环境的影响和伤害。

在社会发展如此之快的今天，建筑工程项目越来越多，现场的施工过程管理是施工单位日常管理的重要组成部分，文明施工在施工过程中能够科学地组织安全生产，规范化、标准化地管理现场，使施工现场按现代化施工的要求保持良好的施工环境和施工秩序。

2. 文明施工基本要求

保证施工方案完整性，制定并执行严格的管理制度以及对成品的保护措施要到位；施工现场相关材料和设施的摆放要井然有序；施工现场平整且道路通畅，排水设施齐全；水电线路布局科学，施工设备保持良好的状况并且合理使用，施工作业达到消防安全的有关规定。

文明施工应符合现行国家标准《建设工程施工现场消防安全技术规范》GB 50720 和现行行业标准《建设工程施工现场环境与卫生标准》JGJ 146、《施工现场临时建筑物技术规范》JGJ/T 188 的规定。

依据现行行业标准《建筑施工安全检查标准》JGJ 59，现场文明施工的保证项目（即必须达标项目）包括：现场围挡、封闭管理、施工场地、材料管理、现场办公与住宿、现场防火。一般项目应包括：综合治理、公示标牌、生活设施、社区服务。

4.2 施工现场场地布置

1. 现场围挡

（1）市区主要路段的工地应沿四周连续设置高度不小于 2.5m 的封闭围挡。围挡应坚固、稳定、整洁、美观，材料应选用砌体、彩钢板等硬质材料，不应采用彩条布、竹笆等。砌体围挡及基础应进行设计计算，符合国家标准规范规定。砌体厚度不宜小于 200mm，砌体围挡应设置混凝土壁柱，壁柱间距应按设计要求进行设置且不应大于 5m，墙体与壁柱之间应设置竖向间距不大于 500mm、每处 2ϕ6 的拉结筋，拉结筋伸入两端墙内的长度不应小于 1000mm。彩钢板围挡高度不宜超过 2.5m，立柱间距不宜大于 3.6m，围挡应进行抗风计算。市政道路工程还应设置红灯示警。围挡外立面底部制作 0.2～0.5m

高黄黑相间警示带，其余部分可张挂公益广告、企业宣传、项目信息公示等喷绘或仿真草皮，提高企业整体形象（图 4-2-1a）。

（2）一般路段的工地应设置高度不小于 1.8m 的封闭围挡（图 4-2-1b）。

 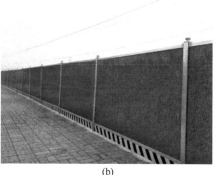

（a）　　　　　　　　　　　　　　　　　（b）

图 4-2-1　施工现场围墙搭设示意图

（a）主要路段砌体围挡（高度不小于 2.5m）；（b）一般路段围挡（高度不小于 1.8m）

2. 封闭管理

（1）施工现场进出口应设置大门。大门应庄重美观，按照施工单位的要求制作，一般大门净高、净宽不小于 4m。门口应立门柱和门头，采用"方通/角钢焊接架子＋外包薄铁皮＋喷绘布"形式制作。门头上设置企业标识。门扇应做成密闭不透式，高度不小于 1.8m。门柱基础应根据现场地质情况确定，保证大门牢固可靠，基础埋深不得小于 500mm。大门旁设置智能化门禁系统，实行全封闭管理（图 4-2-2）。

图 4-2-2　施工现场入口大门示意图

（2）为保证施工现场材料、设备、人员安全，杜绝无关人员、车辆随意进出，大门旁应设置门卫值班室，配备门卫值守人员，建立门卫值守管理制度。门卫值班室可采用砖砌或者成品活动岗亭，室内应保持清洁，物品摆放整齐，谢绝无关人员逗留。门卫值守人员宜穿统一的制服，建立值班制度，实行人员出入登记和门卫人员交接班制度（图4-2-3）。

（a）　　　　　　　　　　　（b）

图 4-2-3　施工现场入口门卫室（岗亭）

（a）砖砌门卫室；（b）成品活动岗亭

（3）施工现场出入口使用劳务实名制门禁管理系统。建筑工人进场施工前，应将基本信息及面部识别信息录入建筑工人实名制管理系统。项目用工应核实建筑工人合法身份证明和签订劳动合同，并明确工资发放方式，可采用银行代发或移动支付等便捷方式支付工资。未在建筑工人管理服务信息平台上登记，且未经过基本职业技能培训的建筑务工人员不得进入施工现场，项目部不得聘用其从事与建筑作业相关的活动。施工人员进入施工现场应佩戴工作卡，刷脸或刷智能卡进出（图4-2-4）。

（a）　　　　　　　　　　　（b）

图 4-2-4　入口实名制门禁管理系统

（a）施工现场人脸识别员工通道；（b）施工现场智能卡进出通道

（4）施工现场出入口应设置冲洗平台（图4-2-5），规格不应小于 3.5m×5m，配备高压冲洗枪，在大门内侧设置沉砂井、排水沟，驶出工地的车辆必须冲洗干净，避免车身、车轮带泥上路污染城市路面。有条件的项目可设置自动化冲洗设备。为节约水资源，冲洗平台应利用有组织排水将车辆冲洗后的污水经排水沟回流到沉沙井，经过多级沉淀处理，再汇聚到蓄水池内循环利用。

(a)　　　　　　　　　　　　　(b)

图 4-2-5　车辆冲洗设施

（a）自动冲洗平台；（b）人工清洗平台

3. 施工场地

（1）施工现场的主要道路及材料加工区地面应进行硬化处理。施工现场主要出入口地面必须采用不低于 C25 的混凝土铺设长度不小于 5m、宽度与大门同宽、厚度不小于 200mm 的硬地坪。施工区主要道路应铺设宽 4m 以上的混凝土路面（图 4-2-6a），宜形成环场道路。设置环形车道确有困难的，应在主要道路尽端设置尺寸不小于 12m×12m 的回车场。材料堆放场、钢筋及木工加工场、仓库等，必须采用 C15 以上混凝土进行硬化处理，厚度不小于 100mm。施工现场道路应设置人车分流通道，未进行硬化的场地应进行绿化。

(a)　　　　　　　　　　　　　(b)

图 4-2-6　施工现场场地硬化

（a）施工现场主要道路地面硬化；（b）建筑周边混凝土带设置

（2）施工现场其他道路应畅通，路面应平整坚实。施工区一般道路、生活区和办公区的道路应铺设宽 1.5m 以上的混凝土路面，形成路网并与施工区主要道路相连。建筑物周边混凝土带宽度应大于 1.5m（图 4-2-6b），并设置排水沟，与场内排水系统相连。施工道路要求外接市政道路、内接场内路网。

（3）施工现场应有防止扬尘措施。施工现场场内主要道路应硬化，裸露的泥土应用密目网覆盖或绿化。在施工围挡顶部及离地 8～12m 外架沿建筑物一周安装喷淋降尘系统，与环境监测及降尘除霾控制系统联动，当 PM2.5 超过设定的预警值时，自动启动喷淋降尘。现场设置除尘雾炮机（图 4-2-7），其射程远、覆盖面积大、所喷射水雾颗粒细小、与空气中的尘埃接触迅速以达到除尘目的。降尘系统应设置在产生扬尘的根源处。

图 4-2-7　雾炮喷雾除尘

（4）施工现场应设置排水设施，且排水通畅无积水。工地内道路两侧、落地式脚手架基础周边、临时设施周边、钢筋加工场周边，混凝土搅拌机和砂浆机等位置应设置排水沟（图 4-2-8a），各区的排水沟应连通形成排水系统，保证排水畅通，场地内不得大面积积水。雨水经沉淀后二次循环使用或排入市政雨水管网（图 4-2-8b），污水经沉淀池沉淀后排入市政污水管网。

（5）施工现场应有防止泥浆、污水、废水污染环境的措施。施工现场合理布置沉淀池，沉淀池的大小根据现场实际确定（图 4-2-9），规格一般为 2.4m（宽）×1.2m（深）。沉淀池内的沉淀物超过容量的 1/3 时，应及时进行清掏。严禁污水未经处理直接排入城市管网和河道。

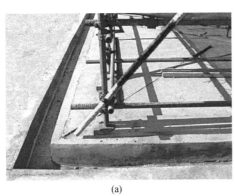
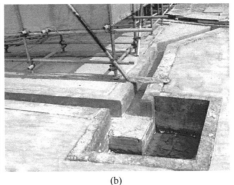

(a)　　　　　　　　　　　　　　　(b)

图 4-2-8　排水设施
(a) 排水沟；(b) 沉淀池

（6）施工现场应设置专门的吸烟处，严禁随意吸烟。茶水间、吸烟亭内应设置供休息用的凳子、密封式加盖加锁保温饮水桶、灭烟台（图 4-2-10）。茶水间内张挂职业健康安全、安全生产、消防安全等宣传。

图 4-2-9 三级沉淀池　　　　　　图 4-2-10 休息亭、吸烟室、茶水间

（7）温暖季节应有绿化布置，所用草皮、树木等宜与项目后期绿化施工所需一致，减少成本（图 4-2-11）。

(a)

(b)

图 4-2-11 场地绿化
（a）绿化布置；（b）草皮、树木与后期绿化一致

4. 材料管理

（1）建筑材料、构件、料具应按总平面布局进行码放（图 4-2-12）。施工平面布置应

(a)

(b)

图 4-2-12 材料按施工总平面布置图布置
（a）钢筋堆场；（b）模板、型钢、钢管等堆场

严格控制在建筑红线之内，要紧凑合理，尽量减少施工用地；尽量利用原有建筑物或构筑物；合理组织运输，保证现场运输道路畅通，尽量减少二次搬运。起重设备根据建筑平面形式和规模，布置在施工段分界处，靠近料场；装修时搅拌机布置在施工外用电梯附近，施工道路旁，以方便运输。各项施工设施布置都要满足方便施工、安全防火、环境保护和劳动保护的要求。

（2）材料应码放整齐，并应标明名称、规格等。钢筋线材堆放高度宜<2m，半成品堆放高度宜<1.2m，条形钢筋堆放应垫高15～30cm，一头对齐并按不同型号分开放置（图4-2-13）。水泥、砖码放整齐，堆高宜<1.5m。钢管按长度分类堆放或一头对齐堆放，高度宜<0.8m。钢管扣件集中堆放在木箱内（木箱可用18mm厚木胶合板钉制）。模板和木方条按规格码放整齐，码堆高度宜<1.5m，并做好标识。

图4-2-13　材料分类堆放并挂牌标识

（3）施工现场材料码放应采取防火、防锈蚀、防雨等措施。为了防止钢筋、钢管、高强螺栓等金属制品淋雨生锈而影响使用，宜设置防雨棚（图4-2-14a）；木枋等木材应码放整齐，堆放时上部应设置雨棚或雨盖（图4-2-14b）；水泥应存放专用仓库中，存放时宜考虑较高地形，地面垫板应离地20～50cm，四周离墙30cm，袋装水泥堆垛10袋为宜，如存放期不超过一个月，最高不超过15袋。

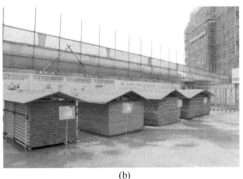

(a)　　　　　　　　　　　　　　　　(b)

图4-2-14　材料防雨措施

（a）金属制品存放防护；（b）木材存放防护

（4）建筑物内施工垃圾的清运，应采用器具或管道运输（图4-2-15），严禁随意抛掷。

（5）易燃易爆物品应分类储藏在专用库房内，并应制定库房管理制度。易燃易爆仓库应远离其他建筑物，通风良好（图4-2-16）。仓库管理人员应了解所管物品的安全知识，严禁烟火，不准把火种、易燃物品和铁器等带入库内，应设置防火措施，配备灭火器材。

图4-2-15　建筑垃圾运输管道　　　　　图4-2-16　易燃易爆物品分类隔离存放

4.3　临时设施配置与布置要求

1. 现场办公与住宿

（1）现场、办公、宿舍分区

施工作业、材料存放区与办公、生活区应划分清晰，并采取相应的隔离措施（图4-3-1a），办公生活区宜设置在建筑物的坠落半径和塔式起重机等机械作业半径之外，临时建筑的安全距离应满足消防要求（图4-3-1b）。

(a)　　　　　　　　　　　　　　　(b)

图4-3-1　现场、办公、宿舍分区要求
(a) 办公区和生活区分开；(b) 办公区和生活区设置在塔式起重机作业半径之外

（2）宿舍、办公用房防火

宿舍、办公用房的防火等级应符合规范要求。当采用金属夹芯板材时，其芯材的燃烧性能等级应为 A 级（图 4-3-2a）；建筑层数不应超过 3 层，每层建筑面积不应大于 300m²；层数为 3 层或每层建筑面积大于 200m² 时，应设置至少 2 部疏散楼梯，房间疏散门至疏散楼梯的最大距离不应大于 25m；会议室、文化娱乐室等人员密集的房间应设置在临时用房的首层，其疏散门应向疏散方向开启（图 4-3-2b）。

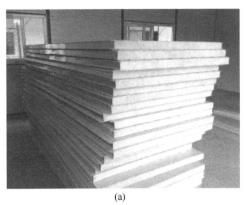

(a)　　　　　　　　　　　　　　　　(b)

图 4-3-2　宿舍、办公用房防火

（a）金属夹芯板材燃烧性能等级应为 A 级；（b）宿舍、办公用房设置

（3）宿舍管理

在施工程、伙房、库房不得兼作宿舍；宿舍应设置可开启式窗户，床铺不得超过 2 层，通道宽度不应小于 0.9m；宿舍内住宿人员人均面积不应小于 2.5m²，且不得超过 16 人（图 4-3-3）。冬季宿舍内应有采暖和防一氧化碳中毒措施；夏季宿舍内应有防暑降温和防蚊蝇措施；生活用品应摆放整齐，环境卫生应良好。

图 4-3-3　施工现场宿舍设置

宿舍用电应设置独立的剩余电流动作断路保护器和安全插座，电线应套管，禁止电线乱拉乱接，严禁使用电炉、热得快等人功率设备或者使用明火。

（4）办公区

办公室室内净高不应低于 2.5m，地面宜铺地砖，门口应设门牌（图 4-3-4）；室内各种文件资料应归类存放于专用档案柜；室内应在醒目位置张挂相应岗位责任制、安全责任

(a)　　　　　　　　　　　　(b)

图 4-3-4　施工现场办公设施

（a）项目经理办公室设置；（b）项目部会议室设置

制及施工图表等，保持室内整洁卫生、避免杂乱。用电线路为线槽明敷。有条件的可设置吊顶，配备空调。办公室门口应设门牌。

2. 生活设施

（1）食堂管理

食堂与厕所、垃圾站、有毒有害场所等污染源的距离不应小于 15m，且不应设在污染源的下风侧；无法达到此要求的，应采取措施对污染源进行密封处理。食堂应设置独立的操作间、售菜（饭）间（图 4-3-5）、储藏间和燃气罐存放间；食堂应设置密闭式泔水桶。

食堂地面应贴防滑地砖。内墙、加工台、灶台、售饭窗及其周边应贴瓷砖，高度不低于 1.8m，其余内、外墙应抹灰、刷白。食堂应设置纱门、纱窗、排气扇，门扇下方设不低于 200mm 的防鼠挡板。

(a)　　　　　　　　　　　　(b)

图 4-3-5　工地食堂

（a）工地食堂售饭间；（b）工地食堂用餐间

食堂制作间应设置专用的洗涤池、清洗池、消毒池，有条件的宜配备冷藏设施。刀、盆、案板、碗筷等应存放在封闭的橱柜内，同时做到生熟分开。各种佐料和副食品应存放在密闭器皿内，并有标识。餐炊具应定期进行清洗消毒。

食堂内应在明显处张挂卫生许可证、炊事人员健康证和卫生责任制度。炊事人员上班时应穿戴工作服、工作帽，保持个人卫生。采购食物必须符合卫生要求，每天必须留样并做相应记录。

（2）厕所管理

施工现场和生活区均应设厕所，厕所内设施的数量应满足人员需求。厕所应采用水冲式或移动式厕所，严禁使用旱厕。高层建筑施工超过8层后宜每隔四层设置临时厕所。

厕所地面应贴防滑地砖，便槽及内墙面应贴瓷砖，高度不小于1.8m，其余内、外墙面应抹灰、刷白（图4-3-6）。厕所的厕位设置应满足男厕每50人、女厕每25人设置1个蹲便器，男厕每50人设1m长小便槽的要求。厕位之间应设置隔板，高度不低于900mm，禁止采用不设隔板的大便槽。

厕所应设置洗手盆，进出口处应有明显标志，并应标明"男厕所""女厕所"字样。厕所应设专人负责清扫、消毒，化粪池应做防渗处理，同时必须有盖板并及时清掏。

（3）淋浴间管理

淋浴间必须与厕所分开设置。淋浴间地面应贴防滑地砖。室内墙面应贴瓷砖，高度不小于1.8m，其余内、外墙面应抹灰、刷白（图4-3-7）。室内应排水顺畅，室外采用明沟排水。

图4-3-6　施工现场厕所设置

图4-3-7　施工现场淋浴间设置

淋浴间的淋浴器与工人比例宜为1:20，淋浴器间距不宜小于1000mm。冬季应向工人提供热水。淋浴间照明器具应采用防水灯头、防水开关，并设置剩余电流动作保护器。

盥洗池应设置良好的挡水措施，池底及池面应贴瓷砖，高度不小于500mm。水嘴与工人比例宜为1:20，间距不宜小于700mm。

（4）宣传栏

宣传栏框架可采用不锈钢材料制作，立柱下部埋入土中不小于0.5m，并浇灌混凝土（图4-3-8）。不锈钢直径及壁厚应能保证图牌具有足够的承载力，防止被大风吹倒。宣传内容包括卫生防疫管理制度、工地流动人口计划生育管理规定、职业健康教育宣传、环境卫生、预防艾滋病、农民工工资发放公示栏、奖罚公告栏等，并根据现场施工情况定期或不定期更新内容，做好施工现场的宣传和教育活动。

图4-3-8　宣传栏设置

（5）生活区学习、娱乐场所

生活区宜设置读书屋、文娱室、运动场（图4-3-9）等供作业人员学习和娱乐的场所，内设电视机、书报、杂志等文体活动设施、用品。

（6）生活垃圾清理

现场应针对生活垃圾建立卫生负责制，生活垃圾应按要求分类装入密封式容器内（图4-3-10），指定专人负责生活垃圾的每天清运工作。

图 4-3-9　娱乐设施　　　　　　　　图 4-3-10　工地生活垃圾容器

4.4　现场 CI 标识配置

现场CI标识配置

1. 施工现场大门设置

CI（Corporate Identity）意为企业文化识别系统，根据《建筑施工安全检查标准》JGJ 59—2011，项目现场实行封闭管理，施工现场进出口处应设置大门。

大门应立门柱和门头，门柱、门扇、门头色彩根据企业自身特点设计标准色，左右两侧门上可设置与企业品牌价值或理念相关的上下联（图4-4-1）。

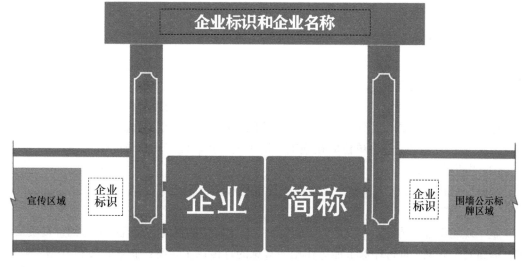

图 4-4-1　施工现场大门参考样式

2. 公示标牌设置

根据《建筑施工安全检查标准》JGJ 59—2011 第 3.2.4 条"公示标牌"的有关规定，项目施工现场大门口处应设置公示标牌，包含"五牌一图"，现场应设置"两栏一报"。

（1）"五牌一图"

主要内容包括：工程概况牌、消防保卫牌、安全生产牌、文明施工牌、管理人员名单及监督电话牌、施工现场总平面图（图 4-4-2、图 4-4-3、图 4-4-4）。建筑业企业在"五牌一图"的基础上可以根据公司的要求或项目的实际情况增加更多的"牌"或"图"。

(a)　　　　　　　　　　　　　　　　　　(b)

图 4-4-2　"五牌一图"参考样式（一）

（a）工程概况牌；（b）消防保卫牌

需要注意的是，"五牌一图"只是公示标牌的基本形式。由于建筑施工相关法律法规和当地行政主管部门规章的不断出台，项目需公示的内容有所增加。如《危险性较大的分部分项工程安全管理规定》规定建筑施工单位应当在施工现场显著位置公告危险性较大工程名称、施工时间和具体责任人员，并在危险区域设置安全警示标志；如《民用建筑节能信息公示办法》规定，建设单位应在施工、销售现场张贴民用建筑节能信息等。

（2）"两栏一报"

"两栏一报"主要内容包括：宣传栏、读报栏和黑板报。

1）宣传栏

施工现场设置宣传栏，不仅是为了满足企业自主宣传的目的，而且应能起到宣贯质量要求、提高安全意识、推行环保节能等作用。常见的宣传栏主要有：企业宣传栏（图 4-4-5）、质量宣传栏（图 4-4-6）、安全宣传栏（图 4-4-7）和绿色施工宣传栏（图 4-4-8）等种类。

安 全 生 产 牌

1. 进入施工区的设备、人员必须遵守现场各类安全管理规定，服从现场管理人员的统一指挥和安排。
2. 进入施工区，必须戴安全帽，不准穿拖鞋、高跟鞋、高处作业禁止穿皮鞋和防滑钉鞋。
3. 作业人员在专业人员指导下，必须按规定要求正确使用安全防护用品和设施。非施工人员及车辆未经允许严禁进入施工封闭区域。
4. 非专业操作人员不准进入设有危险警示标志的区域。严禁进入起重机械作业范围，或在起吊物件下通过。
5. 未经现场管理人员批准，不准拆除支架和其他各种临时承重结构。
6. 严禁在无照明设施或光线条件较差的区域内作业、停留或行走。
7. 严禁从高处向下抛掷物品材料。
8. 班前、班后必须按要求对机械设备、电力设施、承重结构、安全防护设施等进行检查、维修和记录。
9. 非专业操作人员严禁操作使用在场设备、架设或拆除改移电力线路等。
10. 认真执行各项安全管理规定。

(a)

文 明 施 工 牌

1. 施工现场按规定采取封闭管理，建立相应门卫执勤制度，凭证出入。
2. 合理规划施工现场总平面布置，在确保安全、环保前提下有利于施工组织和规范管理。
3. 工地地面应做硬化处理，道路、排水等设施畅通，现场无泥浆、污水、废水外流。
4. 进入现场不得随意吸烟。
5. 现场材料堆放整齐，并按品种、规格分类规范标识。易燃、易爆和有毒有害物品分类堆放。
6. 施工作业区与办公区、生活区分开，并保持足够的安全距离，不得在在建工程内布置宿舍。
7. 生活设施布置符合有关规定。
8. 严格执行环保规定，减少施工对周围环境的影响，做到文明施工，工完场清。
9. 建立保健急救措施，项目部设急救人员、保健药箱和急救器材。
10. 建立安全、质量、环保、防火、治安管理体系和责任制，认真落实各项管理制度与措施。

(b)

图 4-4-3　"五牌一图"参考样式（二）

(a) 安全生产牌；(b) 文明施工牌

(a)

(b)

图 4-4-4　"五牌一图"参考样式（三）

(a) 管理人员名单及监督电话牌；(b) 施工现场总平面图

图 4-4-5　企业宣传栏参考样式

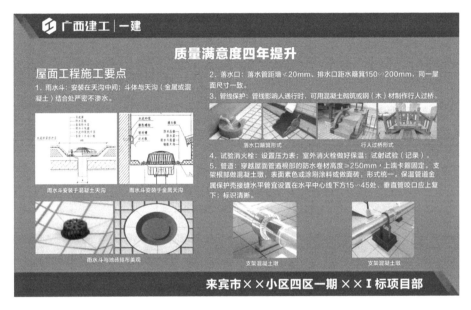

图 4-4-6　质量宣传栏参考样式

图 4-4-7　安全宣传栏参考样式

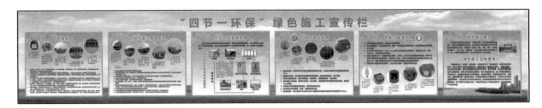

图 4-4-8　绿色施工宣传栏参考样式

2）读报栏和黑板报

读报栏和黑板报旨在为现场管理人员和农民工提供资讯信息，丰富员工和农民工精神文化生活，通过宣传劳保安全知识提升农民工的作业安全意识。随着电子阅读设备的兴起，纸质版读物需求量逐渐下降。施工现场可考虑将读报栏和黑板报与休息区、吸烟区做结合（图 4-4-9、图 4-4-10），让员工和农民工利用休息时间进行阅读和学习。

图 4-4-9　吸烟区、休息区、茶水间、阅读区标识

图 4-4-10　吸烟区、休息区、茶水间、阅读区一览

4.5　施工过程文明施工要求

施工过程中的文明施工主要包括：规范施工现场的场容，保持作业环境的整洁卫生；科学组织施工，使生产有序进行；减少施工对周围居民和环境的影响；遵守施工现场文明施工的规范和要求，保证职工的安全和身体健康。文明施工可以适应现代化施工的客观要求，有利于员工的身心健康，有利于培养和提高施工队伍的整体素质，促进企业综合管理水平的提高，提高企业的知名度和市场竞争力。

4.5.1　大气污染防治

按照国际标准化组织（ISO）的定义，大气污染通常是指由于人类活动或自然过程引起某些物质进入大气中，呈现出足够的浓度，达到足够时间，并因此危害了人体的舒适、健康和福利或环境污染的现象。如果不对大气污染物的排放总量加以控制和防治，将会严重破坏生态系统和人类生存条件。

1. 建筑工程的大气污染物来源

（1）施工扬尘，主要是指建筑工程、拆除工程及相关运输活动中产生，对大气造成污染的悬浮颗粒物、可吸入颗粒物等一般性的粉尘和烟尘，如场地平整、土方工程、搅拌作业等。

（2）有毒有害气体污染，主要指机械尾气、生活区排放的烟尘、油漆等产生有毒有害气体。

2. 大气污染危害

（1）受污染的大气进入人体，可引起呼吸、心血管等系统疾病。颗粒物表面吸附病毒，也是流行病的传播途径之一。

（2）污染物随雨水降落形成酸雨，对土壤、农作物、水等造成危害。

（3）粉尘污染形成雾霾，影响能见度，易引发交通事故。

3. 地基基础工程阶段防控措施

（1）施工现场土方作业应采取防止扬尘措施，例如：土方作业区采用雾炮降尘（图 4-5-1），可使作业区目测扬尘高度小于 1.5m，不扩散到场区外。

（2）运送土方车辆驶出要进行封闭或覆盖，防止遗撒或扬尘（图 4-5-2）。施工现场出入口应洗车槽及车辆冲洗设施（图 4-5-3）。车辆经清理冲洗并覆盖全封闭之后方可出场，严禁车辆带泥沙出场，基本做到不撒土、不扬尘，减少对周围环境污染。

图 4-5-1　土方作业区雾炮降尘　　　　　　　　图 4-5-2　运送土方车辆封闭

（3）对于运土车辆带到施工场外周边道路散落渣土派专人及时清扫，如图 4-5-4 所示。

图 4-5-3 出口清洗池　　　　　　图 4-5-4 施工出口道路清扫

（4）现场土、料存放应采取加盖或植被覆盖措施。

（5）土石方爆破施工前，应进行爆破方案的编制和评审；应采用防尘和飞石控制措施。4 级风以上天气，严禁土石方工程爆破施工作业。

（6）对采用换填法的地基处理，回填土施工应采取防止扬尘的措施，4 级风以上天气严禁回填土施工。施工间歇时应对回填土进行覆盖。当采用砂石料作为回填材料时，宜采用振动碾压。灰土过筛施工应采取避风措施。

（7）采用砂石回填时，砂石填充料应保持湿润，防止产生扬尘。

（8）喷射混凝土施工宜采用湿喷或水泥裹砂喷射工艺，并采取防尘措施。锚喷作业区的粉尘浓度不应大于 $10mg/m^3$，喷射混凝土作业人员应佩戴防尘用具。

（9）施工现场使用的土方施工机械和车辆尾气排放符合环保要求。

（10）施工现场的主要道路及材料加工区地面应进行硬化处理，道路应通畅，裸露的场地应采取覆盖、固化或绿化等措施（图 4-5-5、图 4-5-6）。

图 4-5-5 施工现场硬化路面　　　　　图 4-5-6 施工现场绿化覆盖

（11）防止施工现场扬尘外泄，在封闭围挡上设置喷淋降尘设施（图 4-5-7）。

4. 主体结构施工阶段防控措施

（1）钢筋除锈时，应采取避免扬尘和防止土壤污染的措施。钢筋连接宜采用机械连接，减少焊接释放废气对大气造成污染。

（2）采用木或竹制模板时，宜采取工厂化定型加工、现场安装的方式。在现场加工时，应设置封闭场所集中加工，并采取有效的防粉尘污染措施。对模板内的木屑、废渣的清理采用大型吸尘器吸尘，避免使用吹风机等易产生扬尘的设备。

图 4-5-7　施工现场降尘喷淋

（3）施工现场宜采用预拌混凝土和预拌砂浆。现场搅拌混凝土和砂浆时，应使用散装水泥；搅拌机棚应有封闭防尘措施。对易产生扬尘的堆放材料应采取覆盖措施，对粉末状材料应采取封闭存放，运输和卸运时要防止遗撒、飞扬。结构施工作业区目测扬尘高度小于 0.5m。

（4）砌块应按组砌图砌筑，非标准砌块应在工厂加工好后按计划进场，现场切割时应集中加工，并采取相应防尘措施。

（5）高层或多层建筑物主体施工阶段清理施工垃圾时，要使用封闭式的容器集中清运出施工作业面，严禁随意凌空抛散。

（6）所搭设的外脚手架必须全部采用密目网进行外围封闭，结构周边的临时防护必须用密目网设置，底部设置防空隙的挡脚板，防止垃圾从楼层外围散落而产生扬尘。

（7）在拆除过程中，拆除的东西不能乱抛乱扔，防止拆除下来的物件撞击引起扬尘。

（8）除配备有符合规定的处理装置外，禁止施工现场焚烧油毡、橡胶、塑料、皮革、树叶、枯草、各种包装物等废弃物品以及其他产生有毒、有害烟尘和恶臭气体的物质。

5. 装饰装修施工阶段防控措施

（1）防控措施

施工单位应制定具体的施工扬尘污染防治实施方案，在施工工地公示扬尘污染防治措施、负责人、扬尘监督管理主管部门等信息。施工单位应当采取有效防尘降尘措施，减少施工作业过程扬尘污染，并做好扬尘污染的防治工作。

1）基层粉尘清理采用吸尘器，没有防潮要求的，可采用洒水降尘等措施。

2）上漆前的腻子层打磨时，必须先喷水，保持室内湿润，采用新型吸尘式打磨机，以防扬尘。

3）饰面板（砖）、大理石等块材切割或磨光时，必须设置专用封闭式的切割间，操作人员必须戴好口罩。

4）装饰用的石膏粉、腻子粉等必须采用袋装，并入库集中管理。

5）场内可能引起扬尘的材料及建筑垃圾搬运应有降尘措施，如覆盖、洒水等。建筑物内清理垃圾应搭设封闭性临时专用道或采用密闭容器吊运。

6）机械剔凿作业时可用局部遮挡、掩盖、水淋等防护设施。

7）室内装饰装修材料按现行国家标准《民用建筑工程室内环境污染控制标准》GB 50325 的要求进行游离甲醛、苯、氨、总挥发性有机化合物（TVOC）和放射性等有害指标的检测。民用建筑工程验收时，必须进行室内环境污染物浓度检测。其限量应符合表 4-5-1 的规定。

民用建筑工程室内环境污染物浓度限量 表 4-5-1

污染物	Ⅰ类民用建筑	Ⅱ类民用建筑
氡（Bq/m²）	≤200	≤400
甲醛（mg/m²）	≤0.08	≤0.1
苯（mg/m²）	≤0.09	≤0.09
氨（mg/m²）	≤0.2	≤0.2
TVOC（mg/m²）	≤0.5	≤0.6

（2）防治费用

根据住房和城乡建设部办公厅《关于进一步加强施工工地和道路扬尘管控工作的通知》（建质办〔2019〕23号）规定，建设单位应将防治扬尘的费用列入工程造价，并在施工承包合同中明确施工单位扬尘污染防治责任。暂时不能开工的施工工地，建设单位应当对裸露地面进行覆盖；延期开工超过3个月的，应当绿化、铺装或者遮盖。

（3）效果监测

鼓励施工工地安装在线监测和视频监控设备，并与当地有关部门联网。在场界四周隔挡高度位置测得的大气总悬浮颗粒物（TSP）月平均浓度与城市背景值的差值不大于0.08mg/m³。当环境空气质量指标达到中度及以上污染时，施工现场应增加洒水频次。

4.5.2 噪声污染的防治

建筑施工噪声，是指在建筑施工过程中产生的干扰周围生活环境的声音。随着城市化进程的不断加快及工程建设的大规模开展，施工噪声污染问题日益突出，尤其是在城市人口稠密地区的建设工程施工中产生的噪声污染，不仅影响周围居民的正常生活，而且损坏城市的环境形象。施工单位应加强施工现场噪声管理，采取有效措施防治施工噪声污染。

1. 建筑施工场界噪声排放标准

在城市市区范围内向周围生活环境排放建筑施工噪声的，应当符合国家规定的建筑施工场界环境噪声排放标准。所谓噪声排放，是指噪声源向周围生活环境辐射噪声。建筑施工场界，是指由有关主管部门批准的建筑施工场地边界或建筑施工过程中实际使用的施工场地边界。《建筑施工场界环境噪声排放标准》GB 12523—2011规定，建筑施工过程中场界环境噪声不得超过规定的排放限值（表4-5-2）。

建筑施工场界噪声排放限值表［dB(A)］ 表 4-5-2

昼间	夜间
70	55

夜间噪声最大声级超过限值的幅度不得高于15dB(A)。"昼间"是指6:00至22:00之间的时段；"夜间"是指22:00至次日6:00之间的时段。县级以上人民政府为环境噪声污染防治的需要（如考虑时差、作息习惯差异等）而对昼间、夜间的划分另有规定的，应按其规定执行。

施工现场应设置分贝测定仪（图4-5-8），随时监控施工场界噪声情况。

图 4-5-8　分贝测定仪

2. 环境噪声污染申报

在城市市区范围内，建筑施工过程中使用机械设备，可能产生环境噪声污染的，施工单位必须在工程开工十五日以前向工程所在地县级以上地方人民政府生态环境主管部门申报该工程的项目名称、施工场所和期限、可能产生的环境噪声值以及所采取的环境噪声污染防治措施的情况。

3. 夜间生产环境噪声污染施工作业规定

对城市市区医院、学校、机关、科研单位、住宅等噪声敏感建筑物为主的噪声敏感建筑集中区域内，禁止夜间进行产生环境噪声污染的建筑施工作业，但抢修、抢险作业和因生产工艺上要求或者特殊需要必须连续作业的除外。

因特殊需要必须连续作业的，必须有县级以上人民政府或者有关主管部门的夜间施工许可证明，并提前公告附近居民。

4. 施工阶段噪声防控措施

建设施工噪声的来源主要有打桩机、推土机、混凝土搅拌机、混凝土振捣设备等发出的声音，不同的施工阶段，噪声的来源类型也不一样。噪声控制可从噪声源、传播途径、接收者防护等方面来考虑。

（1）地基基础施工阶段的防控措施

1）土方施工阶段噪声声源主要来自挖掘机、装载机、推土机、运土车辆等，所使用的施工机械应符合环保标准，施工过程中严禁机械超负荷工作。

2）日常加强施工机械的维修保养，禁止施工机械带病作业。

3）桩基施工应选用低噪、环保、节能、高效的机械设备和工艺。如可以采用无噪声的静力压桩。

4）来自振动引起的噪声，如锤击桩、振动桩，通过降低机械振动减少噪声，施工时在桩顶加设降噪橡胶垫（图 4-5-9）。

（2）主体结构施工阶段的防控措施

1）主体结构施工阶段噪声主要来自混凝土搅拌机、混凝土泵、振捣棒、电锯、钢筋加工机械等。尽量采用低噪声设备加工工艺代替高噪声设备和加工工艺，如采用低噪声的混凝土搅拌机、混凝土振捣器、电锯、砂轮锯等。

2）涉及产生强噪声的成品、半成品、预制构件制作尽量放在工厂、车间完成，减少施工现场加工制作产生噪声。

3）施工现场的强噪声施工机械要设置封闭的机械棚，以减少强噪声的扩散。如对搅拌机棚进行封闭（图 4-5-10）。

图 4-5-9　锤击沉桩

图 4-5-10　砂浆搅拌机棚

4）模板、脚手架支设、拆除、搬运时必须轻拿轻放，上下有人传递，防止跌落和撞击。校正和清理金属模板时，禁止用大锤敲击。

5）合理安排混凝土的浇筑作业，尽量避免在夜间浇筑混凝土。混凝土应采用低噪声振捣器振捣，也可采用围挡降噪措施，在噪声敏感环境或钢筋密集时，宜采用自密实混凝土，混凝土振捣时禁止振击钢筋或模板，并做到快插慢拔。

6）现场切割砌块时应集中加工，并采取降噪措施。

7）进入施工现场不得高声喊叫、无故甩打模板、吹口哨，限制高音喇叭的使用，最大限度减少噪声扰民。

（3）装饰装修施工阶段的防控措施

1）涉及产生强噪声的成品、半成品、制作作业（如预制构件、石材加工等）应尽可能在工厂、车间完成，减少施工现场加工制作产生的噪声。

2）对强噪声机械设备（如电锯、电刨、砂轮锯等），如对饰面板（砖）切割等作业，要设置封闭棚，并在昼间施工。

此外，让处于噪声环境作业下的人员使用耳塞、耳罩等防护品，减少相关人员在噪声环境中的暴露时间，以减轻噪声对人体的危害。

应加强施工场界的噪声监控，加强施工现场环境噪声的长期监测，派专人管理，根据监测结果及时对施工现场噪声产生的原因进行调整，达到施工噪声不扰民的目的。

4.5.3　施工现场水污染的防治

1. 施工现场水污染主要来源

水污染是指水体因某种物质的介入，而导致其化学、物理、生物或者放射性等方面特性的改变，从而影响水的有效利用，危害人体健康或者破坏生态环境，造成水质恶化现象。水污染主要来源有：

（1）工业污染源：指各种工业废水向自然水体的排放。

（2）农业污染源：指化肥、农药等。

（3）生活污染源：指食物废渣、食油、粪便、合成洗涤剂、杀虫剂、病原微生物等。

（4）施工现场主要污染源：施工现场废水和固体废弃物随水流流入水体部分，包括泥浆、水泥、油漆、各类油类、混凝土添加剂、重金属、酸碱盐、非金属无机毒物等。

2．施工作业排水要求

施工作业需要排水的，由建设单位申请领取排水许可证。因施工作业需要向城镇排水设施排水的，排水许可证的有效期，由城镇排水主管部门根据排水状况确定，但不得超过施工期限。排水应当按照排水许可证的排水类别、总量、时限、排放口位置和数量、排放的污染物项目和浓度等要求排放污水。

排放水污染物，不得超过国家或者地方规定的水污染物排放标准和重点水污染物排放总量控制指标。

3．施工阶段水污染防控措施

水污染防治应当坚持预防为主、防治结合、综合治理的原则，优先保护饮用水水源，严格控制工业污染、城镇生活污染，防治农业面源污染，积极推进生态治理工程建设，预防、控制和减少水环境污染和生态破坏。

（1）基础施工阶段的防控措施

1）土方运输车辆清洗污水必须经沉淀池沉淀合格后再排放，最好将沉淀水用于工地洒水降尘或采取措施回收利用，沉淀池内的泥沙定期清理干净，并妥善处理。

2）灌注桩采用泥浆护壁成孔时，应采取导流沟和泥浆池等排浆及储浆措施。施工现场应设置专用泥浆池，并及时清理沉淀的废渣。

3）桩基础采用高压喷射注浆法施工的浆液应有专用容器存放，置换出的废浆应及时收集清理。

4）基坑降水宜采用基坑封闭降水方法。基坑施工排出的地下水应加以利用。采用井点降水施工时，地下水位与作业面高差宜控制在 250mm 以内，并根据施工进度进行水位自动控制。当无法采用基坑封闭降水，且基坑抽水对周围环境可能造成不良影响时，应采用对地下水无污染的回灌方法。

5）禁止将有毒有害废弃物作土方回填，以免污染地下水。

（2）主体结构施工阶段的防控措施

1）施工现场混凝土、砂浆搅拌站产生的搅拌和洗罐废水，必须经沉淀池沉淀合格后再排放，优先使用沉淀水用于工地洒水降尘或采取措施回收利用，沉淀池内的泥沙定期清理干净，并妥善处理。

2）施工现场的油料、脱模剂、外加剂等，必须置于库房内，必须对库房地面进行防渗处理，如采用防渗混凝土地面、铺油毡等措施。上述物资储存和使用时，必须防止出现"跑、冒、滴、漏"等现象，避免污染地下水体。

3）在施工现场应针对不同的污水，设置相应的处理设施，如沉淀池、隔油池、化粪池等。

（3）装饰装修施工阶段的防控措施

1）现制水磨石地面工程施工时应对地面、管线口进行封堵，有对水泥浆收集和控制污水的措施。

2）装饰用的油漆、涂料、化学溶剂等装饰用液体材料应设有专门的库房，地面应做防渗漏处理。废弃的油漆、涂料等应集中处理，不得随意倾倒，严禁未经处理直接排入城市污水系统。

3）装饰施工过程中产生的垃圾，应集中存放，统一处理。

此外，对于生活污水管理应做好以下防控措施：

1）施工现场 100 人以上的临时食堂，污水排放时可设置简易有效的隔油池，定期清理，防止污染。

2）工地临时厕所、化粪池应采取防渗措施，清洁车定点定时对化粪池进行处理。中心城市施工现场可采用水冲式厕所，并有防蝇灭虫措施，经化粪池分解沉淀后通过管线排入市政污水管线。

3）现场浴室应统一管理，控制含磷洗涤品的使用；

生活废水应由专用管线引送市政污水管网，严禁在生活废水管线中倾倒或处置化学品、油品和其他污染物。

4.5.4 光污染防治

1. 施工现场光污染主要来源

施工光污染的主要由施工照明灯光（围墙周边的灯具、塔式起重机上的灯具）、焊接弧光（焊接弧光、切割火花）、施工机械灯光（挖掘机、材料运输车灯光）等产生。

2. 光污染的危害

（1）可能对人员人体皮肤、眼睛造成伤害，甚至视力减弱。

（2）光污染辐射大影响居民区、商业区正常休息。

（3）夜间加班直接照射会导致施工人员眼睛模糊，导致在操作或行走时易发生安全事故。

（4）电弧焊接（电焊）作业时的强弧光对人身体极易造成伤害，如刺激眼球、疼痛、强光射伤皮肤、发红、灼热、脱皮，进而使操作人员为躲避辐射而忽视工序、工件的质量。

3. 施工阶段光污染防控措施

施工项目部应建立光污染防治领导小组，制定光污染防范措施，由专人具体负责施工现场光污染监管和测试工作，做到无施工人员发生职业病和周围群众投诉。

（1）基础施工阶段的防控措施

1）在基础施工阶段，所有照明灯具安装高度不能超过工地围墙 3m，灯具的光源不能向工地围墙外照射。

2）施工过程中移动照明灯具要设置灯罩，让灯光汇聚指向照射工作面。对施工场地直射光线和电焊眩光进行有效控制或遮挡，避免对周围区域产生不利干扰。

3）夜间进行土方施工应避免挖掘机和车辆开启远光灯影响邻近居民区、商业区居民正常休息或工作。

（2）主体结构施工阶段的防控措施

1）安装在塔式起重机上的镝灯、碘钨灯等施工现场照明灯具，要有俯射角度，要设置挡光板控制照明光的照射角度，应无直射光线射入非施工区和居民区。

2）楼层上电焊作业时，必须将脚手架的安全网张挂完毕或采取封闭遮挡措施（图4-5-11），以减少强光对周围居民的影响。

图 4-5-11 电渣压力焊连接

3）现场可以搬运的电焊和气割行为，尽量在电焊棚内作业。或转变施工工艺，如钢筋连接尽量采用机械连接（图4-5-12），减少焊接连接。

4）焊工操作人员应经特种作业培训并考试合格后持证上岗；焊工及直接操作人员需采用个人防护措施，戴防护眼镜和防护面罩，穿着防护工作服、防辐射鞋等（图4-5-13）。

图 4-5-12 机械连接

图 4-5-13 焊接作业

（3）装饰装修施工阶段的防控措施

1）在机械和灯具的使用过程中进行检查和定期维护保养，杜绝带病或缺少零部件继续运转的情况。

2）建筑物外墙饰面钢骨架焊接作业时，尽量在昼间施工，焊接并采取遮挡措施。

4.6 绿色施工

在保证质量、安全等基本要求的前提下，通过科学管理和技术进步，最大限度地节约资源，减少对环境负面影响，实现"四节一环保"（节能、节材、节水、节地和环境保护）的建筑工程施工活动。

1. 绿色施工组织与管理

（1）建设单位职责

1）在编制工程概算和招标文件时，应明确绿色施工的要求，并提供包括场地、环境、工期、资金等方面的条件保障。

2）应向施工单位提供建设工程绿色施工的设计文件、产品要求等相关资料，保证资料的真实性和完整性。

3）应建立工程项目绿色施工的协调机制。

（2）设计单位职责

1）应按国家现行有关标准和建设单位的要求对工程进行绿色设计。

2）应协助、支持、配合施工单位做好建筑工程绿色施工工作。

（3）监理单位职责

1）应对建筑工程绿色施工承担监理责任。

2）应审查绿色施工组织设计、绿色施工方案或绿色施工专项方案，并在实施过程中做好监督检查工作。

（4）施工单位职责

1）施工单位是建筑工程绿色施工的实施主体，应负责组织绿色施工的全面实施。

2）实行总承包管理的建设工程，总承包单位应对绿色施工负总责。

3）总承包单位应对专业承包单位的绿色施工实施管理，专业承包单位应对工程承包范围的绿色施工负责。

4）施工单位应建立以项目经理为第一责任人的绿色施工管理体系，制定绿色施工管理制度，负责绿色施工的组织实施，进行绿色施工教育培训，定期开展自检、联检和评价工作。

5）绿色施工组织设计、绿色施工方案或绿色施工专项方案编制前，应进行绿色施工影响因素分析，并据此制定实施对策和绿色施工评价方案。

6）参建各方应积极推进建筑工业化和信息化施工。建筑工业化宜重点推进结构构件预制化和建筑配件整体装配化。

7）应做好施工协同，加强施工管理，协商确定工期。

8）施工现场应建立机械设备保养、限额领料、建筑垃圾再利用台账和清单。对工程材料和机械设备的存放、运输应制定保护措施。

9）施工单位应强化技术管理，绿色施工过程技术资料应收集和归档。

10）施工单位应根据绿色施工要求，对传统施工工艺进行改进。

11）施工单位应建立不符合绿色施工要求的施工工艺、设备和材料的限制、淘汰等制度。

12）应按现行国家标准《建筑工程绿色施工评价标准》GB/T 50640 的规定对施工现场绿色施工实施情况进行评价，并根据绿色施工评价情况，采取改进措施。

13）施工单位应按照国家法律、法规的有关要求，制定施工现场环境保护和人员安全等突发事件的应急预案。

2. 节材与材料资源利用技术要点

（1）节材措施

1）图纸会审时，应审核节材与材料资源利用的相关内容，达到材料损耗率比定额损耗率降低 30%。

2）根据施工进度、库存情况等合理安排材料的采购、进场时间和批次，减少库存。

3）现场材料堆放有序；储存环境适宜，措施得当；保管制度健全，责任落实到位。

4）材料运输工具适宜，装卸方法得当，防止损坏和遗洒。根据现场平面布置情况组织卸载，避免或减少二次搬运。

5）采取技术和管理措施提高模板、脚手架等的周转次数。

6）优化安装工程的预留、预埋、管线路径等方案。

7）应就地取材，施工现场500km以内生产的建筑材料用量占建筑材料总重量的70%以上。

（2）结构材料

1）推广使用预拌混凝土和预拌砂浆，具备条件的地方可以采用成型钢筋。准确计算采购数量、供应频率、施工速度等，在施工过程中动态控制。结构工程使用散装水泥。

2）推广使用高强钢筋和高性能混凝土，减少资源消耗。

3）推广钢筋专业化加工和配送。

4）优化钢筋配料和钢构件下料方案。钢筋及钢结构制作前应对下料单及样品进行复核，无误后方可批量下料。

5）优化钢结构制作和安装方法。大型钢结构宜采用工厂制作，现场拼装；宜采用分段吊装、整体提升、滑移、顶升等安装方法，减少方案的措施用材量。

6）采取数字化技术，对大体积混凝土、大跨度结构等专项施工方案进行优化。

（3）围护材料

1）门窗、屋面、外墙等围护结构选用耐候性及耐久性良好的材料，施工确保密封性、防水性和保温隔热性。

2）门窗采用密封性、保温隔热性能、隔声性能良好的型材和玻璃等材料。

3）屋面材料、外墙材料具有良好的防水性能和保温隔热性能。

4）当屋面或墙体等部位采用基层加设保温隔热系统的方式施工时，应选择高效节能、耐久性好的保温隔热材料，以减小保温隔热层的厚度及材料用量。

5）屋面或墙体等部位的保温隔热系统采用专用的配套材料，以加强各层次之间的粘结或连接强度，确保系统的安全性和耐久性。

6）根据建筑物的实际特点，优选屋面或外墙的保温隔热材料系统和施工方式，例如保温板粘贴、保温板干挂、聚氨酯硬泡喷涂、保温浆料涂抹等，以保证保温隔热效果，并减少材料浪费。

7）加强保温隔热系统与围护结构的节点处理，尽量降低热桥效应。针对建筑物的不同部位保温隔热特点，选用不同的保温隔热材料及系统，以做到经济适用。

（4）装饰装修材料

1）贴面类材料在施工前，应进行总体排板策划，减少非整块材的数量。

2）采用非木质的新材料或人造板材代替木质板材。

3）防水卷材、壁纸、油漆及各类涂料基层必须符合要求，避免起皮、脱落。各类油漆及胶粘剂应随用随开启，不用时及时封闭。

4）幕墙及各类预留预埋应与主体结构施工同步。

5）木制品及木装饰用料、玻璃等各类板材等宜在工厂采购或定制。

6）采用自粘类片材，减少现场液态胶粘剂的使用量。

（5）周转材料

1）应选用耐用、维护与拆卸方便的周转材料和机具。

2）优先选用材料制作、安装、拆除一体化的专业队伍进行模板工程施工。

3）模板应以节约自然资源为原则，推广使用定型铝模板、钢模、钢框竹模、竹胶板。

4）施工前应对模板工程的方案进行优化。多层、高层建筑使用可重复利用的模板体系，模板支撑宜采用工具式支撑。

5）优化高层建筑的外脚手架方案，采用整体提升、分段悬挑等方案。

6）推广采用外墙保温板替代混凝土施工模板的技术。

7）现场办公和生活用房采用周转式活动房。现场围挡应最大限度地利用已有围墙，或采用装配式可重复使用围挡封闭。力争工地临房、临时围挡材料的可重复使用率达到70％。

3. 节水与水资源利用的技术要点

（1）提高用水效率

1）施工中采用先进的节水施工工艺。

2）施工现场喷洒路面、绿化浇灌不宜使用市政自来水。现场搅拌用水、养护用水应采取有效的节水措施，严禁无措施浇水养护混凝土。

3）施工现场供水管网应根据用水量设计布置，管径合理、管路简捷，采取有效措施减少管网和用水器具的漏损。

4）现场机具、设备、车辆冲洗用水必须设立循环用水装置。施工现场办公区、生活区的生活用水采用节水系统和节水器具，提高节水器具配置比率。项目临时用水应使用节水型产品，安装计量装置，采取有针对性的节水措施。

5）施工现场建立可再利用水的收集处理系统，使水资源得到梯级循环利用。

6）施工现场分别对生活用水与工程用水确定用水定额指标，并分别计量管理。

7）大型工程的不同单项工程、不同标段、不同分包生活区，凡具备条件的应分别计量用水量。在签订不同标段分包或劳务合同时，将节水定额指标纳入合同条款，进行计量考核。

8）对混凝土搅拌站点等用水集中的区域和工艺点进行专项计量考核。施工现场建立雨水、中水或可再利用水的搜集利用系统。

（2）非传统水源利用

1）优先采用中水搅拌、中水养护，有条件的地区和工程应收集雨水养护。

2）处于基坑降水阶段的工地，宜优先采用地下水作为混凝土搅拌用水、养护用水、冲洗用水和部分生活用水。

3）现场机具、设备、车辆冲洗、喷洒路面、绿化浇灌等用水，优先采用非传统水源，尽量不使用市政自来水。

4）大型施工现场，尤其是雨量充沛地区的大型施工现场建立雨水收集利用系统，充分收集自然降水用于施工和生活中适宜的部位。

5）力争施工中非传统水源和循环水的再利用量大于30％。

（3）用水安全

在非传统水源和现场循环再利用水的使用过程中，应制定有效的水质检测与卫生保障措施，确保避免对人体健康、工程质量以及周围环境产生不良影响。

4. 节能与能源利用的技术要点

（1）节能措施

1）制订合理施工能耗指标，提高施工能源利用率。

2）优先使用国家、行业推荐的节能、高效、环保的施工设备和机具，如选用变频技术的节能施工设备等。

3）施工现场分别设定生产、生活、办公和施工设备的用电控制指标，定期进行计量、核算、对比分析，并有预防与纠正措施。

4）在施工组织设计中，合理安排施工顺序、工作面，以减少作业区域的机具数量，相邻作业区充分利用共有的机具资源。安排施工工艺时，应优先考虑耗用电能的或其他能耗较少的施工工艺。避免设备额定功率远大于使用功率或超负荷使用设备的现象。

5）根据当地气候和自然资源条件，充分利用太阳能、地热等可再生能源。

（2）机械设备与机具

1）建立施工机械设备管理制度，开展用电、用油计量，完善设备档案，及时做好维修保养工作，使机械设备保持低耗、高效的状态。

2）选择功率与负载相匹配的施工机械设备，避免大功率施工机械设备低负载长时间运行。机电安装可采用节电型机械设备，如逆变式电焊机和能耗低、效率高的手持电动工具等，以利节电。机械设备宜使用节能型油料添加剂，在可能的情况下，考虑回收利用，节约油量。

3）合理安排工序，提高各种机械的使用率和满载率，降低各种设备的单位耗能。

（3）生产、生活及办公临时设施

1）利用场地自然条件，合理设计生产、生活及办公临时设施的体形、朝向、间距和窗墙面积比，使其获得良好的日照、通风和采光。南方地区可根据需要在其外墙窗设遮阳设施。

2）临时设施宜采用节能材料，墙体、屋面使用隔热性能好的材料，减少夏天空调、冬天取暖设备的使用时间及耗能量。

3）合理配置采暖、空调、风扇数量，规定使用时间，实行分段分时使用，节约用电。

（4）施工用电及照明

1）临时用电优先选用节能电线和节能灯具，临电线路合理设计、布置，临电设备宜采用自动控制装置。采用声控、光控等节能照明灯具。

2）照明设计以满足最低照度为原则，照度不应超过最低照度的 20%。

5. 节地与施工用地保护的技术要点

（1）临时用地指标

1）根据施工规模及现场条件等因素合理确定临时设施，如临时加工厂、现场作业棚及材料堆场、办公生活设施等的占地指标。临时设施的占地面积应按用地指标所需的最低面积设计。

2）要求平面布置合理、紧凑，在满足环境、职业健康与安全及文明施工要求的前提下尽可能减少废弃地和死角，临时设施占地面积有效利用率大于 90%。

（2）临时用地保护

1）应对深基坑施工方案进行优化，减少土方开挖和回填量，最大限度地减少对土地的扰动，保护周边自然生态环境。

2）建设用地红线外临时占地应尽量使用荒地、废地，少占用农田和耕地。工程完工后，及时对红线外占地恢复原地形、地貌，使施工活动对周边环境的影响降至最低。

3）利用和保护施工用地范围内原有绿色植被。对于施工周期较长的现场，可按建筑永久绿化的要求，安排场地新建绿化。

（3）施工总平面布置

1）施工总平面布置应做到科学、合理，充分利用原有建筑物、构筑物、道路、管线为施工服务。

2）施工现场搅拌站、仓库、加工厂、作业棚、材料堆场等布置应尽量靠近已有交通线路或即将修建的正式或临时交通线路，缩短运输距离。

3）临时办公和生活用房应采用经济、美观、占地面积小、对周边地貌环境影响较小，且适合于施工平面布置动态调整的多层轻钢活动板房、钢骨架水泥活动板房等标准化装配式结构。生活区与生产区应分开布置，并设置标准的分隔设施。

4）施工现场围墙可采用连续封闭的轻钢结构预制装配式活动围挡，减少建筑垃圾，保护土地。

5）施工现场道路按照永久道路和临时道路相结合的原则布置。施工现场内形成环形通路，减少道路占用土地。

6）临时设施布置应注意远近结合（本期工程与下期工程），努力减少和避免大量临时建筑拆迁和场地搬迁。

思政提升——城市发展与环境保护协调发展

城市发展与环境
保护协调发展

随着经济社会的快速发展，城镇化进程也进入了快速发展阶段，其中就少不了大批建筑工程的开工建设。然而，建筑施工噪声对人们的工作生活有着非常严重的负面影响，影响周围居民正常的生活、学习、休息等，因此必须予以适当控制，使城市发展和环境保护相互平衡。

请同学们在学习本章知识后，积极检索相关文献，了解建设工程、社会生产与环境保护相关案例，深入思考其辩证关系。有兴趣的同学可以扫描右侧二维码，了解相关内容。

知识与技能训练题

文 明 施 工 概 述

一、多项选择题

1. 文明施工的基本要求有（　　）。

A. 保证施工方案完整性，严格的管理制度以及对成品的保护措施要到位

B. 施工现场相关材料和设施的摆放要井然有序

C. 施工现场平整，且道路通畅，排水设施齐全

D. 水电线路布局科学，施工设备保持良好的状况并且合理使用，施工作业达到消防安全的有关规定

E. 在现场想怎么实施都可以

2. 依据《建筑施工安全检查标准》JGJ 59—2011，现场文明施工的保证项目包括（　　）。

A. 现场围挡与封闭管理　　　　　　B. 施工场地

C. 材料管理　　　　　　　　　　　D. 现场办公与住宿

E. 现场防火

3. 依据《建筑施工安全检查标准》JGJ 59—2011，现场文明施工的一般项目包括（　　）。

A. 综合治理　　　　　　　　　　　B. 公示标牌

C. 生活设施　　　　　　　　　　　D. 社区服务

E. 封闭管理

二、判断题

1. 文明施工既是建筑施工企业自身发展的需要，也是作为社会的一员履行社会责任，减少或避免对自然环境的影响和伤害。　　　　　　　　　　　　　　　（　　）

2. 现场实施文明施工时不需要遵守现行国家标准和行业标准。　　　　　（　　）

施工现场场地布置

一、单项选择题

1. 市区主要路段的工地应沿四周连续设置高度不低于（　　）的封闭围挡。

A. 1.8m　　　　　B. 2.0m　　　　　C. 2.2m　　　　　D. 2.5m

2. 一般路段的工地应设置高度不低于（　　）的封闭围挡。

A. 1.8m　　　　　B. 2.0m　　　　　C. 2.2m　　　　　D. 2.5m

3. 砌体围挡应设置混凝土壁柱，壁柱间距应按设计要求进行设置且不应大于（　　）m。

A. 3　　　　　B. 4　　　　　C. 5　　　　　D. 6

4. 施工现场大门应庄重美观，按照施工单位的要求制作，一般大门净高、净宽不小于（　　）m。

A. 2　　　　　B. 3　　　　　C. 4　　　　　D. 5

5. 大门门柱基础应根据现场地质情况确定，保证大门牢固可靠，基础埋深不得小于（　　）mm。

A. 400　　　　　B. 500　　　　　C. 600　　　　　D. 800

6. 降尘系统应设置在产生扬尘的（　　）。

A. 根源处　　　　　B. 近处　　　　　C. 上风处　　　　　D. 下风处

7. 施工现场其他道路应畅通，路面应平整坚实。施工区一般道路、生活区和办公区的道路应铺设宽（　　）以上的混凝土路面，形成路网并与施工区主要道路相连。

A. 1m　　　　　B. 1.2m　　　　　C. 1.5m　　　　　D. 2m

8. 施工区主要道路应铺设宽（　　）以上的混凝土路面，宜形成环场道路。

A. 3m　　　　　B. 4m　　　　　C. 5m　　　　　D. 6m

9. 材料堆放场、钢筋及木工加工场、仓库等，必须采用（　　）以上混凝土进行硬化处理，厚度不小于100mm。

A. C15　　　　　B. C20　　　　　C. C25　　　　　D. C30

10. 水泥应存放专用仓库中，存放时宜考虑较高地形，地面垫板应离地 20～50cm，四周离墙（　　）。

A. 15cm　　　　　B. 20cm　　　　　C. 30cm　　　　　D. 35cm

二、多项选择题

1. 施工现场围挡应（　　），材料应选用砌体、彩钢板等硬质材料。

A. 坚固　　　　　　　　　　B. 稳定

C. 整洁　　　　　　　　　　D. 美观

E. 高大

2. 围挡外立面底部制作 0.2～0.5m 高黄黑相间警示带，其余部分可张挂（　　），提升企业整体形象。

A. 公益广告　　　　　　　　B. 企业宣传

C. 项目信息公示　　　　　　D. 供应商广告

E. 仿真草皮

3. 施工现场进出口应设置大门。大门处布置下列说法正确的有（　　）。

A. 大门应立门柱和门头　　　　B. 将门扇做成密闭不透式

C. 将门扇做成通透式　　　　　D. 大门旁设置智能化门禁系统

E. 大门处饲养狼狗护卫

4. 施工现场封闭管理应该做到（　　）。

A. 使用简易围挡，节约成本　　B. 配备门卫值守人员

C. 使用劳务实名制门禁管理系统　D. 进出口应设置大门

E. 出入口应设置冲洗平台

5. 施工场地做法下列说法正确的有（　　）。

A. 施工现场其他道路应畅通，路面应平整坚实

B. 施工区一般道路、生活区和办公区的道路应铺设宽 2.0m 以上的混凝土路面，形成路网并与施工区主要道路相连

C. 建筑物周边混凝土带宽度应大于 1.5m，并设置排水沟，与场内排水系统相连

D. 施工道路要求外接市政道路、内接场内路网

E. 施工现场道路应设置人车分流通道，未进行硬化的场地应进行绿化

6. 关于场地排水，下列说法正确的有（　　）。

A. 施工现场允许少量积水

B. 施工现场应设置排水设施，且排水通畅无积水

C. 工地内道路两侧、落地式脚手架基础周边等位置可以不设置排水沟

D. 雨水经沉淀后二次循环使用或排入市政雨水管网

E. 污水经沉淀池沉淀后排入市政污水管网

7. 关于场地布置，下列说法正确的有（　　）。

A. 建筑材料、构件、料具应按总平面布局进行码放

B. 把原有建筑物或构筑物拆除，重新建活动板房

C. 施工平面布置应紧凑合理，尽量减少施工用地

D. 合理组织运输，尽量减少二次搬运

E. 各项施工设施布置以方便施工为主，可以不考虑安全防火、环境保护和劳动保护的要求

8. 关于材料管理，下列说法正确的有（   ）。

A. 建筑材料、构件、料具应按总平面布局进行码放

B. 材料应码放整齐，并应标明名称、规格等

C. 施工现场材料码放应采取防火、防锈蚀、防雨等措施

D. 易燃易爆物品应分类储藏在专用库房内，并应制定库房管理制度

E. 水泥应存放在专用仓库中，存放时宜考虑较高地形

9. 易燃易爆物品应分类储藏在专用库房内，仓库管理人员应了解所管物品的安全知识，不准把（   ）带入库内。

A. 火种　　　　　　　　　　　　B. 汽油

C. 木制品　　　　　　　　　　　D. 玻璃

E. 铁器

10. 施工现场应设置排水设施，且排水通畅无积水。应设置排水沟的位置有（   ）。

A. 工地内道路两侧　　　　　　　B. 落地式脚手架基础周边

C. 临时设施周边　　　　　　　　D. 钢筋加工场周边

E. 混凝土搅拌机和砂浆机

三、判断题

1. 围挡可以采用彩条布、竹笆等软质材料。　　　　　　　　　　（   ）

2. 施工现场进出口应设置大门。　　　　　　　　　　　　　　　（   ）

3. 施工现场出入口应设置冲洗平台，配备高压冲洗枪，驶出工地的车辆必须冲洗干净，避免车身、车轮带泥上路污染城市路面。　　　　　　　　　　　（   ）

4. 施工现场污水可以不用处理直接排入城市管网和河道。　　　　（   ）

5. 温暖季节应有绿化布置，所用草皮、树木等宜与项目后期绿化施工所需一致，减少成本。　　　　　　　　　　　　　　　　　　　　　　　　　　（   ）

施工现场场地布置

一、单项选择题

1. 宿舍、办公用房的防火等级应符合规范要求。当采用金属夹芯板材时，其芯材的燃烧性能等级应为（   ）级。

A. A　　　　　　B. B1　　　　　　C. B2　　　　　　D. B3

2. 临时建筑的安全距离应（   ）。

A. 按甲方要求布置　B. 满足消防要求　C. 越近越好　　D. 按监理要求布置

3. 会议室、文化娱乐室等人员密集的房间应设置在临时用房的（   ）。

A. 顶层　　　　　B. 首层　　　　　C. 楼梯旁　　　　D. 近水源处

4. 宿舍内住宿人员人均面积不应小于（   ）m²，且不得超过（   ）人。

A. 2.5；12　　　　B. 2.5；16　　　　C. 2；12　　　　D. 2；16

5. 办公室室内净高不应低于（   ）m，地面宜铺地砖，门口应设门牌。

A. 2　　　　　　B. 2.1　　　　　　C. 2.2　　　　　D. 2.5

6. 食堂与厕所、垃圾站、有毒有害场所等污染源的距离不应小于（   ）m，且不应

设在污染源的下风侧。

    A. 10   B. 12   C. 15   D. 18

7. 高层建筑施工超过（　　）层后宜每隔（　　）层设置临时厕所。

    A. 6；三   B. 6；四   C. 8；四   D. 8；五

8. 冬季应向工人提供热水。淋浴间照明器具应采用（　　），并设置剩余电流动作保护器。

    A. 普通灯头   B. 普通开关   C. 高档开关   D. 防水灯头

9. 宣传栏框架可采用（　　）制作，立柱下部埋入土中不小于 0.5m，并浇灌混凝土。

    A. 木质材料   B. 不锈钢材料   C. 塑料   D. 硬质塑料

二、多项选择题

1. 关于现场、办公、宿舍分区说法正确的有（　　）。

A. 施工作业、材料存放区与办公、生活区应划分清晰

B. 分区合理，且采取相应的隔离措施

C. 办公生活区宜设置在建筑物的坠落半径和塔式起重机等机械作业半径之外

D. 办公区、生活区与作业区就近布置，不需考虑其他因素

E. 临时建筑的安全距离应满足消防要求

2. 宿舍、办公用房防火说法正确的有（　　）。

A. 宿舍、办公用房当采用金属夹芯板材时，其芯材的燃烧性能等级应为 A 级

B. 建筑层数不应超过 3 层，每层建筑面积不应大于 300m²

C. 层数为 3 层或每层建筑面积大于 200m² 时，应设置至少 2 部疏散楼梯，房间疏散门至疏散楼梯的最大距离不应大于 25m

D. 会议室、文化娱乐室等人员密集的房间应设置在临时用房的首层

E. 疏散门应向便于出入的方向开启

3. 关于宿舍管理说法正确的有（　　）。

A. 在施工程、伙房、库房不得兼作宿舍

B. 宿舍应设置可开启式窗户，床铺不得超过 2 层，通道宽度不应小于 0.9m

C. 宿舍内住宿人员人均面积不应小于 2.5m²，且不得超过 9 人

D. 冬季宿舍内应有采暖和防一氧化碳中毒措施

E. 夏季宿舍内应有防暑降温和防蚊蝇措施

4. 关于办公室下列说法正确的有（　　）。

A. 办公室室内净高不应低于 2.2m，地面宜铺地砖，门口应设门牌

B. 室内各种文件资料应归类存放于专用档案柜

C. 室内应在醒目位置张挂相应岗位责任制、安全责任制及施工图表等

D. 用电线路为线槽明敷

E. 有条件的可设置吊顶，配备空调

5. 关于食堂管理下列说法正确的有（　　）。

A. 食堂与厕所、垃圾站、有毒有害场所等污染源的距离不应小于 15m，且不应设在污染源的下风侧

B. 食堂应设置独立的操作间、售菜（饭）间、储藏间和燃气罐存放间

C. 食堂应设置密闭式泔水桶

D. 食堂应设置纱门、纱窗、排气扇，门扇下方设不低于 100mm 的防鼠挡板

E. 食堂内应在明显处张挂卫生许可证、炊事人员健康证和卫生责任制度

6. 关于厕所设置下列说法正确的有（　　　）。

A. 施工现场和生活区均应设厕所，厕所内设施的数量应满足人员需求

B. 厕所应采用水冲式或移动式厕所，严禁使用旱厕

C. 高层建筑施工超过 5 层后宜每隔 4 层设置临时厕所

D. 厕位之间应设置隔板，高度不低于 900mm，禁止采用不设隔板的大便槽

E. 厕所应设专人负责清扫、消毒，化粪池应做防渗处理，同时必须有盖板并及时清掏

7. 关于淋浴间设置下列说法正确的有（　　　）。

A. 淋浴间必须与厕所分开设置

B. 淋浴间地面应贴防滑地砖

C. 室内墙面应贴瓷砖，高度不小于 1.8m，其余内、外墙面应抹灰、刷白

D. 室内应排水顺畅，室外采用明沟排水

E. 冬季应向工人提供热水。淋浴间照明器具可使用一般的灯头及开关

8. 宣传栏宣传内容包括（　　　）。

A. 重大危险源公示 　　　　　　　　　B. 工地流动人口计划生育管理规定

C. 职业健康教育宣传 　　　　　　　　D. 农民工工资发放公示

E. 奖罚公告

三、判断题

1. 施工作业、材料存放区与办公、生活区应划分清晰，并采取相应的隔离措施。

（　　　）

2. 层数为 3 层或每层建筑面积大于 200m² 时，应设置至少 1 部疏散楼梯，房间疏散门至疏散楼梯的最大距离不应大于 25m。（　　　）

3. 宿舍内可以使用电炉、热得快等大功率设备。（　　　）

4. 办公室内用电线路为线槽明敷。（　　　）

5. 厕所地面应贴防滑地砖，便槽及内墙面应贴瓷砖，高度不小于 1.8m，其余内、外墙面应抹灰、刷白。（　　　）

现场 CI 标识配置

一、单项选择题

1. 项目公示标牌应设置在（　　　）。

A. 大门 　　　　　　B. 围墙 　　　　　　C. 建筑物 　　　　　　D. 宣传栏

2. "两栏一报"主要内容包括宣传栏、读报栏和（　　　）。

A. 教育报 　　　　　B. 宣传报 　　　　　C. 安全事故通报 　　　　D. 黑板报

3. 外立面形象宣传应设置于楼体外立面或显眼位置，宜设置在（　　　）。

A. 临街一面 　　　　B. 方便设置的一面 　　　C. 最高处 　　　　D. 最低处

4. 设置材料标识牌的目的不包括（　　　）。

A. 材料的分类分区码放 　　　　　　　　B. 避免材料混用

C. 保持堆放区域的整洁　　　　　　　　D. 方便材料搬运

5. 项目现场应实行(　　)管理，施工现场进出口处应设置大门。

A. 开放　　　　　B. 封闭　　　　　C. 半开放半封闭　　　D. 项目自行决定

二、多项选择题

1. 企业 CI 系统，主要由(　　)构成。

A. 企业理念识别系统　　　　　　　　B. 视觉识别系统

C. 行为意识系统　　　　　　　　　　D. 企业经营系统

E. 企业管理系统

2. "五牌一图"中的"五牌"是指(　　)。

A. 工程概况牌　　　　　　　　　　　B. 消防保卫牌

C. 安全生产牌　　　　　　　　　　　D. 文明施工牌

E. 管理人员名单及监督电话牌

3. 常见的宣传栏主要有(　　)。

A. 企业宣传栏　　　　　　　　　　　B. 质量宣传栏

C. 安全宣传栏　　　　　　　　　　　D. 绿色施工宣传栏

E. 劳动模范宣传栏

4. 施工现场设置班前讲评台，用于(　　)。

A. 召开每日的早班会　　　　　　　　B. 安全生产大会

C. 安全技术交底会　　　　　　　　　D. 文艺表演

E. 消防演练

5. 危大工程公示牌应公告的内容有(　　)。

A. 危大工程名称　　　　　　　　　　B. 危大工程施工时间

C. 具体责任人员　　　　　　　　　　D. 工程施工人员

E. 危大工程危险等级

施工过程文明施工要求

一、单项选择题

1. 施工现场土方作业应采取防止扬尘措施，主要道路应(　　)清扫、洒水。

A. 定期　　　　　B. 不定期　　　　　C. 每年　　　　　D. 季度

2. 土方作业阶段，采取洒水、覆盖等措施，使作业区扬尘不扩散到场区外，目测扬尘高度应小于(　　)m。

A. 0.5　　　　　B. 1.0　　　　　C. 1.2　　　　　D. 1.5

3. 《中华人民共和国大气污染防治法》规定，暂时不能开工的建设用地，建设单位应当对裸露地面进行覆盖；超过(　　)的，应当进行绿化、铺装或者遮盖。

A. 一个月　　　　　B. 两个月　　　　　C. 三个月　　　　　D. 六个月

4. 建设单位应当将防治扬尘污染的费用列入(　　)，并在施工承包合同中明确施工单位扬尘污染防治责任。

A. 经济规划　　　　　　　　　　　　B. 工程造价

C. 本级政府财政预算　　　　　　　　D. 政务考核目标

5. 从事房屋建筑、市政基础设施建设、河道整治以及建筑物拆除等施工单位应当制定具体的施工扬尘污染防治实施方案,向负责监督管理扬尘污染防治的( )备案。

    A. 环境保护主管部门   B. 水利主管部门

    C. 住房和城乡建设主管部门   D. 交通运输主管部门

6. 清理高层建筑施工垃圾的正确做法是( )。

    A. 将各楼层施工垃圾装入密封容器后吊走

    B. 将各楼层施工垃圾焚烧后装入密封容器吊走

    C. 将施工垃圾洒水后沿临边窗口倾倒至地面后集中处理

    D. 将施工垃圾从电梯井倾倒至地面后集中处理

7. 结构施工、安装装饰装修阶段,达到作业区目测扬尘高度小于( ),不扩散到厂区外。

    A. 1m   B. 2m   C. 1.5m   D. 0.5m

8. 土石方工程规定( )级以上大风天气,不宜进行土石方爆破施工作业。

    A. 1   B. 2   C. 3   D. 4

9. 某建筑工程由于连续作业需要夜间施工,夜间噪声最大声级超过限值的幅度不得高于( )。

    A. 15 dB   B. 20 dB   C. 25 dB   D. 30 dB

10. 建筑施工过程中场界环境噪声不得超过规定的排放限值。建筑施工场界昼夜施工时的噪声限值分别为( )dB。

    A. 65;55   B. 70;55   C. 75;50   D. 70;50

11. 在施工阶段,混凝土搅拌机、振捣棒、电锯等昼间作业的噪声限值为( )dB。

    A. 55   B. 65   C. 70   D. 85

12. 在城市市区噪声敏感建筑物集中区域内,禁止夜间进行产生环境噪声污染的建筑施工作业,因特殊需要必须连续作业的,必须( )。

    A. 有县级以上人民政府或者其有关主管部门的证明

    B. 有市级以上人民政府或者其有关主管部门的证明

    C. 向县级以上地方人民政府环境保护行政主管部门申报

    D. 向市级以上地方人民政府环境保护行政主管部门申报

13. 根据《中华人民共和国水污染防治法》,下列关于建设项目水污染的具体规定中说法错误的是( )。

    A. 各类施工作业需要排水的,由建设单位申请领取排水许可证

    B. 水污染防治应当坚持预防为主、防治结合、综合治理的原则

    C. 在饮用水水源保护区内,禁止设置排污口

    D. 禁止向水体排放、倾倒放射性固体废物或者含有放射性物质的废水

14. 施工现场( )人以上的临时食堂,污水排放时可设置简易有效的隔油池、定期清理,防止污染。

    A. 20   B. 50   C. 100   D. 80

15. 施工单位必须在工程开工( )日以前向工程所在地县级以上地方人民政府生态环境主管部门申报该工程的项目名称、施工场所和期限、可能产生的环境噪声值以及所采取的环境噪声污染防治措施的情况。

A. 10   B. 15   C. 20   D. 25

二、多项选择题

1. 某交通施工穿越噪声敏感区域，可能造成环境噪声污染，下列说法正确的有（　　）。

   A. 禁止一切夜间施工作业活动

   B. 因特殊需要进行夜间施工的，须获批准

   C. 建设工程施工前必须公告附近居民

   D. 其他有效的控制噪声污染的措施

   E. 在开工 15 日前，向工程所在地县级以上地方人民政府环境保护行政主管部门报告

2. 根据住房和城乡建设部《城镇污水排入排水管网许可管理办法》的规定，下列说法正确的有（　　）。

   A. 未取得排水许可证，排水户不得向城镇排水设施排放污水

   B. 各类施工作业需要排水的，由建设单位申请领取排水许可证

   C. 排水许可证的有效期，由城镇排水主管部门根据排水状况确定

   D. 城镇排水主管部门实施排水许可可以收取一定的费用

   E. 城镇排水主管部门委托的专门机构不能开展排水许可审查

3. 根据《中华人民共和国噪声污染防治法》规定，属于施工现场噪声污染防治违法行为应承担法律责任的有（　　）。

   A. 未经环境保护行政主管部门批准，擅自拆除或者闲置环境噪声污染防治设施，致使环境噪声排放超过规定标准的

   B. 在城市市区噪声敏感建筑物集中区域内，夜间进行禁止进行的产生环境噪声污染的建筑施工作业

   C. 在城市市区噪声敏感建筑物集中区域内，夜间进行抢险施工造成环境噪声污染的

   D. 排放环境噪声的单位拒绝环境保护行政主管部门现场检查

   E. 机动车辆不按照规定使用声响装置的

4. 在城市市区噪声敏感建筑物集中区域内，除抢修、抢险等特殊情况外，禁止夜间进行生产噪声污染的施工作业。此处的噪声敏感建筑物未包括的是（　　）。

   A. 医院、学校   B. 饲养场

   C. 机关、科研单位   D. 居民住宅

   E. 矿山

5. 下列关于混凝土浇筑描述正确的有（　　）。

   A. 合理安排混凝土的浇筑作业，尽量避免在夜间浇筑混凝土

   B. 为了满足施工要求混凝土浇筑可随时进行

   C. 混凝土应采用低噪声振捣器振捣，也可采用围挡降噪措施

   D. 混凝土浇筑时只能采用振捣棒振捣一种方式

   E. 在噪声敏感环境或钢筋密集时，宜采用自密实混凝土，混凝土振捣时禁止振击钢筋或模板，并做到快插慢拔

6. 下列哪个工种属于特殊工种（　　），特殊工种必须经考核合格，持证才能上岗。

   A. 电工   B. 木工

C. 架子工　　　　　　　　　　　　D. 瓦工

E. 塔吊司机

7. 水污染防治应当坚持（　　　）的原则。

A. 预防为主　　　　　　　　　　　B. 防治结合

C. 抓大放小　　　　　　　　　　　D. 经济处罚

E. 综合治理

8. 施工现场存放油料、化学溶剂等应设专门的库房，必须对（　　　）进行防渗处理。

A. 库房地面　　　　　　　　　　　B. 金属库房地面

C. 存放油料、化学溶剂的容器　　　D. 工具库房地面

E. 库房室外地面

9. 关于施工过程中水污染措施的说法，正确的有（　　　）。

A. 禁止有毒有害废弃物作土方回填

B. 施工现场搅拌站废水经沉淀池沉淀合格后不能用于工地洒水降尘

C. 限制水磨石的污水必须经沉淀池沉淀合格后再排放

D. 现场存放油料，必须对库房地面进行防渗处理

E. 化学用品，外加剂等要妥善保管，库内存放

10. 关于建设工程现场职业健康安全卫生措施的说法，正确的有（　　　）。

A. 每间宿舍居住人员不得超过 16 人

B. 施工现场宿舍必须设置可开启式窗户

C. 施工区必须配备开水炉

D. 厕所应设专人负责清扫、消毒

E. 现场食堂炊事人员必须持身体健康证上岗

三、判断题

1. 建设单位应当将防治扬尘污染的费用纳入工程造价，并在施工承包合同中明确建设单位扬尘污染防治责任。　　　　　　　　　　　　　　　　　　　　　（　　　）

2. 遇有 4 级（含 4 级）以上大风天气，不得进行土方回填、转运以及其他可能产生扬尘污染的施工。　　　　　　　　　　　　　　　　　　　　　　　　　　（　　　）

3. 施工现场 100 人以上临时食堂，污水排放时设置简易隔油池。　　　　（　　　）

4. 生活废水应由专用管线引送市政污水管网，严禁在生活废水管线中倾倒或处置化学品、油品和其他污染物。　　　　　　　　　　　　　　　　　　　　　　（　　　）

5. 采用井点降水施工时，地下水位与作业面高差宜控制在 300mm 以内。　（　　　）

绿 色 施 工

一、单项选择题

1. 利用钢筋尾料制作马凳、土支撑，属于绿色施工的（　　　）。

A. 节材与材料资源利用　　　　　　B. 节水与水资源利用

C. 节能与能源利用　　　　　　　　D. 节地与土地资源保护

2. 利用消防水池或沉淀池，收集雨水及地表水，用于施工生产用水，属于绿色施工的（　　　）。

A. 节材与材料资源利用　　　　　　B. 节水与水资源利用

C. 节能与能源利用　　　　　　　　　　D. 节地与土地资源保护

3. 加气混凝土砌块必须采用手锯开砖，减少剩余部分砖的破坏，属于绿色施工的（　　）。

A. 节材与材料资源利用　　　　　　　　B. 节水与水资源利用

C. 节能与能源利用　　　　　　　　　　D. 节地与土地资源保护

4. 项目部用绿化代替场地硬化，减少场地硬化面积，属于绿色施工（　　）。

A. 节材与材料资源利用　　　　　　　　B. 节水与水资源利用

C. 节能与能源利用　　　　　　　　　　D. 节地与土地资源保护

5. 施工单位应建立以项目经理为第一责任人的绿色施工管理体系，其职责不包括（　　）。

A. 制定绿色施工管理制度　　　　　　　B. 负责绿色施工的组织实施

C. 进行绿色施工教育培训　　　　　　　D. 应建立工程项目绿色施工的协调机制

6. 绿色施工尽量就地取材，施工现场 500km 以内生产的建筑材料用量占建筑材料总用量（　　）以上。

A. 50％　　　　　　B. 60％　　　　　　C. 70％　　　　　　D. 80％

7. 项目施工单位应建立以（　　）为第一责任人的绿色施工管理体系，制定绿色施工管理责任制度，定期开展自检、考核和评比工作。

A. 项目经理　　　　　　　　　　　　　B. 企业负责人

C. 专职安全员　　　　　　　　　　　　D. 专职环保人员

8. 根据《绿色施工导则》，关于水资源利用的说法，正确的有（　　）。

A. 优先采用地下水搅拌、中水养护，有条件的地区和工程应收集雨水养护

B. 施工现场分别对生活用水与工程用水确定用水金额指标，合并计量管理

C. 处于基坑降水阶段的工地，宜优先采用地下水作为混凝土搅拌用水

D. 施工现场喷洒路面、绿化浇灌优先选择使用市政自来水

9. 要求临时设施占地面积有效利用率大于（　　）。

A. 60％　　　　　　B. 80％　　　　　　C. 70％　　　　　　D. 90％

10. 根据《绿色施工导则》的规定，关于施工企业节能措施，下列说法正确的是（　　）。

A. 优先采用自来水作为混凝土搅拌用水

B. 鼓励使用黏土砖，推广使用预拌混凝土

C. 照明设计的照度不应超过最低照度的 20％

D. 必须采购施工现场 500km 以内生产的建筑材料

二、多项选择题

1. 下列施工技术中，属于绿色施工技术的有（　　）。

A. 自密实混凝土应用　　　　　　　　　B. 实心黏土砖应用

C. 现场拌和混凝土　　　　　　　　　　D. 建筑固体废弃物再利用

E. 废水处理再利用

2. 施工单位应建立以（　　）为第一责任人的绿色施工管理体系。

A. 法人　　　　　　　　　　　　　　　B. 法人代表

C. 项目负责人   D. 施工单位项目经理

E. 项目技术经理

3. 根据《绿色施工导则》，关于非传统水源利用的说法，正确的有( )。

A. 优先采用雨水搅拌、雨水养护，有条件的地区和工程应当采用中水养护

B. 现场机具、设备等的用水、优先采用非传统水源，尽量不使用市政自来水

C. 处于基坑降水阶段的工地，宜优先采用雨水作为混凝土搅拌用水

D. 大型施工现场，尤其是雨量充沛地区的大型施工现场建立雨水收集利用系统，充分收集自然降水用于施工和生活中适宜的部位

E. 力争施工中非传统水源的循环水的再利用量大于30%

4. 节水与水资源利用的技术要点有( )。

A. 施工中采用先进的节水施工工艺

B. 施工现场机具、设备、车辆冲洗、喷洒路面、绿化浇灌等不宜使用自来水

C. 制定合理的能耗指标，提高施工能源利用效率

D. 施工现场应建立可再利用水的收集处理系统

E. 施工现场供水管网和用水器具不应有渗漏

5. 下列施工要求中，符合《绿色施工导则》对建设工程施工节水规定的有( )。

A. 混凝土搅拌、养护过程中应采取节水措施

B. 将节水定额指标纳入分包或劳务合同中进行计量考核

C. 对现场各个分包生活区合计统一计量用水量

D. 建立雨水收集利用系统

E. 现场车辆冲洗设立循环用水装置

6. 施工单位下列用水做法符合《绿色施工导则》的有( )。

A. 自然养护混凝土

B. 现场机具、车辆冲洗用循环水

C. 生活、工程用水分别计量管理

D. 现场设置雨水收集利用系统

E. 现场供水管网就近设置多个用户点

7. 根据《绿色施工导则》的规定，工程施工中做好环境保护工作，扬尘控制的相关规定包括( )。

A. 运送土方、垃圾、设备及建筑材料等，不污损场外道路

B. 土方作业阶段，采取洒水、覆盖等措施，达到作业区目测扬尘高度小于1.5m，不扩散到场区外

C. 结构施工、安装装饰装修阶段，作业区目测扬尘高度小于1.5m

D. 施工现场非作业区达到目测无扬尘的要求

E. 构筑物机械拆除前，做好扬尘控制计划

8. 根据《绿色施工导则》，关于建筑节材的说法，正确的有( )。

A. 图纸会审时，要达到材料损耗率比定额损耗率降低35%

B. 应根据现场平面布置情况就近卸载，避免和减少二次搬运

C. 优化安装工程的预留、预埋、管线路径等方案

D. 施工现场 200km 以内生产的建筑材料用量占总重量的 70％以上

E. 采取技术和管理措施提高模板、脚手架的周转次数

9. 根据《绿色施工导则》，关于施工总平面布局的说法，正确的是(　　　)。

A. 施工现场围墙可以采用连续封闭的轻钢结构预制装配式活动围挡，减少建筑垃圾，保护土地

B. 施工现场搅拌站、仓库等布置应当尽量远离已有交通线路

C. 施工现场道路应当尽量多布置临时道路，在施工现场形成环形道路

D. 生活区与生产区可以分开布置，并设置标准的分隔设施

E. 施工现场道路按照永久道路和临时道路相结合的原则布置

三、判断题

1. 绿色施工是在保证质量、安全等基本要求的前提下，通过科学管理和技术手段，最大限度地节约资源，减少对环境的负面影响，实现"四节一环保"。　　　　（　　）

2. 施工现场分别对生活用水与工程用水确定用水定额指标一起合并计量管理。

（　　）

3. 临时设施布置应注意够用，努力减少和避免大量临时建筑拆迁和场地搬迁。

（　　）

4. 施工现场内道路应单向通行，减少道路占用土地。　　　　　　　　（　　）

5. 建设单位是建筑工程绿色施工的实施主体，应负责组织绿色施工的全面实施。

（　　）

四、技能训练题

将一个班按 5～6 人分为 1 组，给定一个实际项目的总平面布置图，利用相应软件，模拟安全文明工地的布置（含企业的 CI）。

技能（1）：利用施工场地布置软件，确定出工作区域、生活区域、工作区域；

技能（2）：利用施工场地布置软件，确定出工地大门位置、办公室、食堂、宿舍、淋浴与卫生间、钢筋加工场、材料堆放场、仓库、施工场地内道路等临时设施的位置。要求布局合理，便于施工和生活，符合文明施工和绿色施工要求，满足安全要求。

参 考 文 献

[1] 张晓艳. 安全员岗位实务知识[M]. 北京：中国建筑工业出版社，2007.

[2] 住房和城乡建设部工程质量安全监管司. 建设工程安全生产管理[M]. 北京：中国建筑工业出版社，2012.

[3] 住房和城乡建设部工程质量安全监管司. 特种作业安全生产基本知识[M]. 北京：中国建筑工业出版社，2010.

[4] 崔政斌，张美元，周礼庆. 杜邦安全管理[M]. 北京：化学工业出版社，2020.

[5] 国家市场监督管理总局. 危险化学品重大危险源辨识：GB 18218—2018[S]. 北京：中国标准出版社，2018.

[6] 住房和城乡建设部. 房屋市政工程安全生产标准化指导图册[M]. 2019.

[7] 住房和城乡建设部. 建筑施工工具式脚手架安全技术规范：JGJ 202—2010[S]. 北京：中国建筑工业出版社，2010.

[8] 住房和城乡建设部. 建筑施工扣件式钢管脚手架安全技术规范：JGJ 130—2011[S]. 北京：中国建筑工业出版社，2011.

[9] 住房和城乡建设部. 建筑施工高处作业安全技术规范：JGJ 80—2016[S]. 北京：中国建筑工业出版社，2016.

[10] 住房和城乡建设部工程质量安全监管司. 建设工程安全生产技术[M]. 2版. 北京：中国建筑工业出版社，2008.

[11] 住房和城乡建设部. 建筑与市政工程施工现场临时用电安全技术标准：JGJ/T 46—2024[S]. 北京：中国建筑工业出版社，2005.

[12] 住房和城乡建设部. 建筑施工安全检查标准：JGJ 59—2011[S]. 北京：中国建筑工业出版社，2011.

[13] 住房和城乡建设部. 建设工程施工现场供用电安全规范：GB 50194—2014[S]. 北京：中国计划出版社，2014.

[14] 邓宗国. 安全员[M]. 北京：中国环境出版社，2014.

[15] 王波，刘杰. 建筑工程质量与安全管理[M]. 北京：北京邮电大学出版社，2013.

[16] 成虎. 工程项目管理[M]. 北京：中国建筑工业出版社，2015.

[17] 陈玲燕. 建设工程项目管理[M]. 武汉：华中科技大学出版社，2017.

[18] 住房和城乡建设部. 建筑施工安全技术统一规范：GB 50870—2013[S]. 北京：中国计划出版社，2013.

[19] 住房和城乡建设部. 混凝土结构工程施工规范：GB 50666—2011[S]. 北京：中国建筑工业出版社，2011.

[20] 建设部. 建筑桩基技术规范：JGJ 94—2008[S]. 北京：中国建筑工业出版社，2008.

[21] 住房和城乡建设部. 建筑施工模板安全技术规范：JGJ 162—2008[S]. 北京：中国建筑工业出版社，2008.

[22] 住房和城乡建设部. 建筑基坑工程监测技术标准：GB 50497—2019[S]. 北京：中国计划出版社，2009.

[23] 国家质量监督检验检疫总局. 安全标志及其使用导则：GB 2894—2008[S]. 北京：中国标准出版社，2008.

[24] 住房和城乡建设部. 建设工程施工现场环境与卫生标准：JGJ 146—2013[S]. 北京：中国建筑工

业出版社，2014.

［25］ 住房和城乡建设部. 施工现场临时建筑物技术规范：JGJ/T 188—2009［S］. 北京：中国建筑工业出版社，2010.

［26］ 住房和城乡建设部. 建设工程施工现场消防安全技术规范：GB 50720—2011［S］. 北京：中国计划出版社，2011.

［27］ 黄锐锋. 安全管理·文明施工·基坑工程检查要点图解［M］. 北京：中国建筑工业出版社，2015.

［28］ 赵志刚. 建筑安全管理与文明施工图解［M］. 北京：中国建筑工业出版社，2016.

［29］ 丁士昭. 建设工程项目管理［M］. 北京：中国建筑工业出版社，2020.

［30］ 住房和城乡建设部. 建筑工程绿色施工规范：GB/T 50905—2014［S］. 北京：中国建筑工业出版社，2014.

［31］ 建设部. 绿色施工导则［Z］. 2007.